河北小五台山国家级自然保护区
陆生脊椎动物

主 编｜李东明 彭进友 郑建旭

中国林业出版社
China Forestry Publishing House

图书在版编目（CIP）数据

河北小五台山国家级自然保护区陆生脊椎动物 / 李东明 , 彭进友 , 郑建旭主编 . -- 北京 : 中国林业出版社 , 2023.12

ISBN 978-7-5219-2285-1

Ⅰ . ①河… Ⅱ . ①李… ②彭… ③郑… Ⅲ . ①自然保护区—陆栖—脊椎动物门—河北—图集 Ⅳ . ① Q959.308-64

中国国家版本馆 CIP 数据核字 (2023) 第 148891 号

策划编辑：张衍辉

责任编辑：葛宝庆　张衍辉

封面设计：百思汇（北京）广告有限公司

_____

出版发行：中国林业出版社

　　　　　（100009，北京市西城区刘海胡同 7 号，电话 010-83143512）

电子邮箱：cfphzbs@163.com

网　　址：www.forestry.gov.cn/lycb.html

印　　刷：北京博海升彩色印刷有限公司

版　　次：2023 年 12 月第 1 版

印　　次：2023 年 12 月第 1 次

开　　本：787mm × 1092mm　1/16

印　　张：20.75

字　　数：300 千字

定　　价：280.00 元

内容简介

本书共收录了河北小五台山国家级自然保护区 258 种陆生脊椎动物，隶属于 4 纲 27 目 75 科。其中，两栖纲 1 目 3 科 5 种；爬行纲 1 目 5 科 14 种；鸟纲 19 目 50 科 205 种；哺乳纲 6 目 17 科 34 种。本书分为总论和分论两部分：总论介绍了保护区的自然地理概况、动物种类组成、地理区划、生态分布以及重点保护野生动物资源现状；分论对各物种进行了记述，包括名称（中文名、学名、英文名和别名）、地理分布、鉴别特征、形态特征、生态习性、保护等级等，并附有彩色照片。书后附有参考文献、中文名索引、学名索引、英文名索引等。

本书可供动物学、野生动物保护管理、自然保护区、生态规划与建设，以及高等院校等相关专业的科研、教学和管理人员参考。

编撰委员会领导小组

主　任：

郑建旭　高　立

副主任：

郑　斌　于海东　李　白

成　员：

李成生　张爱军　陈桂萍　李瑞平　郝明亮　袁新利　郝　敏　常玉军
杨　照　左万星　王　巍　李晓东　王龙飞　龚文奎

编撰委员会

主　编： 李东明　彭进友　郑建旭

副主编： 李巨勇　郑　斌　于海东　李　白　禹志谦

编　委：（按姓氏笔画排序）

王美平　王　巍　方　舒　仰素海　刘　帅　刘　旭　江　鹏　孙砚峰
杜雅军　李双江　李剑平　李晓东　杨永宏　忻富宁　张东方　张业飞
张　杰　张佳欣　张爱军　张　谦　陈海龙　武立哲　范　波　侯江锐
袁新利　殷　源　黄　磊　寇冠群　董建艳　薛志伟

前言

河北小五台山国家级自然保护区（以下简称"保护区"）位于河北省张家口市蔚县和涿鹿县境内，处于环首都经济圈西部，距北京市区 125 km、距张家口市区 150 km。保护区地处太行山、燕山、恒山三山的交汇地带，具有众多山峰和峡谷。山峰挺拔峻峭，地形复杂，沟深坡陡。保护区内有海拔 2000 m 以上的山峰 134 座，主峰东台海拔 2882 m，为河北最高峰。保护区内地理地貌类型复杂，环境异质性高，植物种类丰富、植被垂直带分布明显。这些优越的生态环境条件为多样的动物类群，尤其是一些珍稀濒危物种，如褐马鸡和豹等提供了良好的栖息和繁衍场所。保护区具有华北地区最典型的森林生态系统，是华北地区重要的物种基因库。

保护区的前身为蔚县小五台山林场、涿鹿县杨家坪林场及岔道林场的山涧口营林区。1983 年，河北省人民政府批准建立省级自然保护区；2002 年，经国务院批准晋升为国家级自然保护区。保护区成立以来，为有效保护华北地区典型的森林生态系统和科学规范地开展保护区管理和建设，保护区曾多次开展生物多样性科学考察与专项研究，这些工作有利于全面系统地认识保护区生物多样性的现状和变化特征。1996 年，在《雾灵山、小五台山自然保护区陆生脊椎动物研究》一书中，共记录保护区有陆生脊椎动物 4 纲 18 目 49 科 137 种。近年来，保护区森林植被覆盖率稳步提高、生态环境有了很大的改善。自 2018 年开始，保护区联合河北师范大学生命科学学院一起在保护区境内进行科学考察，汇总了保护区境内的陆生脊椎动物种类组成，并结合多年来在保护区开展动物学野外教学实习的积累，编撰完成《河北小五台山国家级自然保护区陆生脊椎动物》。本书共收录陆生脊椎动物 4 纲 27 目 75 科 258 种，其中，两栖纲 1 目 3 科 5 种；爬行纲 1 目 5 科 14 种；鸟纲 19 目 50 科 205 种；哺乳纲 6 目 17 科 34 种。

本书编撰得到了河北省林业和草原局、河北小五台山国家级自然保护区管理中心、河北师范大学等多家单位的大力支持。同时，感谢河北省林业和草原局野生动植物保护与湿地管理处刘洵处长、河北省林业和草原调查设计规划院安春林主任、陕西师范大学于晓平教授、西南山地（成都山地文化传播有限公司）唐军先生、生态环境部南京环境科学研究所伊剑锋老师、石家庄市城市水系园林中心郝庆云先生为本书提供精美的物种照片。在此，向提供帮助和支持前期工作的很多领导、专家和朋友表示衷心感谢！

由于专业知识和水平有限，难免有疏漏和不妥之处，敬请批评指正。

本书编委会

2023 年 6 月

目录

目录

目录

保护区
自然地理概况

一、地理位置

河北小五台山国家级自然保护区（以下简称"保护区"）位于河北省西北部，地处张家口市的蔚县和涿鹿县境内，东与北京市门头沟区及河北省保定市涞水县接壤。保护区北距张家口市区 150 km，东距北京市区 125 km，被誉为"京门屏障"。地理坐标为东经 114°47′8″~115°28′56″、北纬 39°50′41″~40°6′30″，海拔为 750~2882 m；保护区东西长 60 km，南北宽 28 km。在动物地理区划上，保护区隶属于古北界华北区黄土高原亚区。保护区总面积为 28663.00 hm²，共有林地 22829.28 hm²，覆盖率 78.40%，属于森林生态系统类型自然保护区，主要保护对象为暖温带森林生态系统和褐马鸡等国家重点保护野生动植物。

二、地质地貌

河北小五台山是恒山-燕山-太行山山系的太行山脉主峰，山势由南向西北延伸成南、西、北三面环山的弧形丘陵盆地地貌。小五台山的基本地质构造形成于中生代燕山运动时期，属于大背斜构造，也称为小五台山大背斜。山体成岩类型除沉积岩外，还有大量岩浆岩及少量变质岩。山体成土母岩主要为石灰岩和板岩，其次是花岗岩和页岩。岩石多为断裂发育，且以垂直断裂为主，第三纪、第四纪的喜马拉雅造山运动进一步使已有的隆起和凹陷不断增大，构成了现存山峰挺拔峻峭、地形复杂、沟深坡陡的地貌。地质运动形成了以东、西、南、北、中五个相对明显突起的山峰（海拔均在 2600 m 以上），又因要区别于山西省的五台山，故称为"小五台山"。小五台山地貌类型主要为构造侵蚀成因的中、亚高山地貌，其中海拔在 2000 m 以上的山峰有 134 座主峰，东台海拔 2882 m，为太行山主峰、河北第一高峰，被誉为"河北屋脊"。

三、气候气象

保护区的气候属于东亚暖温带大陆性季风型山地气候，具有四季分明、雨热同季、冬长夏短、昼夜温差大等特点。由于受山地地形影响，气温随海拔变化差异显著。风大、寒冷、冰冻时间长、无霜期短，体现了北方山区的气候特点。年均气温 6.5℃，1 月均温 –12.3℃（山顶最低可达 –38℃），7 月均温 22.1℃。年降水量为 400 ~ 700 mm（周围地区为 400 mm），七八两月的降水量约占全年降水量的 49%，因此常形成山洪。季风明显，冬季多西北风，夏季多东南风，山麓地带平均风速 2 m/s，且随海拔升高而增加，最大风速可达 20 m/s。域内的山区日照充足，年日照时数为 2600 h 以上，年辐射量在 130 kcal/cm^2 以上。无霜期 80 ~ 140 d；在海拔 2600 m 以上地区，9 月中旬初雪，冻结期长达 5 ~ 6 个月，最大冻土层深达 1.5 m。

四、水文

河北小五台山的水资源较为丰富，年流量达 19 亿吨。五个台峰和东、西灵山成为天然的分水岭，北台、西台溪流经赤崖堡、上寺、金河诸沟流入安定河。南台、中台溪流由湖上、石片两沟流出松枝口入壶流河；安定河、壶流河汇合于水泉村后流入宣化区，于渡口村注入桑干河成为永定河的分支；东台之水出老人沟与中台部分流水出汤阴寺沟汇于美吉村后，于大龙门注入拒马河，成为大清河的分支，最终流入海河；东、西灵山北坡之水经灵山沟汇入永定河，南坡之水入拒马河。因此，小五台山的地表水系为海河流域的永定河和大清河水系上游重要源头。区内丰富的降水、地下水和潜水等使山谷间的大小溪流经年不息、水质良好。由于谷深坡陡、落差大，常常形成急流、瀑布和水潭，且流经低山带时，水流较缓，河床较发育，加之各河奔流不息，丰富的水资源促进本区植被、动物以及人民生活发展，成为华北地区重要的水源涵养地。

在小五台山，地下水有两种主要补给方式：一是降水直接渗入；二是高海拔区水蒸气直接在空中凝结。补给后的裂隙水，除一部分蒸发外，大部分补给至山间盆地和含水层，变为潜水和承压水。地下水分为 5 种类型：一是第四纪近代冲积层潜水和自流水，主要分布在桑干河两侧的冲积地层；二是洪积层潜水和坡积潜水，埋深在 70 ~ 100 m 以下，水量丰富，水质较好，主要分布在岔道河、井沟河、孙家沟河一带；三是黄土层潜水，此水涌水量大，主要来源于大气降水；四是裂隙水，零星地分布于区内的各山涧；五是构造水，主要分布在黄羊山、西灵山，后沟至孙家沟、岔道、胥家窑等若干条大小断裂破碎带，在断裂破碎带中的构造水水量较丰富、承压性强，水量不受季节性影响。另外，小五台山还有不少泉眼，如金河口沟的天马泉、塔头沟的五虎泉、郑家沟的神水泉、塘音寺沟的汤泉等。

五、土壤

河北小五台山地区海拔范围跨度大，土壤随海拔高度变化而更替的垂直分布规律比较明显。土壤受地形、气候、植被等综合作用影响，主要有亚高山草甸土、棕壤土、淋溶褐土和黄土四种类型。

（一）亚高山草甸土

亚高山草甸土为亚高山高寒湿润、密草丛生环境中的土壤，分布在 2100 m 以上的阳坡和海拔 2500 m 以上的阴坡。土壤特征为黑棕色的腐殖质土，地表土层较厚，富有 5～10 cm 的草毡层，潮湿多水，下层暗棕色厚度为 0.5 cm，有机质含量 10% 以上。主要植被有蒿属（*Artemisia*）、薹草属（*Carex*）、委陵菜属（*Potentilla*）等草本和少量的金露梅（*Potentilla fruticosa*）、银露梅（*Potentilla glabra*）、密齿柳（*Salix characta*）、红丁香（*Syringa villosa*）以及矮化的硕桦（*Betula costata*）、坚桦（*Betula chinensis*）等灌丛或木本。

（二）棕壤土

棕壤土为森林植被和温湿的气候条件下淋溶过程中形成的土壤，分布在海拔 1600～2500 m 的阴坡和海拔 1400～2100 m 的阳坡。土壤颜色为灰棕色，土壤厚度 1 m 左右，表面覆盖有 1～4 cm 的枯枝落叶层，有机质含量 4% 以上。根据棕壤形成条件和特点的差异性，可分为棕壤和生草棕壤两个亚类。主要植被为天然针叶林、针阔混交林及林下的灌木、草本层。主要灌丛种类有六道木（*Abelia biflora*）、深山柳（*Salix phylicifolia*）、毛榛（*Corylus mandshurica*）、五台忍冬（*Lonicera Szechuanica*）、毛丁香（*Syringa tomentella*）等，草本种类有升麻（*Cimicifuga toetida*）、薹草（*Carex tristachya*）、鹿蹄草（*Pyrola calliantha*）等，乔木种类有辽东栎（*Quercus wutaishansea*）、蒙古栎（*Quercus mongolica*）、白桦（*Betula platyphylla*）等。

（三）淋溶褐土

淋溶褐土为森林或草丛植被下发育形成的土壤，分布在海拔 1400 ~ 2120 m 的林地、草地中。土壤呈黄褐色，为环境湿润、淋溶作用较强，成土母质以黄土状物质为主，是棕壤与栗钙土的过渡土壤，有机质含量 1% ~ 2%。主要植被为沙棘（*Hippophae rhamnoides*）、虎榛子（*Ostryopsis davidiana*）、荆条（*Vitex negundo*）、六道木、深山柳、大针茅（*Stipa grandis*）、蒿属等。

（四）黄土

黄土为风成的次生黄土层，分布在海拔 1300 m 以下的南台、西台、北台以及东台的山麓。黄土来源于第四纪河湖相亚沙土，厚度为 50 ~ 100 m，沟蚀和陷穴侵蚀严重，土质贫瘠。主要植被有沙棘、白莲蒿（*Artemisia sacrorum*）、杠柳（*Periploca sepium*）等，缓坡处多被开垦利用为农田，种植农作物。

六、植被概况

小五台山地区植被种类繁多，是华北地区植物多样性最丰富的地区之一。区内分布野生高等植物共 156 科 628 属 1637 种，其中，苔藓植物 38 科 98 属 244 种；蕨类植物 16 科 24 属 60 种；裸子植物 4 科 9 属 13 种；被子植物 98 科 497 属 1320 种。其中，草本植物以菊科、禾本科、豆科植物种类最为丰富，木本植物以桦木属（*Betula*）、松属（*Pinus*）、落叶松属（*Larix*）、云杉属（*Picea*）、栎属（*Quercus*）、杨属（*Populus*）林木为主，构成了小五台山森林植被的建群种或优势树种。保护区内有观赏植物 367 种，中草药植物 390 种，牧草饲料植物 593 种。保护区有臭冷杉（*Abies nephrolepis*），以及以小五台命名的 5 种珍稀小种群模式植物，即小五台蚤缀（*Arenaria formosa*）、小五台风毛菊（*Saussurea hsiowutaishanensis*）、小五台柴胡（*Bupleurum smithii*）、小五台山延胡索（*Corydalis hsiaowutaishanensis*）、小五台银莲花（*Anemone xiaowutaishanica*）。

第二章

保护区
陆生脊椎动物概述

一、物种组成

经过多年考察和积累数据，保护区共记录陆生野生脊椎动物 258 种，隶属于 4 纲 27 目 75 科。其中，两栖纲 1 目 3 科 5 种，爬行纲 1 目 5 科 14 种，鸟纲 19 目 50 科 205 种，哺乳纲 6 目 17 科 34 种（附录）。从各类群的物种组成上看，鸟类物种数达到 79.46%，占绝对优势；哺乳类次之，占 13.18%；爬行类占 5.43%；两栖类最少，仅占 1.94%。在河北省范围内，保护区的陆生野生脊椎动物种数占全省总种数的 42.57%，物种相对比较丰富。保护区与河北省陆生野生脊椎动物的资源比较详见表 2-1。

表 2-1 保护区与河北省陆生野生脊椎动物资源比较

类群		小五台山保护区	河北省	保护区占河北省比例（%）
哺乳纲	目	6	9	66.67
	科	17	23	73.91
	种	34	87	39.08
鸟纲	目	19	20	95.00
	科	50	76	65.79
	种	205	487	42.09
爬行纲	目	1	2	50.00
	科	5	8	62.50
	种	14	24	58.33
两栖纲	目	1	1	100.00
	科	3	4	75.00
	种	5	8	62.50
合计	目	27	32	84.38
	科	75	111	67.57
	种	258	606	42.57

（一）两栖纲的物种组成

自然保护区的两栖动物共有 1 目 3 科 4 属 5 种，隶属于无尾目（Anura）的蟾蜍科（Bufonidae）的中华蟾蜍（*Bufo gargarizans*）、花背蟾蜍（*Bufo raddei*），蛙科（Ranidae）的黑斑侧褶蛙（*Pelophylax nigromoculatus*）、中国林蛙（*Rana chensinensis*）和姬蛙科（Microhylidae）的北方狭口蛙（*Kaloula borealis*）。

（二）爬行纲的物种组成

保护区的爬行动物共有 1 目 5 科 7 属 14 种。其中，有鳞目（Squamata）蛇亚目（Serpentes）共 9 种，包括游蛇科（Colubridae）8 种：黄脊游蛇（*Orientocoluber spinalis*）、赤链蛇（*Lycodon rufozonatus*）、白条锦蛇（*Elaphe dione*）、黑眉锦蛇（*Elaphe taeniura*）、赤峰锦蛇（*Elaphe anomala*）、团花锦蛇（*Elaphe davidi*）、玉斑锦蛇（*Euprepiophis mandarinus*）、虎斑颈槽蛇（*Rhabdophis tigrinus*），占全省游蛇科种类的 66.7%；蝰科（Viperidae）仅有中介蝮（*Gloydius intermedius*）1 种。有鳞目蜥蜴亚目（Lacertilia）5 种，包括壁虎科（Gekkonidae）无蹼壁虎（*Gekko swinhonis*）1 种；石龙子科（Scincidae）黄纹石龙子（*Plestiodon capito*）和蓝尾石龙子（*Plestiodon elegans*）2 种；蜥蜴科（Lacertian）丽斑麻蜥（*Eremias argus*）和山地麻蜥（*Eremias brenchleyi*）2 种。

（三）鸟纲的物种组成

保护区的鸟类共记录 19 目 50 科 205 种（郑光美，2018）。其中，非雀形目鸟类共 18 目 21 科 82 种，占鸟类总种数的 40.00%；雀形目鸟类 28 科 123 种，占鸟类总种数的 60.00%。保护区记录的鸟类种数较为丰富，占河北省鸟类总种数的 42.09%。

在非雀形目中，共有鸡形目（Galliformes）雉科（Phasianidae）6 种；雁形目（Anseriformes）鸭科（Anatidae）8 种；䴙䴘目（Podicipediformes）䴙䴘科（Podicipedidae）2 种；鸽形目（Columbiformes）鸠鸽科（Columbidae）5 种；夜鹰目（Caprimulgiformes）夜鹰科（Caprimulgidae）和雨燕科（Apodidae）各 1 种；鹃形目（Cuculiformes）杜鹃科（Cuculidae）4 种；鸨形目（Otidiformes）鸨科（Otididae）1 种；鹤形目（Gruiformes）秧鸡科（Rallidae）3 种；鸻形目（Charadriiformes）鸻科（Charadriidae）4 种和鹬科（Scolopacidae）7 种；鹳形目（Ciconiiformes）鹳科（Ciconiidae）1 种；鲣鸟目（Suliformes）鸬鹚科（Phalacrocoracidae）1 种；鹈形目（Pelecanifoemes）鹭科（Ardeidae）5 种；鹰形目（Accipitriformes）鹰科（Accipitridae）12 种；鸮形目（Strigiformes）鸱鸮科（Strigidae）6 种；犀鸟目（Bucerotiformes）戴胜科（Upupidae）1 种；佛法僧目（Coraciiformes）翠鸟科

（Alcedinidae）3 种和佛法僧科（Coraciidae）1 种；啄木鸟目（Piciformes）啄木鸟科（Picidae）6 种；隼形目（Falconiformes）隼科（Falconidae）4 种。总的来看，除了雀形目外，非雀形目中的鸽形目（5.34%）、鹰形目（5.83%）、雁形目（3.88%）占的比例较高（表 2-2）。

表 2-2　保护区鸟类各目、科、属、种数比较

目	科（个）	比例（%）	种数（种）	比例（%）
鸡形目	1	2.00	6	2.93
雁形目	1	2.00	8	3.90
鸊鷉目	1	2.00	2	0.98
鸽形目	1	2.00	5	2.44
夜鹰目	2	4.00	2	0.98
鹃形目	1	2.00	4	1.95
鸨形目	1	2.00	1	0.49
鹤形目	1	2.00	3	1.46
鸻形目	2	4.00	11	5.37
鹳形目	1	2.00	1	0.49
鲣鸟目	1	2.00	1	0.49
鹈形目	1	2.00	5	2.44
鹰形目	1	2.00	12	5.85
鸮形目	1	2.00	6	2.93
犀鸟目	1	2.00	1	0.49
佛法僧目	2	4.00	4	1.95
啄木鸟目	1	2.00	6	2.93
隼形目	1	2.00	4	1.95
非雀形目合计	21	42.00	82	40.00
雀形目	29	58.00	123	60.00
总计	50	100.00	205	100.00

从保护区的鸟类居留型组成来看，主要以夏候鸟和旅鸟为主，分别为 69 种和 70 种，各占到了总种数的 33.66% 和 34.15%，其中，夏候鸟包括鹌鹑（*Coturnix japonica*）、鸳鸯（*Aix galericulata*）、绿头鸭（*Anas platyrhynchos*）、斑嘴鸭（*Anas zonorhyncha*）、火斑鸠（*Streptopelia tranquebarica*）等，旅鸟包括小天鹅（*Cygnus*

河北小五台山 国家级自然保护区陆生脊椎动物

columbianus）、赤麻鸭（*Tadorna ferruginea*）、针尾鸭（*Anas acuta*）、琵嘴鸭（*Spatula clypeata*）、凤头潜鸭（*Aythya fuligula*）、凤头鸊鷉（*Podiceps cristatus*）等。共有留鸟 56 种，占到了总种数的 27.32%；包括石鸡（*Alectoris chukar*）、斑翅山鹑（*Perdix dauurica*）、勺鸡（*Pucrasia macrolopha*）、褐马鸡（*Crossoptilon mantchuricum*）、环颈雉（*Phasianus colchicus*）等；冬候鸟最少仅有 6 种，占到了总种数的 2.93%，其中包括灰伯劳（*Lanius excubitor*）、楔尾伯劳（*Lanius sphenocercus*）、小太平鸟（*Bombycilla japonica*）、棕眉山岩鹨（*Prunella montanella*）、长尾雀（*Carpodacus sibiricus*）、北朱雀（*Carpodacus roseus*）。

（四）哺乳纲的物种组成

保护区现有哺乳类 34 种，隶属 6 目 17 科 32 属（蒋志刚，2015），包括食虫目（Insectivora）3 科 3 种，即猬科（Erinaceidae）中的东北刺猬（*Erinaceus amurensis*），鼹科（Talpidae）中的麝鼹（*Scaptochirus moschatus*），鼩鼱科（Soricidae）中的山东小麝鼩（*Crocidura shantungensis*）；翼手目（Chiroptera）2 科 3 种，即菊头蝠科（Rhinolophidae）中的马铁菊头蝠（*Rhinoiophus ferrumequinum*），蝙蝠科（Vespertilionidae）中的东亚伏翼（*Pipistrellus abramus*）、大足鼠耳蝠（*Myotis pilosus*）；兔形目（Lagomorpha）1 科 1 种，即兔科（Leporida）中的蒙古兔（*Lepus tolai*）；啮齿目（Rodentia）4 科 14 种，即松鼠科（Sciuridae）中的岩松鼠（*Sciurotamias davidianus*）、松鼠（*Sciurus vulgaris*）、北花松鼠（*Tamias sibiricus*）、隐纹花松鼠（*Tamiops swinhoei*）、达乌尔黄鼠（*Spermophilus dauricus*），仓鼠科（Cricetidae）中的黑线仓鼠（*Cricetulus barabensis*）、大仓鼠（*Tscherskia triton*）、棕背䶄（*Myodes rufocanus*），鼹形鼠科（Spalacidae）中的中华盼鼠（*Eospalax fontanieri*）、鼠科（Muridae）中的黑线姬鼠（*Apodemus agrarius*）、大林姬鼠（*Apodemus peninsulae*）、褐家鼠（*Rattus norvegicus*）、北社鼠（*Niviventer confucianus*）、小家鼠（*Mus musculus*）；食肉目（Carnivora）4 科 10 种，即犬科（Canidae）中的狼（*Canis lupus*）、赤狐（*Vulpes vulpes*）、貉（*Nyctereutes procyonoides*），鼬科（Mustelidae）中的黄鼬（*Mustela sibirica*）、艾鼬（*Mustela eversmanii*）、狗獾（*Meles leucurus*）、猪獾（*Arctonyx collaris*），灵猫科（Viverridae）中的果子

11

狸（*Paguma larvata*），猫科（Felidae）中的豹猫（*Prionailurus bengalensis*）、豹（*Panthera pardus*）；偶蹄目（Artiodactyla）3 科 3 种，即猪科（Suidae）中的野猪（*Sus scrofa*），鹿科（Cervidae）中的狍（*Capreolus pygargus*），牛科（Bovidae）中的中华斑羚（*Naemorhedus griseus*）。

从物种多样性上看，啮齿目最多，共 14 种，为优势类群，占整个哺乳纲种数的41.18%；食肉目次之，有 10 种，占总种数的 29.42%；其次是偶蹄目、翼手目和劳亚食虫目，分别是 3 种，均为总种数的 8.82%，最少的兔形目只有 1 种，占 2.94%（表 2-3）。

表 2-3　保护区哺乳纲各目种数比较

目	食虫目	翼手目	兔形目	啮齿目	食肉目	偶蹄目	合计
种数（种）	3	3	1	14	10	3	34
比例（%）	8.82	8.82	2.94	41.18	29.42	8.82	100.00

二、动物地理区划

动物地理区划上属于古北界东北亚界华北区黄土高原亚区，与古北界的东北区和蒙新区交汇。根据《中国动物地理分布》划分标准，按动物地理分布和区系从属关系，可将保护区陆生脊椎动物分为以下 8 种分布型。

（一）北方型

北方型种类指分布区环绕北半球北部，保护区的陆生脊椎动物属于北方型种类共 96 种，占保护区陆生脊椎动物总数的 46.83%。北方型种类还可以进一步分为古北型和全北型。古北型是指分布横贯欧亚大陆寒温带，其分布区南部抵达我国东北北部和新疆北部。保护区的陆生脊椎动物属于古北型的有 65 种，占保护区陆生脊椎动物总数的 31.71%。其中，爬行类 2 种，即黄脊游蛇和白条锦蛇；鸟类 52 种，如大斑啄木鸟（*Dendrocopos major*）、灰头绿啄木鸟（*Picus canus*）、红脚隼（*Falco amurensis*）、燕隼（*Falco subbuteo*）、松鸦（*Garrulus glandarius*）、灰喜鹊（*Cyanopica cyanus*）等；哺乳类 11 种，包括小麝鼩、黄鼬、艾鼬、狗獾、野猪、狍、松鼠、黑线姬鼠、褐家鼠、小家鼠和棕背䶄。全北型是指部分物种的分布区还包括北美洲，反映我国北方动物区系与寒温带—极地间的关系。保护区的陆生脊椎动物中属于全北型的有 31 种，占保护区陆生脊椎动物总数的 15.12%。其中，鸟类 29 种，如小天鹅、绿头鸭、针尾鸭、琵嘴鸭、矶鹬（*Actitis hypoleucos*）、金雕（*Aquila chrysaetos*）等；哺乳类 2 种，即狼和赤狐。

（二）东北型

东北型种类指分布区位于我国东北及邻近地区，大多数属于森林种类，有些种类向周围延伸分布。保护区分布的陆生脊椎动物中属东北型种类共有 60 种，占保护区陆生脊椎动物总数的 29.27%。东北型可进一步分为东北型、东北 – 华北型及华北型。保护区分布的陆生脊椎动物中属于东北型的共有 41 种，占保护区陆生脊椎动物总数的 20.00%。其中，两栖类 1 种，即北方狭口蛙；爬行类 1 种，即团花锦蛇；鸟类 39 种，如鹊鹞（*Circus melanoleucos*）、灰山椒鸟（*Pericrocotus divaricatus*）、楔尾伯劳、褐柳莺（*Phylloscopus fuscatus*）、山鹛（*Rhopophilus pekinensis*）、红胁绣眼鸟（*Zosterops erythropleurus*）等。保护区分布的陆生脊椎动物中属于东北 – 华北型的共有 12 种，占保护区陆生脊椎动物总数的 5.85%。其中，两栖类 2 种，即花背蟾蜍和中国林蛙；爬行类 2 种，即丽斑麻蜥和山地麻蜥；鸟类 5 种，包括虎纹伯劳（*Lanius tigrinus*）、牛头伯劳（*Lanius bucephalus*）、红尾伯劳（*Lanius cristatus*）、灰椋鸟（*Spodiopsar cineraceus*）、北椋鸟（*Agropsar sturninus*）；哺乳类 3 种，即中国仓鼠、大仓鼠和大林姬鼠。保护区分布的陆生脊椎动物中属于华北型的共有 7 种，占保护区陆生脊椎动物总数的 3.41%。其中，爬行类 3 种，即无蹼壁虎、黄纹石龙子和赤峰锦蛇；鸟类 2 种，即褐马鸡和山噪鹛（*Garrulax davidi*）；哺乳类 2 种，即麝鼹和中华鼢鼠。

（三）中亚型

中亚型种类指分布于亚洲大陆中心部分物种，我国主要见于蒙新高原，为荒漠 – 草原的栖居者，是蒙新区的代表种类。保护区分布的陆生脊椎动物中属于中亚型的共有 6 种，占保护区陆生脊椎动物总数的 2.93%。其中，爬行类 1 种，即中介蝮；鸟类 4 种，即石鸡、斑翅山鹑、大鵟（*Buteo hemilasius*）、白顶鵖（*Oenanthe pleschanka*）；哺乳类 1 种，即达乌尔黄鼠。

（四）高地型

高地型种类分布主要或仅限于青藏高原，是青藏区的代表种类。保护区分布的陆生脊椎动物中属于高地型的仅 1 种，占保护区陆生脊椎动物总数的 0.49%，即鸟类中的粉红胸鹨（*Anthus roseatus*）。

（五）喜马拉雅-横断山脉型

喜马拉雅-横断山脉型种类主要分布于横断山脉中、低山区或延伸至喜马拉雅南坡的物种，栖息于山地森林，属东洋界成分。保护区分布的陆生脊椎动物中属于喜马拉雅-横断山脉型的共有 4 种，均为鸟类，占保护区陆生脊椎动物总数的 1.95%，包括棕腹啄木鸟（*Dendrocopos hyperythrus*）、长尾山椒鸟（*Pericrocotus ethologus*）、棕眉柳莺（*Phylloscopus armandii*）和红眉朱雀（*Carpodacus pulcherrimus*）。

（六）南中国型

南中国型种类主要是分布于我国季风区中亚热带的喜暖湿种类，有些物种沿季风区东部向北扩展。保护区分布的陆生脊椎动物中属于南中国型的共有 8 种，占保护区陆生脊椎动物总数的 3.90%。其中，爬行类 2 种，即蓝尾石龙子和玉斑锦蛇；鸟类 6 种，包括勺鸡、黄腹山雀（*Pardaliparus venustulus*）、白头鹎（*Pycnonotus sinensis*）、棕头鸦雀（*Sinosuthora webbians*）、暗绿绣眼鸟（*Zosterops japonicus*）、山麻雀（*Passer cinnamomeus*）。

（七）东南亚热带-亚热带型

东南亚热带-亚热带型动物主要分布在印度半岛、中南半岛及附近岛屿，分布区的北缘伸入我国南部热带和亚热带地区，是华南区的代表属，属于东洋界成分。有些种类可沿季风区向北伸至中温带。东南亚热带-亚热带型种类在保护区共有 48 种，占陆生脊椎动物总数的 23.41%。东南亚热带-亚热带型可分为东洋型和季风型。保护区分布的陆生脊椎动物中属于东洋型的共有 34 种，占保护区陆生脊椎动物总数的 16.59%。其中，爬行类 1 种，即黑眉锦蛇；鸟类 28 种，如斑嘴鸭、小䴙䴘（*Tachybaptus ruficollis*）、灰斑鸠（*Streptopelia decaocto*）、火斑鸠、珠颈斑鸠（*Streptopelia chinensis*）、普通夜鹰（*Caprimulgus indicus*）等；哺乳类 5 种，包括猪獾、果子狸、豹猫、隐纹花松鼠和北社鼠。保护区分布的陆生脊椎动物中属于季风型的共有 14 种，占保护区陆生脊椎动物总数的 6.83%。其中，两栖类 2 种，即中华蟾蜍和黑斑侧褶蛙；爬行类 2 种，即赤链蛇和虎斑颈槽蛇；鸟类 4 种，包括鸳鸯、山斑鸠（*Streptopelia orientalis*）、紫背苇鳽（*Lxobrychus eurhythmus*）、大嘴乌鸦（*Corvus macrorhynchos*）；哺乳类 6 种，包括大足鼠耳蝠、东亚伏翼、貉、中华斑羚、岩松鼠、北花松鼠。

（八）难以确定的类型

有些动物因分布广泛，难以归入某一分布型，将这一类归为难以确定的种类。保护区分布的陆生脊椎动物中属于难以确定的类型共有 35 种，占保护区陆生脊椎动物总数的 17.07%。其中，鸟类 31 种，如鹌鹑、环颈雉、岩鸽（*Columba rupestris*）、大杜鹃（*Cuculus canorus*）、大鸨（*Otis tarda*）、黑水鸡（*Gallinula chloropus*）等；哺乳类 4 种，即东北刺猬、马铁菊头蝠、蒙古兔、金钱豹。

综上所述，保护区的动物分布型特点是以北方动物的北方型和东北型为主，南方东南亚热带 – 亚热带型和南中国型的种类有一定程度的渗透，其他类型中亚型、喜马拉雅 – 横断山脉型、高地型种类较少（表 2-4）。

表 2-4　保护区陆生脊椎动物区系成分统计信息

分布型	分布亚型	种数		两栖类	爬行类	鸟类	哺乳类
		数量（种）	比例（%）				
北方型	全北型	31	11.97	0	0	29	2
	古北型	65	31.71	0	2	52	11
东北型	东北型	41	15.12	1	1	39	0
	东北 – 华北型	12	5.85	2	2	5	3
	华北型	7	3.41	0	3	2	2
东南亚热带 – 亚热带型	季风型	14	6.83	2	2	4	6
	东洋型	34	16.59	0	1	28	5
南中国型		8	3.90	0	2	6	0
中亚型		6	2.93	0	1	4	1
喜马拉雅 – 横断山脉型		4	1.95	0	0	4	0
高地型		1	0.49	0	0	1	0
难以确定的类型		35	17.07	0	0	31	4
合计		259		5	14	205	34

三、生态分布

（一）两栖纲的生态分布

两栖动物因繁殖离不开水环境，其分布范围受到了水的限制。保护区由于地势较高、气候干燥寒冷，使得两栖动物种数仅有3科4属5种。其中，花背蟾蜍多栖息活动于中低山林间的草地、树根下、石缝间等离水源较近的生境；中华大蟾蜍常见于农田、村庄、河边、山间阴湿的草丛中或土洞里；黑斑侧褶蛙多分布于稻田、池塘、水沟或小河内，白天隐蔽于草丛和泥窝内，黄昏和夜间活动；中国林蛙喜欢郁闭度大、枯枝落叶多、空气湿润的植被环境，冬眠后会沿着沟谷水域进入中低山地带，春季进入温暖的南坡，夏季进入凉爽的北坡；北方狭口蛙喜欢在村庄和农田附近活动，善于挖土掘穴，常栖息于水坑边的草丛、土坑中，常在大暴雨后大量出现在积水的坑洼内。

（二）爬行纲的生态分布

在保护区分布的爬行类主要是有鳞目的蛇类和蜥蜴类。其中，常见的有山地麻蜥、丽斑麻蜥、无蹼壁虎、白条锦蛇、赤峰锦蛇、中介蝮6种。这些爬行类分布从低海拔的居民区和农田生境、丘陵及山麓地带到针阔混交林及落叶阔叶林的中山带。其中，白条锦蛇、中介蝮可分布到亚高山草甸带及针叶林带。

（三）鸟纲的生态分布

保护区的鸟类可分为6个生态地理动物群：寒温带针叶林动物群，温带森林-森林草原、农田动物群，温带草原动物群，温带荒漠-半荒漠动物群，高地森林草原-草甸草原、寒漠动物群，亚热带林灌、草地-农田动物群。不同生态地理动物群内的代表鸟类物种类群如下。

（1）寒温带针叶林动物群

如黑头鸭、普通鸭、褐柳莺、冠纹柳莺、极北柳莺、普通朱雀、褐头山雀、岩鸽、勺鸡、斑翅山鹑、松鸦、星鸦等。

（2）温带森林－森林草原、农田动物群

优势种和常见种有大山雀、煤山雀、黄腹山雀、银喉长尾山雀、沼泽山雀、三道眉草鹀、田鹀、麻雀、山麻雀、喜鹊、灰喜鹊、锡嘴雀、杜鹃、凤头百灵、灰斑鸠、山斑鸠、斑翅山鹑等。

（3）温带草原动物群

如鹰隼类、云雀、凤头百灵、大鸨、麻雀、棕头鸦雀、戴胜、田鹨、田鹀、黄胸鹀等。

（4）温带荒漠－半荒漠动物群

如鹰隼类、环颈雉、岩鸽等。

（5）高地森林草原－草甸草原、寒漠动物群

如普通朱雀、红嘴山鸦、赤麻鸭等。

（6）亚热带林灌、草地－农田动物群

如麻雀、山麻雀、大嘴乌鸦、秃鼻乌鸦、小嘴乌鸦、灰喜鹊、家燕、金腰燕、斑鸠类、小鹀、田鹀、三道眉草鹀以及多种雁鸭类、鹳类和鹭类等。

（四）哺乳纲的生态分布

根据小五台山的植被分布差异和生态环境的特点，以及哺乳类的各种活动与生态环境之间相互依赖的关系，现将本区的哺乳类17科（34种）的生态分布类型及食性总结如表2-5。同时，还可以把哺乳动物分为草原草甸哺乳动物群、灌丛哺乳动物群、山地哺乳动物群、森林哺乳动物群、农田哺乳动物群、湿地哺乳动物群等6种生态型。

（1）草原草甸哺乳动物群

保护区内的山地草甸、灌丛草甸、疏林草地等草原草甸类型多样，在这些草原草甸环境中分布有小型的东北刺猬、草兔、北花松鼠、达乌尔黄鼠、中华鼢鼠、大林姬鼠，大中型的有黄鼬、猪獾、野猪、中华斑羚、狍等。

表 2-5 保护区哺乳动物生态分布类型及食性

科名	种数（种）	主要分布生态类型	食性
猬科 Erinaceidae	1	向阳缓坡疏林和灌草丛	杂食性，以食虫为主，兼食植物根、块茎、果实等
鼹科 Talpidae	1	农田、林区等土质松软而厚的干燥沙质地段	杂食性，以食虫为主兼食植物根、块茎、树皮等
鼩鼱科 Soricidae	1	广泛分布在森林、平原、丘陵和山地	杂食性，主食土壤昆虫兼食花、果实、种子
菊头蝠科 Rhinolophidae	1	山地悬崖峭壁的缝隙处、土壁和山岩洞中	主要以昆虫为食
蝙蝠科 Vespertilionidae	2	湿度较大的岩石洞间、山地林间	主要以昆虫为食
犬科 Canidae	3	山地、灌丛、森林	肉食性
鼬科 Mustelidae	4	草丘、河谷、土坡	肉食性
灵猫科 Viverridae	1	林缘、农田、果园	杂食性，喜食多汁果实及谷物，兼食肉类
猫科 Felidae	2	森林深处	肉食性
猪科 Suidae	1	灌丛和森林	杂食性
鹿科 Cervidae	1	大型的混交林和疏林灌丛	草食性
牛科 Bovidae	1	丘陵地形的草原	草食性
松鼠科 Sciuridae	5	山地、丘陵、农田、针阔混交林、灌草边缘	杂食性，主食种子、野果和果仁，以及昆虫和鸟蛋
鼠科 Muridae	5	针阔混交林、疏林灌丛、灌草丛、耕地、山间溪边	杂食性
仓鼠科 Cricetidae	3	山地森林、疏林灌丛、灌草丛、林间旷地和耕地	主食坚果、嫩茎叶和昆虫，有储食习性
鼹形鼠科 Spalacidae	1	森林、灌丛、草地、耕地	以食昆虫为主，也吃植物根、块茎
兔科 Leporida	1	林区林缘灌丛及林缘耕地	草食性

（2）灌丛哺乳动物群

保护区的灌丛植被类型复杂，在灌丛和林灌交错带、灌丛草地交错带中分布的哺乳动物种类主要有东北刺猬、草兔、北花松鼠、马铁菊头蝠、赤狐等。因灌丛带相对干旱，鼠类中黑线仓鼠、大仓鼠、棕背䶄、黑线姬鼠、大林姬鼠、褐家鼠、北社鼠、小家鼠等明显少于森林生境中，食肉目的黄鼬、艾鼬、猪獾、狗獾和偶蹄目的野猪、狍等也多见于这些地区。

（3）山地哺乳动物群

保护区的山地复杂多样，海拔差异明显，区内河流水域与山峰并行，同一纬度微环境差异显著，使得这一地带的山地哺乳动物类群特点独特。山地哺乳动物主要由翼手目的马铁菊头蝠、大足鼠耳蝠、东亚伏翼，啮齿目的岩松鼠、北花松鼠、黑线仓鼠、大仓鼠、棕背䶄、黑线姬鼠、大林姬鼠、褐家鼠、北社鼠、小家鼠，食肉目的狼、赤狐、貉及獾，偶蹄目的中华斑羚、狍等。

（4）森林哺乳动物群

保护区山区除了裸露的岩石，基本都被植物覆盖，森林覆盖率达79.56%。在森林里面栖息着很多大型森林哺乳动物，主要有岩松鼠、松鼠、北花松鼠、隐纹花松鼠以及其他各种林地鼠类如黑线仓鼠、大仓鼠、棕背䶄、黑线姬鼠、大林姬鼠、褐家鼠、北社鼠等，食虫目的麝鼹、小麝鼩，食肉目的狼、赤狐、貉、黄鼬、艾鼬、狗獾、猪獾、果子狸、豹猫、金钱豹和偶蹄目的野猪、狍等。

（5）农田哺乳动物群

保护区的农田环境主要栽培的有果木杏、苹果、梨、李子、甜瓜等，农作物有马铃薯、大豆、玉米、荞麦、高粱等。农田区域内地势相对平缓（基本为盆地），乔木较少，草本植物及灌丛相对丰富且种类多样，人为干扰比较严重。主要哺乳动物类群有东北刺猬、麝鼹、小麝鼩、黄鼬、蒙古兔、北花松鼠、大仓鼠、黑线仓鼠、黑线姬鼠、大林姬鼠、中华鼢鼠、小家鼠、褐家鼠等。

（6）湿地哺乳动物类群

保护区的湿地哺乳动物种类有食虫目的东北刺猬，兔形目的蒙古兔，啮齿目的褐家鼠、小家鼠，食肉目的赤狐、貉等，偶蹄目的野猪、狍、中华斑羚等。

四、重点保护野生动物

保护区分布有国家重点保护野生动物41种。其中，国家一级保护野生动物8种，国家二级保护野生动物34种；省级重点保护陆生野生动物70种（表2-6）。

表2-6 保护区重点保护野生动物

中文名	学名	保护等级
豹	*Panthera pardus*	国家一级
褐马鸡	*Crossoptilon mantchuricum*	国家一级
大鸨	*Otis tarda*	国家一级
黑鹳	*Ciconia nigra*	国家一级
秃鹫	*Aegypius monachus*	国家一级
白肩雕	*Aquila heliaca*	国家一级
金雕	*Aquila chrysaetos*	国家一级
黄胸鹀	*Emberiza aureola*	国家一级
狼	*Canis lupus*	国家二级
赤狐	*Vulpes vulpes*	国家二级
貉	*Nyctereutes procyonoides*	国家二级
豹猫	*Prionailurus bengalensis*	国家二级
中华斑羚	*Naemorhedus griseus*	国家二级
勺鸡	*Pucrasia macrolopha*	国家二级
小天鹅	*Cygnus columbianus*	国家二级
鸳鸯	*Aix galericulata*	国家二级
日本松雀鹰	*Accipiter gularis*	国家二级
雀鹰	*Accipiter nisus*	国家二级
苍鹰	*Accipiter gentilis*	国家二级
白尾鹞	*Circus cyaneus*	国家二级
鹊鹞	*Circus melanoleucos*	国家二级
黑鸢	*Milvus migrans*	国家二级
毛脚鵟	*Buteo lagopus*	国家二级
大鵟	*Buteo hemilasius*	国家二级
普通鵟	*Buteo japonicus*	国家二级
红角鸮	*Otus sunia*	国家二级
雕鸮	*Bubo bubo*	国家二级
纵纹腹小鸮	*Athene noctua*	国家二级
日本鹰鸮	*Ninox japonica*	国家二级
长耳鸮	*Asio otus*	国家二级

中文名	学名	保护等级
短耳鸮	*Asio flammeus*	国家二级
燕隼	*Falco subbuteo*	国家二级
红隼	*Falco tinnunculus*	国家二级
红脚隼	*Falco amurensis*	国家二级
游隼	*Falco peregrinus*	国家二级
云雀	*Alauda arvensis*	国家二级
红胁绣眼鸟	*Zosterops erythropleurus*	国家二级
红喉歌鸲	*Calliope calliope*	国家二级
蓝喉歌鸲	*Luscinia svecica*	国家二级
北朱雀	*Carpodacus roseus*	国家二级
红交嘴雀	*Loxia curvirostra*	国家二级
团花锦蛇	*Elaphe davidi*	国家二级
北方狭口蛙	*Kaloula borealis*	省级
蓝尾石龙子	*Plestiodon elegans*	省级
黑眉锦蛇	*Elaphe taeniurus*	省级
赤峰锦蛇	*Elaphe anomala*	省级
玉斑锦蛇	*Euprepiophis mandarinus*	省级
中介蝮	*Gloydius intermedius*	省级
东北刺猬	*Erinaceus amurensis*	省级
艾鼬	*Mustela eversmanii*	省级
黄鼬	*Mustela sibirica*	省级
狗獾	*Meles leucurus*	省级
猪獾	*Arctonyx collaris*	省级
果子狸	*Paguma larvata*	省级
狍	*Capreolus pygargus*	省级
松鼠	*Sciurus vulgaris*	省级
隐纹花松鼠	*Tamiops swinhoei*	省级
石鸡	*Alectoris chukar*	省级
斑翅山鹑	*Perdix dauurica*	省级
针尾鸭	*Anas acuta*	省级

第一章 保护区陆生脊椎动物概述

中文名	学名	保护等级
琵嘴鸭	*Spatula clypeata*	省级
凤头䴙䴘	*Podiceps cristatus*	省级
普通夜鹰	*Podiceps cristatus*	省级
噪鹃	*Eudynamys scolopaceus*	省级
大鹰鹃	*Hierococcyx sparverioides*	省级
四声杜鹃	*Cuculus Micropterus*	省级
董鸡	*Gallicrex cinerea*	省级
大杜鹃	*Cuculus canorus*	省级
扇尾沙锥	*Gallinago gallinago*	省级
普通鸬鹚	*Phalacrocorax carbo*	省级
紫背苇鳽	*Lxobrychus eurhythmus*	省级
夜鹭	*Nycticorax nycticorax*	省级
池鹭	*Ardeola bacchus*	省级
苍鹭	*Ardea cinerea*	省级
白鹭	*Egretta garzetta*	省级
蓝翡翠	*Halcyon pileata*	省级
三宝鸟	*Eurystomus orientalis*	省级
蚁䴕	*Jynx torquilla*	省级
棕腹啄木鸟	*Dendrocopos hyperythrus*	省级
星头啄木鸟	*Dendrocopos canicapillus*	省级
白背啄木鸟	*Dendrocopos leucotos*	省级
大斑啄木鸟	*Dendrocopos major*	省级
灰头绿啄木鸟	*Picus canus*	省级
黑枕黄鹂	*Oriolus chinensis*	省级
灰山椒鸟	*Pericrocotus divaricatus*	省级
长尾山椒鸟	*Pericrocotus ethologus*	省级
黑卷尾	*Dicrurus macrocercus*	省级
发冠卷尾	*Dicrurus hottentottus*	省级
虎纹伯劳	*Lanius tigrinus*	省级
牛头伯劳	*Lanius Bucephalus*	省级
红尾伯劳	*Lanius cristatus*	省级

中文名	学名	保护等级
楔尾伯劳	*Lanius sphenocercus*	省级
灰伯劳	*Lanius excubitor*	省级
灰喜鹊	*Cyanopica cyanus*	省级
红嘴蓝鹊	*Urocissa erythrorhyncha*	省级
喜鹊	*Pica pica*	省级
黄腹山雀	*Pardaliparus venustulus*	省级
凤头百灵	*Galerida cristata*	省级
角百灵	*Eremophila alpestris*	省级
白头鹎	*Pycnonotus sinensis*	省级
山鹛	*Rhopophilus pekinensis*	省级
暗绿绣眼鸟	*Zosterops japonicus*	省级
山噪鹛	*Garrulax davidi*	省级
黑头䴓	*Sitta villosa*	省级
北椋鸟	*Agropsar sturninus*	省级
太平鸟	*Bombycilla garrulus*	省级
小太平鸟	*Bombycilla japonica*	省级
锡嘴雀	*Coccothraustes coccothraustes*	省级
黑尾蜡嘴雀	*Eophona migratoria*	省级
黑头蜡嘴雀	*Eophona personata*	省级
黄雀	*spinus spinus*	省级

第二章

两栖纲

中华蟾蜍

Bufo gargarizans

无尾目 ANURA

蟾蜍科 Bufonidae

英文名 Asiatic Toad

别　名 大蟾蜍、癞蛤蟆、大疥蛤蟆

河北小五台山 国家级自然保护区陆生脊椎动物

鉴别特征　体型较大；耳后腺呈正"八"字形；皮肤粗糙，背部布满大小不等的圆形瘰粒，腹面有显著黑斑。

形态特征　雄性体长 65 ~ 86mm，雌性体长 63 ~ 106mm。头宽大，吻端圆而高，吻棱明显；鼓膜明显。上下颌无齿，舌端不分叉。趾略扁，基部相连成半蹼。皮肤粗糙，密布圆形瘰粒；耳后腺长椭圆形。繁殖季节：雄性背面呈黑绿色，前肢内侧 3 指基部有婚垫；雌性背面色浅，体侧具黑白花斑；腹面形成乳黄色与棕黑色相间的花斑，股基部形成椭圆形斑。非繁殖季节：雄性皮肤松弛且色深，无声囊和雄性线。

生　态　在保护区内农田、村庄及山麓可见。喜欢在潮湿阴凉处活动，日间常隐居于田间、水域及农舍旁的石下、草丛或土洞内；晨昏及暴雨后常在路旁或草地等处出现。主要在夜间捕食，食物以蝗虫、蝼蛄、蝽象、金龟子、蚜虫、瓢虫、蚊、蛆等农林害虫为主，有时也食蚯蚓、螺类、蜘蛛、虾及小蛇。春季在池塘或水流缓慢的河沟水草间产卵。卵双行排列于卵带内，缠绕在水草上或水面以下，每只产卵约 5000 枚。冬季常多只隐匿于河道、池塘水底泥中或潮湿的土洞中。

地理分布　国内除新疆、海南、台湾、香港、澳门外，其他省份均有分布。国外见于俄罗斯、朝鲜。

无尾目 ANURA

蟾蜍科 Bufonidae

英文名 Rain Toad
别　名 小癞蛤蟆、小疥蛤蟆

花背蟾蜍

Bufo raddei

　　鉴别特征　　体型较小；耳后腺呈倒"八"字形；背面有显著橄榄色斑，腹面乳白无黑斑。

　　形态特征　　雄性体长 52～64mm，雌性体长 56～69mm。头宽大于头长；吻端圆，吻棱显著；眼间距略大于鼻间距；鼓膜显著，椭圆形。上下颌无齿。舌长圆形不分叉。雄性头部、上眼睑及背面密布大小不等的疣粒，雌性疣粒较少；耳后腺大而扁；四肢和腹部皮肤平滑，仅腹后及股下有较大的疣粒。雄性背部有不规则的橄榄色花斑，雌性背部为浅绿色杂酱色花斑；散布的灰色疣粒上有红点；体背正中常有浅绿色脊线；上颌边缘及四肢有深棕色纹。腹面乳白色，后端灰色，一般无斑点或分散有黑色小斑点。有内声囊；无雄性线。

　　生　态　　保护区内山麓至山顶均有分布。白天多隐匿于田间、水域、村庄附近的草丛、石下或阴凉的土洞内；傍晚外出觅食；冬季常成群穴居于松软、潮湿的泥土中。主要以鞘翅目、直翅目、鳞翅目等昆虫成虫和幼虫为食，如小地老虎、黏虫、蝼蛄、蚜虫、金龟子、叩头虫、椿象、鳞翅目幼虫等。4—5月，产卵繁殖，卵 2 行或 3 行排列在管状卵带内，卵带在水草上缠绕或浮于水面，卵直径 1.4mm 左右，每次产卵约 3000 枚。

　　地理分布　　国内分布于黑龙江、吉林、辽宁、内蒙古、青海、甘肃、宁夏、陕西、山西、河北和山东等地。国外见于俄罗斯、蒙古国、朝鲜。

中国林蛙

Rana chensinensis

鉴别特征 体多为土黄色；头扁平，鼓膜部有三角形黑褐色斑；雄性具 1 对咽侧下内声囊；后肢细长，后肢胫部长于股部。

形态特征 体长 33~61mm。头扁平，头宽等于或略大于头长；吻端钝圆，略突出于下颌；吻棱较明显。鼓膜显著，鼓膜处有三角形黑斑；犁骨齿椭圆形位于内鼻孔后方。前肢短壮；指细长略扁且指端圆；后肢细长，胫跗关节前达鼓膜或眼，左右跟部明显重叠。背部及体侧皮肤有排列不规则疣粒，周围显黑色；背侧褶在鼓膜上方斜向外侧折向中线，再向后延至胯部；腹部皮肤平滑。体背面、侧面及四肢上部为土灰色，有黄色及红色小点；背侧褶棕红色；四肢背面有显著的黑色横纹；体腹面乳白色，散有许多小红点，尤以大腿腹面明显。雄性有 1 对咽侧下内声囊及雄性线。

生　态 保护区内分布于山地林缘有水的洼地。栖息在林地枯枝落叶间湿气较重的植被环境。9 月底到翌年 4 月，成群聚集在河水深处的沙砾里、石块下越冬。主要捕食鳞翅目、鞘翅目、直翅目、同翅目、膜翅目、半翅目等昆虫，也食软体动物中的田螺等。3—4 月，河水解冻后即产团块状卵，卵产于水塘、水沟、小溪近岸边的 10~15cm 浅水处水草上；每次产卵 800~2000 枚。

地理分布 国内分布于黑龙江、吉林、辽宁、内蒙古、河北、山西、陕西、甘肃、青海、新疆、山东、江苏、四川、西藏。国外见于俄罗斯、蒙古国、朝鲜、日本。

无尾目 ANURA

蛙科 Ranidae

英文名 Black-spotted Frog
别 名 黑斑蛙、青蛙、田鸡、蛤蟆

黑斑侧褶蛙

Pelophylax nigromaculatus

鉴别特征 背面绿色或后端棕色，散布黑色小斑纹；雄性有 1 对颈侧外声囊。

形态特征 体长 50～70mm，雄性体型略小于雌性。头长略大于头宽；吻钝圆而略尖，超出下颌；吻棱不显；鼓膜大而明显；犁骨齿呈两小团，位于两内鼻孔之间；舌大、卵圆形，后端分叉。前肢短，后肢较短而肥硕，左右跟部不相遇；趾间全蹼。皮肤较光滑，具背侧褶，背侧褶间有 4～6 行不规则的短肤褶；颞褶较明显。体色变异大，背面为黄绿色、深绿色或灰棕色，有不规则的黑斑或无黑斑；吻端到肛部常有 1 条窄而色浅的脊线；背侧褶金黄色或浅棕色；四肢背面有黑色横纹；腹面鱼白色。雄性有 1 对外声囊及雄性线。

生 态 保护区内分布于低海拔水域。常栖于池塘、水沟、洼甸、稻田或小河内，将身体悬浮在水中仅头部露出水面，或在水域附近的草丛中栖息。主要在傍晚捕食，以鞘翅目、双翅目、直翅目、半翅目、同翅目、鳞翅目等昆虫为食，也食少量的螺类、虾类及脊椎动物中的鲤科、鳅科小鱼及小蛙、小石龙子等。4 月至 6 月中旬，产卵于稻田、池塘及水流缓慢的水沟、洼甸内，卵为块状浮于水面。每次产卵约 3000 粒；卵的直径 1.7～2.0mm。一般 10 月至翌年 4 月中旬蛰伏。

地理分布 国内见于除新疆、西藏外的其他省份。国外见于俄罗斯、朝鲜及日本。

北方狭口蛙

Kaloula borealis

鉴别特征　遇险时腹部胀气如鼓；体小头宽，前肢细长，后肢短粗；除第四趾外，趾均为半蹼。

形态特征　体长 47~50mm；头短宽；吻短而圆，吻棱不显；鼻孔近吻端；鼓膜不显著；无犁骨齿；舌后端无缺刻。前肢较细长，指端圆；后肢粗短，胫跗关节前达肩后部，左右跟部相距较远，趾端圆。除第四趾外各趾均为半蹼。皮肤平滑而厚，有少数小疣粒；枕部有横皮肤沟；颞褶斜直；腹部皮肤平滑无疣粒；肛周有疣粒。体色变异大，常呈浅棕色、橄榄绿色，少数灰绿色。头后肩前常有浅橘色"W"形波浪状的宽横纹；背部及四肢上部有不规则的黑色斑点；体侧及侧下方和后肢内侧有网状花斑；腹面浅肉色。雄性有单咽下外声囊，咽部黑灰色，胸腹部有显著的皮肤腺，有雄性线。

生　态　栖息于房屋及水坑附近的草丛中、土穴内或石块下，在 5—7 月雨季能听到其鸣声。夏季常向灯光处聚集捕获昆虫，主要以树根、植物的花、叶及昆虫为食。一般在 6—7 月下大雨的晚间产卵于积水坑洼内；卵单生，借平扁的胶质囊漂浮于水面；发育迅速，蝌蚪 3 周左右即完成变态。产卵季节随雨季的到来而定，雨季过后即开始休眠。

地理分布　国内分布于北京、黑龙江、吉林、辽宁、河北、山东、山西、陕西、湖北、江苏、浙江等地。国外见于俄罗斯、朝鲜。

保护等级　河北省重点保护陆生野生动物。

第四章

爬行纲

无蹼壁虎

Gekko swinhonis

有鳞目 SQUAMATA

壁虎科 Gekkonidae

英文名 Peking Gecko

别　名 爬墙虎、守宫、蝎虎、天龙

鉴别特征　无活动眼睑；背面被颗粒状鳞；指（趾）间无蹼；背面一般呈灰棕色；雄性具 6 ~ 10 个肛前窝。

形态特征　身体扁平，体长 105 ~ 132mm。头吻三角形，鼻孔近吻端。无活动眼睑，耳孔小，卵圆形。上下颌具有细齿，舌长。上唇鳞 8 ~ 12 枚，下唇鳞 7 ~ 11 枚；颏片 2 对，呈弧形排列，外侧 1 对较小。头体背面被颗粒状细鳞，吻部鳞扩大，背部交错排列成 12 ~ 14 行；胸腹部鳞片较大，覆瓦状排列。四肢具五指（趾），指（趾）端膨大，膨大处腹面具 5 ~ 9 个攀瓣，指（趾）间无蹼；四肢背面被颗粒状小鳞。尾略侧扁，基部每侧有肛疣 2 ~ 3 个。尾、背、腹均被覆瓦状鳞，腹面较大，中央一列扩展成鳞板。雄性具 6 ~ 10 个肛前窝。身体背面一般呈灰棕色。头、颈、躯干、尾及四肢具色斑。颈及躯干背面有 6 ~ 7 条横斑，尾背面有 11 ~ 14 条横斑。身体腹面呈淡肉色。

生　态　夜行性动物，白天藏身在阴暗的石下或房屋的墙壁缝隙中。以小型昆虫为食，主要是蛾、蚊、蝇、小蜂、甲虫等。遇敌时尾部易自断，断尾后能在短期内再生。从 11 月初至翌年 3 月中旬为冬眠期，3 月中下旬出蛰开始活动，4 月下旬以后活动旺盛。

地理分布　我国特有种，分布于安徽、甘肃、河北、河南、江苏、辽宁、宁夏、陕西、山东、山西、浙江等地。

河北小五台山 国家级自然保护区陆生脊椎动物

有鳞目 SQUAMATA

石龙子科 Scincidae

英文名　Shanghai Elegant Skink
别　名　四脚蛇、油蛇子

蓝尾石龙子

Plestiodon elegans

鉴别特征　具上鼻鳞，无后鼻鳞；后颏鳞 1 枚，颔鳞 1 对，颈鳞 1 对，股后有 1 团大鳞；具 5 条黄色显著纵纹。

形态特征　雄性头体长 68~83mm，尾长 84~107mm；雌性头体长 57~76mm，尾长 89~104mm。吻高，吻端钝圆，吻长与眼间距几平相等。上鼻鳞 1 对，左右相接，无后鼻鳞；前颏鳞 1 对，左右不相切；颊鳞 2 枚；上睫鳞 6 枚；眶上鳞 4 枚；眶前鳞 1 枚；眶后鳞 2 枚；眶前下鳞 2 枚，眶后下鳞 4 枚；颞鳞 1+2；上唇鳞 7 枚，下唇鳞 7 枚；颏鳞显著大于吻鳞；后颏鳞 1 枚；颔片 3 对。鼓膜深陷，耳孔卵圆形。体鳞平滑，覆瓦状排列；环休中段鳞 21~28 行；肛前鳞 8 枚；肛后鳞起棱；肛部两侧各有 1 棱鳞；尾腹面正中 1 行鳞 104~109 枚；股后有 1 团不规则大鳞。雄性背面棕黑色，雌性背面深暗色，有 5 条黄色纵纹。雄性腹侧及肛区有隐约散布的紫红色小点，雌体呈青白色；尾部为蓝色。

生　　态　栖息于海拔 800~1400m 的山间道旁的草丛、石块下或树林、溪边乱石堆中。食物以昆虫如步甲科、蛾类、蟋蟀等为主。繁殖期为 6—7 月，每次产卵 6~9 枚，卵产于土洞、草丛中、沙土里及隐蔽的地面上。卵白色，圆形。在 7 月至 8 月初可见到幼体的活动，10 月至翌年 4 月为冬眠期。

地理分布　国内分布于北京、天津、河北、河南、四川、云南、重庆、贵州、湖北、湖南、安徽、浙江、上海、江西、江苏、福建、广东、广西、陕西、台湾、香港等地。国外见于越南、琉球群岛。

保护等级　河北省重点保护陆生野生动物。

第四章　爬行纲

33

黄纹石龙子

Plestiodon capito

英文名　Gail's Eyelid Skink

别　名　石龙子、石蛇子、北京石龙子

鉴别特征　吻端钝圆，吻鳞三角形；颈鳞2对，后颈鳞2对，股后及肛后各有1团大鳞；背中央和两侧有5条浅纵纹；尾背灰蓝色。

形态特征　头体长56~68mm，尾长94~106mm。吻长稍大于眼间距，吻鳞在背面部分呈三角形，鼻鳞小，上鼻鳞1对，后鼻鳞1枚；颞鳞2枚；眶上鳞4枚，眶前鳞1枚，眶后鳞2枚，眶前下鳞2枚，眶后下鳞5枚，下眼睑有4枚扩大的鳞片；上唇鳞7枚，下唇鳞6~7枚；后颈鳞2枚。鼓膜深陷，耳孔边缘有2~3枚小瓣突。背鳞平滑圆形，覆瓦状排列。环体中段鳞24行；肛前鳞8枚。股后及肛后各有1团大鳞。体背棕褐色，背中央和两侧有5条浅色纵纹；侧面具深色纵纹。

生　态　在河北分布于海拔700~1000m的山区，保护区分布于山麓石块、草丛下。以昆虫如蛾类、蝼蛄等为食。活动季节为4月下旬至10月上旬。6月产卵，每次产6枚卵。雌体有护卵行为。

地理分布　国内分布于辽宁、河北、北京、湖北、四川、陕西、甘肃、宁夏等地。

有鳞目 SQUAMATA

蜥蜴科 Lacertidae

英文名　Mongolia Racerunner
别　名　麻蛇子

丽斑麻蜥

Eremias argus

鉴别特征　体形圆而略平扁，尾圆长；额鼻鳞 2 枚，眶下鳞不嵌入上唇鳞；尾长不超过头体长的 1.5 倍；背及体侧具纵行的眼状斑及链状纹。

形态特征　头体长 43~58mm，尾长 48~73mm。尾长短于头体长的 1.5 倍。头稍扁而宽，吻鳞圆钝呈五角形。鼻鳞 3 枚，左右上鼻鳞在吻鳞后相接。后鼻鳞与卜鼻鳞及颊鳞相接。额鼻鳞成对。前额鳞 2 枚，额鳞 1 枚，额顶鳞 2 枚；无枕鳞；颊鳞 2 枚；眶上鳞 2 枚，上睫鳞 4~7 枚，下眼睑被覆小鳞，眶下鳞 3 枚；上唇鳞 9~11 枚，下唇鳞 6~8 枚。颏片 5 对。领围弧形。鼓膜裸露。颈、躯干、四肢背面被较小的颗粒鳞。腹鳞较大且平滑，略近方形斜向中央排列。尾背面鳞具棱，平行成环。四肢五指（趾），具爪。指（趾）下瓣具棱。每侧具股窝 8~12 个，两列股窝在肛前隔 8~11 枚鳞片。身体背部土黄色，头顶灰棕色。幼体体侧有浅色斑纹，斑纹间有黑色浅的眼斑；成体纵纹不明显，但眼斑显著。在体侧前后眼斑连成白色链纹，腹面黄白色。

生　态　保护区在山坡砂石、平缓的沙地常见。栖息于平原、草原、丘陵、低山、农田、灌丛等各种环境中。食物以昆虫为主。一般 4 月初出蛰，4 月下旬雄性追逐雌性交尾；4 月末至 5 月上旬产卵，怀卵量 2~4 枚；7 月底至 8 月初孵出幼蜥；10 月下旬钻入地下洞穴约 1m 处冬眠。

地理分布　国内分布于黑龙江、吉林、辽宁、内蒙古、河北、山西、陕西、宁夏、甘肃、山东、河南、安徽等地。国外见于朝鲜、蒙古国、俄罗斯。

山地麻蜥

Eremias brenchleyi

　　鉴别特征　外形似丽斑麻蜥，但尾较细长，超过头体长的 1.5 倍；眶下鳞扩大嵌入上唇鳞之间而达口缘；雄蜥繁殖期沿颈部至体侧有 1 条红色纵纹。

　　形态特征　体和尾细长平扁，头体长 50～66mm，尾长 80～106mm。尾长超过头体长的 1.5 倍。吻尖长。鼻鳞 3 枚；额鼻鳞 2 枚，呈三角形；前额鳞 2 枚，额鳞 1 枚，额顶鳞成对，顶间鳞 1 枚，无枕鳞。眶上鳞 2 枚，上睫鳞 4～7 枚；眶下鳞 3 枚，中间 1 枚最长，表面有弧形突起伸入上唇鳞之间。上唇鳞 9～10 枚，下唇鳞 6～8 枚。颞部为颗粒鳞，具耳鳞。颏片 5 对。身体背面被颗粒状鳞，稍有隆起，腹鳞矩形，覆瓦状排列成斜行纵列。四肢 5 指（趾），具爪。每侧有股窝 9～12 个。尾具棱鳞。身体背部灰褐色，体侧有 2 列具黑边的浅色眼斑或连成线的纵纹，腹面黄白色。

　　生　　态　主要生活于丘陵、山坡地带，栖息于灌丛、杂草、阔叶林中，常与丽斑麻蜥重叠分布。在保护区分布于山坡石砂、平原的沙地生境中。主要以昆虫为食。5—6 月繁殖。

　　地理分布　国内分布于内蒙古、河北、北京、山西、山东、陕西、江苏、安徽。国外分布于蒙古国、俄罗斯。

有鳞目 SQUAMATA

游蛇科 Colubridae

英文名 Slender Racer
别　名 黄脊蛇、白脊蛇、白线蛇、白箭竿

黄脊游蛇

Coluber spinalis

鉴别特征　体形细长，头较长与颈部区分明显；眼大，瞳孔圆形；背面红棕色，脊背正中有1条约3枚鳞宽的镶黑边的黄色纵线直达尾末；腹面及上唇黄色。

形态特征　头体长570~775mm，尾长220~250mm。吻圆前突。额鳞1枚，与后方成对的顶鳞几乎等长；眶前鳞1枚按额鳞外侧，下方有一小的眶前卜鳞；眶后鳞2（1）枚，颞鳞2+2或3+3；上唇鳞8枚，3-2-3式；下唇鳞9枚；颏鳞2对；背鳞平滑无棱，17-17-15行；腹鳞140~211枚。肛鳞2枚，尾下鳞77~100对。自额鳞中央至脊背正中有1条约3枚鳞宽的镶黑边的黄色纵线直达尾末；上唇黄白色，腹面淡黄色。体侧面鳞片边缘色黑，缀成几条深色纵线或点线。

生　态　该种为小五台山保护区较常见的蛇类，主要栖息于平原、丘陵、山麓林区或河床等开阔地带。行动极为迅速，性温顺。多在白昼活动，主要以鼠类和蜥蜴为食。卵生，7—8月为繁殖期，怀卵数10枚左右。无毒蛇。

地理分布　国内分布于新疆、甘肃、陕西、河南、河北、山东、江苏、内蒙古、辽宁、吉林、黑龙江等地。国外分布于蒙古国、朝鲜、俄罗斯、哈萨克斯坦等地。

第四章　爬行纲

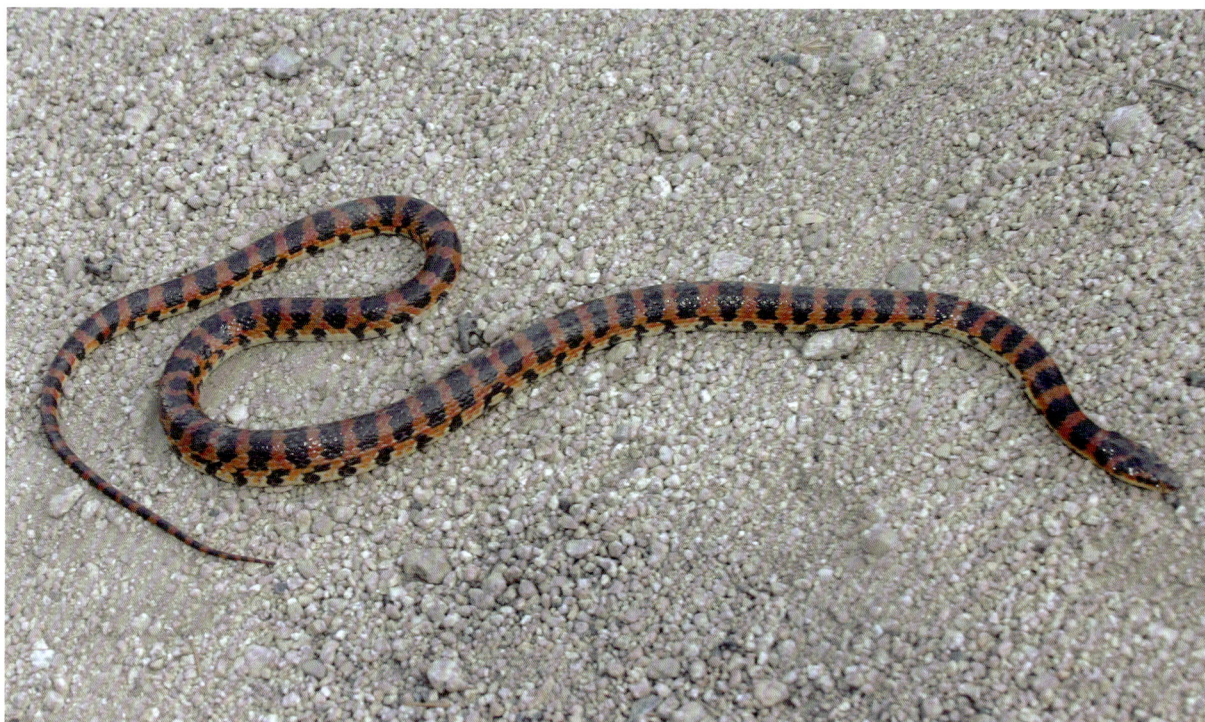

赤链蛇

Lycodon rufozonatus

鉴别特征　体背黑褐色，具有 60 条以上的红色窄横纹。

形态特征　头体长 670～940mm，尾长 160～195mm。头部呈扁宽的椭圆形。吻端圆钝，眼较小，瞳孔直立椭圆形。上颌齿分成 3 群，形成 2 个无齿区，一般为 6-3-3 分布，最后一组齿群较大无沟。鼻间鳞及前额鳞略成五角。额鳞 1 枚；眶前鳞 1 枚，眶后鳞 2 枚；颞鳞 1 枚，常入眶；前颞鳞 2 枚，后颞鳞 3 枚；上唇鳞 8 枚，3-2-3 式或 2-3-3 式；下唇鳞 8～10 枚。背鳞平滑或仅体后段 1～3 行具微棱，腹鳞 186～210 枚。肛鳞单枚，尾下鳞 66～89 对。头部背面黑色，鳞缘红色，枕部具倒 "V" 字形红斑。体背面黑褐色，躯干部具 55～67 个红色窄横纹，尾部具有 12～25 个红色窄横纹。横纹宽度为 1~2 枚鳞片，间隔 2~4 枚鳞片。红色横纹在体侧分叉，体侧为红黑相间斑点状。腹面灰黑色，腹鳞两侧杂以黑褐色斑点，无红色横斑。

生　态　在保护区内多活动于农田、村庄及水源附近。栖息于田野、山林、丘陵、平原、村镇及水域附近。多在傍晚活动，性较凶猛，以鱼类、蛙类、蜥蜴、蛇、鼠、小鸟等为食。卵生，每次产卵 10 余枚。休眠期为 11 月中旬至翌年 3 月中旬。无毒蛇。

地理分布　国内除新疆、青海、西藏、宁夏等地外均有分布。国外分布于日本及朝鲜。

有鳞目 SQUAMATA

游蛇科 Colubridae

英文名 Dione Ratsnake
别　名 枕纹锦蛇、黑斑蛇、白带子

白条锦蛇

Elaphe dione

　　鉴别特征　体背淡灰色或棕黄色，具3条灰白色纵纹，并杂有不规则镶白边的黑横斑；枕部有2块较粗大的纵行黑斑。

　　形态特征　头体长505～970mm，尾长130～176mm。头圆扁平，与颈部稍有区分。吻鳞显露，鼻间鳞阔而短；鼻孔侧开呈椭圆形。颊鳞1枚，眶前鳞1枚，多数具有1枚眶前下鳞；眶后鳞2枚，少数为3枚；颞鳞2～4枚；上唇鳞8（3-2-3）枚。下唇鳞11～13枚，4～5枚切前颏片；背鳞多为25行，背中央9行具微棱；腹鳞雄性175～211枚。体背面淡灰色、灰褐色或棕黄色。体背具3条灰白色纵纹，背面及体侧具有许多不规则镶黑边的狭窄黑横斑；头背面具有一粗大暗褐色倒"V"字形斑纹。眼后有显著的黑斑，枕部具1对粗大黑纵纹。腹面黄白色或灰褐色，缀有黑色斑点。背面及体侧的鳞片具有红色小点。

　　生　　态　在保护区各生境均较常见。在平原、山区、田野、树林、丘陵等各种环境中活动，以鼠类、鸟类及鸟蛋等为食，耐饿力极强。卵生，春末夏初交配。产卵15枚左右，卵彼此粘成团块，7月中旬陆续孵出。仔蛇具卵齿，孵出后即可迅速爬行，且身体斑纹明显。无毒蛇。

　　地理分布　国内广泛分布于陕西、内蒙古、黑龙江、吉林、辽宁、江苏、上海、安徽、河北、山东、河南、四川、陕西、甘肃、青海、宁夏、新疆等地。国外分布于俄罗斯、朝鲜。

黑眉锦蛇

Elaphe taeniura

有鳞目 SQUAMATA

游蛇科 Colubridae

英文名　Striped Racer
别　名　黄颔蛇、家蛇、菜花蛇、秤星蛇

鉴别特征　头、体背呈橄榄绿色或棕灰色，眼后有明显的黑纹，身体前端有黑色梯状或蝶状斑纹，体中段两侧形成明显的黑纵纹达尾端。

形态特征　头体长 1040~1620mm，尾长 240~280mm。头长，头颈区分较明显。吻鳞较宽，额鳞盾型；颊鳞1枚，眶前鳞1枚或2枚，多数有1枚眶前下鳞；眶后鳞2枚，少数3枚；颞鳞2（3）+3（4，2）枚；上唇鳞9（4-2-3）枚或8（3-2-3）枚，少数10（5-2-3）枚；下唇鳞9~13枚，前5~6枚切前颏片；背鳞中央9~17行微起棱，25（23，27）-25（23，21）-19（21）行；腹鳞234~260枚；尾下鳞双行93~120对。头背呈橄榄绿色、棕灰色或土灰色。身体前中段背面具黑色梯状或蝶状横纹，至后段逐渐不显著；从中段开始，两侧有明显黑色纵带延伸至尾末端。眼后有1条明显的黑纹延伸至颈部。上下唇及下颌淡黄色。腹面灰黄色或浅灰色，腹鳞及尾下鳞两侧黑色。

生　态　行动迅速，善于攀缘，性较凶猛，受惊后立即竖起头颈部进行攻击。生活于山地、平原及田园农地等处，常在房屋内及其附近活动，因此有家蛇之称。在保护区内农舍附近有分布。主要捕食鼠类，亦食鸟类、蛙类，食量大。卵生，一般7—8月产卵，卵数2~13枚，孵化期约2个月。无毒蛇。

地理分布　国内除西北、东北三省及内蒙古等地在外均有分布。国外分布于越南、老挝、缅甸、印度等地。

保护等级　河北省重点保护陆生野生动物。

有鳞目 SQUAMATA

游蛇科 Colubridae

英文名　Korean Rat-snake
别　名　乌松、黑松、虎尾蛇

赤峰锦蛇

Elaphe anomala

鉴别特征　大型蛇类，体长2米左右；成体体背呈棕黄色或黄褐色，体后段颜色逐渐加深，呈棕黑色或棕褐色，有少数横斑；腹面呈灰白或浅黄色。

形态特征　头体长1360～1725mm，尾长205～255mm。体色斑从幼体至成体变化较大，成体体背为棕黄色至棕黑色，自体中段开始有苍白色横斑不规则排列，横斑宽为2～4枚鳞，前后两横斑相距4～6枚鳞。腹面鹅黄色、乳白或灰白色，腹鳞两侧无黑斑或具不明显黑斑。背鳞23-23-19行，除最外2行平滑外，中央有微弱棱；腹鳞203～225片。肛鳞二分；尾下鳞54～75对。

生　态　河北大部分地区都有分布，保护区内常见。生活在平原、丘陵、山林、田园、水域附近，人类居所也偶有所见。以啮齿动物如鼠类为食，亦吃鸟类及鸟蛋。7—8月产卵，窝卵数6～17枚，孵化期40～51天。仔蛇孵出时体长约30cm，重13～19g。无毒蛇。

地理分布　国内在安徽、内蒙古、辽宁、河北、山东、山西、湖北、湖南、江苏、陕西有分布。国外分布于朝鲜、俄罗斯。

保护等级　河北省重点保护陆生野生动物。

第四章　爬行纲

41

团花锦蛇

Elaphe davidi

有鳞目 SQUAMATA

游蛇科 Colubridae

英文名 Pere David's Rat Snake
别　名 黑镶锦蛇、花长虫

　　鉴别特征　体背呈褐色，背中央及两侧有3行镶细边的深褐色圆斑，中间1行圆斑约为两侧圆斑2倍；腹面浅黄，腹鳞宽大。

　　形态特征　头体长574~745mm，尾长130~155mm。体粗圆，头略扁而稍长，与颈部区分明显。额鳞1枚，为狭盾形；顶鳞长而宽；眶上鳞较大，眶前鳞2枚，眶后鳞2枚；颊鳞菱形1枚；上唇鳞8（3-2-3）枚；下唇鳞1~12枚。背鳞披针形，鳞棱强，最外1行平滑，其余鳞片由外向内鳞棱逐渐加强，背鳞23-23-19。雄性腹鳞174枚，尾下鳞6对；雌性腹鳞175枚，尾下鳞65对；肛鳞2枚。体褐色，背中央及两侧有3行镶有黑色细边的长椭圆形的深褐色斑纹直至尾尖，中央1行较大，约为两侧细边2倍多。

　　生　　态　生活在平原、丘陵、山地、果园、住宅附近等地，多栖息于较湿润的石下或草丛中。以鼠类、蛙类、蜥蜴及其他蛇类为食。春季开始交配，卵生。无毒蛇。

　　地理分布　主要分布于北方各省份，如北京、天津、河北、山西、内蒙古、辽宁、黑龙江、山东、陕西等。

　　保护等级　国家二级保护野生动物。

有鳞目 SQUAMATA
游蛇科 Colubridae

英文名 Mandarin Rat-snake
别　名 玉带蛇

玉斑锦蛇

Euprepiophis mandarinus

鉴别特征　体背呈灰色或紫灰色，中央具 1 行镶黄边及黄色中心的黑色菱形大斑块。

形态特征　头体长 733～790mm，尾长 133～157mm。眶前鳞 1 枚，眶后鳞 2 枚；颞鳞 2+3 枚；上唇鳞 8（3-2-3）枚或 7（2-2-3）枚；下唇鳞 8-10 枚，前 4 枚切前颏片。背鳞平滑；腹鳞雌性 198 枚，雄性 209 枚；肛鳞二分；尾下鳞双行，雌性 77 对，雄性 64 对。头背面黄色，具 2 个倒 "V" 字形黑斑；雄性 39+14 个，雌性 37+18 个；身体两侧具有不规则的黑色小斑，并具紫红色小斑点；腹面灰白色，散布交替排列的黑色横斑。

生　态　在保护区分布于海拔约 1000m 的区域，偶见于水源附近。栖息于山区森林、草丛、居民点附近的水沟等环境。主要捕食鼠类。卵生，7—8 月产卵，产卵数 5～16 枚。无毒蛇。

地理分布　国内分布于北京、天津、河北、辽宁、上海、江苏、浙江、安徽、福建、台湾、江西、湖北、湖南、广东、广西、四川、重庆、云南、西藏、甘肃等地。国外分布于越南、缅甸。

保护等级　河北省重点保护陆生野生动物。

第四章　爬行纲

43

虎斑颈槽蛇

Rhabdophis tigrinus

鉴别特征　枕两侧有 1 对粗大的黑色斑；颈背有一明显颈槽；背面翠绿色或草绿色；颈后一段距离的黑斑之间为鲜红色；腹面为淡黄绿色。

形态特征　头体长 318～805mm，尾长 89～156mm。眶前鳞 2 枚，眶后鳞 3（4）枚；颞鳞 1(2)+2(1) 枚。上唇鳞多为 2-2-3 式，背鳞 19-19-17 行，全部具棱或最外行平滑；腹鳞146～160 枚，肛鳞二分；尾下鳞 51～74 对。体背面呈翠绿或草绿色；躯干前段两侧黑色与橘红色相间；颈部正中有一较明显的颈沟；枕部两侧有较大"八"字形黑斑，黑斑间为红色；体后段红斑不明显，只有黑斑；腹面黄绿色，腹鳞游离，绿色较浅。

生　态　在保护区出没于水域附近草地及农村粪圈、厕所。一般栖息在河流、小溪、池塘、水田等水域附近，以蟾蜍、蛙、蝌蚪及小鱼、昆虫、鸟类、鼠类等为食，采用偷袭和伏击方式捕食。有回缩、逃遁、藏匿和威吓等反捕行为。卵生，每年 6—7 月产卵，每次产卵 10～30 枚。孵化期为 29～50 天。毒蛇，无毒牙，咬伤后颈腺（毒腺）中的毒液流入伤口而导致中毒。

地理分布　国内广泛分布于全国各省份。国外主要分布于日本、韩国以及俄罗斯。

有鳞目 SQUAMATA

蝰科 Viperidae

英文名　Pallas' Pit Viper
别　名　地扁蛇、七寸蛇、土丘子、草上飞

中介蝮

Gloydius intermedius

鉴别特征　头扁平、窄长；体黑灰色或土黄色，颈部至尾有白色细横斑，具2行深褐色圆斑；眼后具较宽眉纹；腹面灰黑色，具不规则的深褐色或黑色的小斑点；颌部密布细黑褐斑点。

形态特征　头体长425~605mm，尾长70~105mm。头呈三角形，与颈部区分明显。鼻间鳞宽大于长，在鼻孔处分为前后两半；眶前鳞2枚，眶后鳞2枚，无眶下鳞；颞鳞2列；上唇鳞8枚，下唇鳞11枚；颌片2枚，左右并列；背鳞24-23-17行，除体侧与腹鳞相邻1行外，均起棱。腹鳞157~178枚，平滑无棱。肛鳞1枚，尾下鳞40~53对。体背黄褐色，具深褐色不规则块状斑；眼后有粗大黑褐色眉纹，眉纹下缘镶明显的白边；头体腹面为黄白色，密布淡褐色不规则细小污点状斑；尾尖略呈淡黄色。

生　态　保护区的山涧林间较常见。主要见于海拔600~2400m的农田、荒地及农舍附近，以田鼠、麻雀、蜥蜴等小型动物为食。每年10月中下旬进入冬眠，次年4—5月出蛰，8—9月产仔。毒蛇，毒性大。

地理分布　国内分布于河北、山西、内蒙古、陕西、甘肃、青海、宁夏、新疆、黑龙江等地。国外主要分布于蒙古国、俄罗斯西伯利亚南部、土库曼斯坦、阿塞拜疆、阿富汗、伊朗等地。

保护等级　河北省重点保护陆生野生动物。

第四章　爬行纲

第五章

鸟纲

石鸡

Alectoris chukar

雉科 Phasianidae

英文名 Chukar Partridge
别　名 朵拉鸡、红腿鸡、嘎嘎鸡

鉴别特征　　中等体型；两肋具明显深色斑，喉部呈白色，下脸部有黑色条纹至下喉部；上体呈粉色偏灰。

形态特征　　体长 270～370mm。从头顶部至后颈部呈红褐色；喉部呈白色；下脸部黑色条纹延伸至下喉部，形成 1 个围绕喉部的黑圈；两肋具有明显的深色斑；耳羽呈褐色；后颈部两侧呈橄榄色；背部、腰部、尾上覆羽呈橄榄色；外侧尾羽呈棕色，初级飞羽褐色偏深，外侧次级飞羽末端有棕色羽缘。上胸灰色，下胸棕色。虹膜褐色；喙红色；跗跖及趾红色。

生　　态　　栖息活动于低山丘陵、石坡中。喜白天集群活动，常见于植被覆盖率低的干旱或半干旱地区。主要以草本植物和灌木的嫩芽、嫩叶、浆果、种子，以及苔藓、地衣和昆虫为食。雄鸟常于清晨或傍晚时刻在光裸岩石上鸣叫。繁殖期为每年 4—6 月，一般在 6 月中旬之前，常筑巢于石堆中，也少有筑巢于悬崖基部或灌丛、草丛中。窝卵数 7～17 枚，雏鸟早成性。

地理分布　　国内在北方地区广泛分布。国外分布于欧洲、小亚细亚、中亚，以及蒙古国、阿富汗、伊拉克、伊朗、印度和克什米尔地区。

居留型　　留鸟。

保护等级　　河北省重点保护陆生野生动物。

鸡形目 GALLIFORMES
雉科 Phasianidae

英文名 Daurian Partridge
别　名 杀斑鸡、须山鹑

斑翅山鹑

Perdix dauurica

　　鉴别特征　　体型较小，整体呈灰褐色，脸部、喉部、腹部呈橙色，腹部有黑色斑块，形状类似倒"U"形，喉部有羽须。

　　形态特征　　体重262～340g，体长248～312mm。雄性头顶呈灰褐色，一直蔓延到后颈部，上面具有白色干纹，干纹末端膨大呈现点状，前额基部两鼻孔之间有小的黑斑，背部整体为棕褐色，具有深色横纹，尾上覆羽上横斑开始变宽，初级飞羽和次级飞羽棕褐色，分布有白色的横斑。雌性成鸟羽色与雄鸟基本相似，头顶呈暗褐色；耳羽为栗色，中部转黑色；眼下有栗斑与耳羽相连。虹膜棕褐色；喙部近黄褐色；脚部肉灰色。

　　生　　态　　栖息活动于森林、灌丛、草地、丘陵、农田等环境中。除繁殖期外，多成群活动，晚上成群栖于低地，繁殖后成家族群活动。主要以植物性食物为食，也吃昆虫等小型无脊椎动物。多为一雄一雌制，3—4月成对。常在灌丛、沟谷、溪流、树丛等地营巢，巢穴被植被掩盖。5—6月产卵，窝卵数通常为14～17枚。孵卵由雌鸟承担，雄鸟警戒，孵化期24天左右。雏鸟早成性。

　　地理分布　　国外分布于蒙古国、西伯利亚地区。国内在北方山区较为常见。

　　居 留 型　　留鸟。

　　保护等级　　河北省重点保护陆生野生动物。

鹌鹑

Coturnix japonica

鉴别特征　体型较小；整体呈褐色，并带有黄色的条纹；上体有深色横纹；眉纹黄色，与头顶和贯眼纹成鲜明对。

形态特征　体重 76～106g，体长 157～215mm。整体呈褐色，羽端呈棕黄色，冠羽白色，较为狭窄；眉纹黄白色，从前额一直延续到后颈部；上背部具有白色的羽干纹；下背部具有黄色的羽干纹，翅颜色与身体相似，但褐色更深；初级飞羽羽缘黄色，带有红褐色的横斑；尾羽颜色偏黑。虹膜红褐色；喙灰色；跗跖及趾棕色。

生　态　栖息于有矮林或者草丛的平原、低山丘陵、荒地中。以植物性食物如谷物、嫩叶、种子为主，兼食昆虫。除繁殖期外，常成对、成群活动。繁殖期为每年5—7月，一雄多雌制，常于草地、农田地边、草丛中营巢，多为地面天然凹坑。窝卵数 7～14 枚，雌鸟孵卵，孵化期 17 天。雏鸟早成性。

地理分布　国内除新疆、西藏外，各地均有分布。国外分布于俄罗斯远东滨海边疆区，乌苏里江流域，俄罗斯境内地区，库页岛；朝鲜、日本，一直到印度尼西亚。

居留型　夏候鸟。

鸡形目 GALLIFORMES

雉科 Phasianidae

英文名 Koklass Pheasant
别　名 柳叶鸡

勺鸡

Pucrasia macrolopha

　　鉴别特征　　有明显的飘逸形耳羽簇。雄鸟的头顶部和冠羽呈灰色，颈侧部白色，身体部分羽毛白色并有黑色矛状纹。雌鸟体型相对于雄鸟较小，有冠羽但无耳羽簇。

　　形态特征　　体长 395～626mm。雄性头顶呈褐色，有细长的冠羽，冠羽颜色较头顶覆羽颜色深，枕冠深绿色向后延伸，颈侧有白色斑块，下眼睑部位有白斑，头部其余部分均为黑色，颈部有乳白色的纵纹，尾上覆羽褐色，外侧尾羽灰色，有 3 道黑色的横斑，翅上覆羽黑褐色，有灰色的宽边，次级飞羽黑褐色，羽缘和羽端栗色。颔、喉部黑色，胸至下腹栗色；下腹羽基黑褐色，端部浅栗棕色；尾下覆羽暗栗色，具黑色次端斑和白色端斑。雌性冠羽棕褐色，有黑斑，羽缘黑色，眉纹白色偏棕，向后一直延伸到颈部，喉部和耳羽下方有白色斑块。虹膜褐色；喙褐色；跗跖及趾紫色偏灰。

　　生　　态　　栖息于针阔混交林、灌丛、多岩林地。雌雄单独或者成对活动，少见集群性活动。主要以植物嫩芽、嫩叶、花、果实、种子等植物性食物为食，偶吃捕食昆虫等小型无脊椎动物。繁殖期为每年 3—7 月，一雄一雌制，多筑巢在林缘的地面。窝卵数为 6～9 枚，雌鸟孵化；孵化期 25 天。雏鸟早成性。

　　地理分布　　国内分布于西藏南部、云南西部，经贵州、四川、甘肃往东至浙江、福建和广东北部，北达河北、辽宁西南部。国外分布于尼泊尔、印度、巴基斯坦、阿富汗以及克什米尔地区。

　　居 留 型　　留鸟。

　　保护等级　　国家二级保护野生动物。

褐马鸡

Crossoptilon mantchuricum

鉴别特征 全身呈浓褐色；头和颈为灰黑色，头顶有似冠状的绒黑色短羽，脸和两颊呈艳红色，且裸露无羽，眼后面有 1 个白色颈圈，两簇白毛突出于脑后。

形态特征 体高约 600mm，体长 1～1.2m，体重约 5kg。头顶羽毛呈绒状，黑褐色；枕后有一不甚明显的白色狭带；额基白色而具黑端；鼻孔后缘、耳羽白色；耳羽成束状，向后延长并突出于头颈之上，形状像一对角；头侧裸出，赤红色，满布以细小的疣状突；上背、两肩棕褐色，羽端分散呈发状；下背、腰、尾上覆羽和尾羽银白色；尾羽末端黑色，并具金属紫蓝色光泽；两翅表面棕褐色；颏、喉白色；前颈浓棕褐色，往后逐渐转淡，至尾下覆羽为棕灰色。虹膜橙黄色至红褐色；喙粉红色；跗跖及趾珊瑚红色。

生 态 主要以乔木、灌木和草本植物的叶、浆果、种子等植物性食物为食，也吃少量动物性食物。繁殖期 3—9 月，营巢于针阔混交林中，巢多置于林下地面灌丛间、枯枝堆或倒木下，也有在岩石下或树丛旁边营巢。产卵 4～17 枚，多达 19 枚。雏鸟早成性。

地理分布 我国特有种，仅分布在北京西部、河北西北部、山西西部、陕西东部。

居留型 留鸟。

保护等级 国家一级保护野生动物。

雌

雄

鸡形目 GALLIFORMES

雉科 Phasianidae

英文名　Common Pheasant
别　名　雉鸡、野鸡、山鸡

环颈雉

Phasianus colchicus

鉴别特征　雄鸟头部具有黑色的光泽，有耳羽簇，颈部有白环，身体羽毛从绿色至黄褐色至金色，富有金属光泽，尾羽较长，带有黑色的横纹。雌鸟羽毛颜色缺少色彩，整体呈灰褐色，尾羽较短。

形态特征　体长 580~900mm，雄性头部黑色，有金属光泽感，眉纹白色，眉纹下有小块的蓝色的短羽，颈部有黑色横带，横带向后延伸与喉部的黑色连接，形成黑环，黑环下端有白环，前颈部的白环比后颈部的白环更宽，身体羽毛从绿色至黄褐色至金色，有金属光泽感，尾羽较长，有深色的横纹。雌性较雄性个体较小，羽毛颜色缺少色彩，整体呈灰褐色，头顶和后颈白色且布有黑斑。虹膜黄色；喙呈角质色；跗跖及趾灰色。

生　态　栖息于低山丘陵、草地、农田、林缘或者公路两侧的草丛中，常集群活动。杂食性，食物随地区和季节变化而不同，冬季主要以各种植物果实、种子和谷物为食，其他季节主要以各种植物的果实、种子、叶、芽和昆虫为食。繁殖期为 3—7 月，繁殖期间清晨常发出较大声的"咯咯咯"的叫声。一雄多雌制，常在草丛、灌丛中营巢。窝卵数 6~22 枚，雌鸟孵化。雏鸟早成性。

地理分布　国内广泛分布。国外分布于欧洲东南部、小亚细亚、中亚，以及蒙古国、朝鲜、越南、缅甸、俄罗斯西伯利亚东南部地区。

居留型　留鸟。

小天鹅

Cygnus columbianus

英文名　Tundra Swan
别　名　短嘴天鹅、啸声天鹅、苔原天鹅

鉴别特征　全身羽毛白色；喙端黑色超过鼻孔，喙基黄色。

形态特征　体重 4~7kg，体长 1150~1500mm。成鸟全身洁白，仅头顶至枕部常略沾棕黄色。虹膜棕色；喙端黑斑大，超过鼻孔，黄斑小仅限于喙基两侧，沿喙缘不前伸于鼻孔之下；跗跖、趾及爪黑色。幼鸟全身淡灰褐色。

生　态　主要栖息于开阔的水塘、沼泽、流速缓慢的河流等水域，也出现于湿草地、河口地带。性喜集群，常成家族群活动。主要以水生植物的叶、根、茎和种子为食，有时也吃谷物、农作物幼苗，少量吃螺类、水生昆虫等小型水生动物。通常在 5 月底至 6 月初到达北极苔原带繁殖。每窝产卵 2~5 枚，雌鸟孵卵，雄鸟担任警戒，孵化期为 29~30 天。

地理分布　国内迁徙时经过东北、华北、新疆北部，越冬于长江中下游和东南沿海。国外繁殖于欧亚大陆和北美洲极北部，越冬在欧洲、亚洲和美洲中部。

居 留 型　旅鸟。

保护等级　国家二级保护野生动物。

雁形目 ANSERIFORMES

鸭科 Anatidae

英文名　Ruddy Shelduck
别　名　红雁、黄鸭、黄凫

赤麻鸭

Tadorna ferruginea

鉴别特征　全身羽毛主要呈赤黄色，脸部颜色较浅；雄鸟有一黑色颈环；飞羽为黑色，具有明显的白色翅斑和铜绿色翼镜；尾羽黑色。

形态特征　体型比家鸭略大。全身颜色主要以赤黄色为主。雄性头部为棕白色，繁殖期时颈部有狭窄的黑色领圈，飞行时翅上覆羽为白色。雌鸟羽色和雄鸟相似，但体色稍淡，头顶和头侧几乎为白色，颈基无黑色领圈。翼镜为铜绿色。虹膜为黑褐色；喙、跗跖及趾黑色。

生　　态　主要在内陆淡水环境生活，常几只或几十只游荡在水塘以及其附近的草原、荒地、沙地、农田等各类生境中。以水生植物、农作物幼苗、种子等植物性食物为食，也吃昆虫、甲壳动物、软体动物、青蛙、小鱼等动物性食物。繁殖期4—6月，在水域附近洞穴中营巢，每窝产卵6~12枚，由雌鸟负责孵卵，雄鸟警戒，孵化期27~30天。雏鸟早成性，经50天左右具有飞翔能力。

地理分布　国内除海南外均有分布。国外见于东南欧、非洲西北部以及亚洲的中东部。

居 留 型　旅鸟。

雌

雄

鸳鸯

Aix galericulata

英文名　Mandarin Duck
别　名　官鸭、匹鸟

鉴别特征　雄鸟颜色艳丽，冠羽颜色深且具有金属光泽，眉纹宽，一直延伸至脑后，脸部以及颈具有金黄色羽毛。雌鸟颜色暗淡，上体呈灰褐色，下体呈白色。

形态特征　中等体型，体长 380～450mm。雄性色彩艳丽，额头绿色，具有金属光泽；枕部羽毛红铜色；眉纹宽且长，延伸至脑后；脸部以及脖颈具有金黄色羽毛；背部较胸腹部色暗呈褐色；胸部两侧羽毛黑色，具有两道白色条纹；腹部羽毛白色；三级飞羽特化，形成树立于背部呈橙红色的帆状结构。雌性颜色暗淡，无冠羽；眼周后一条白纹与眼周白圈相连，形成特有的白色眉纹；上体灰褐色；下体覆羽白色；翅上无帆状结构。虹膜褐色；雄鸟喙暗红色、尖端白色，雌鸟喙褐色、基部白色；跗跖及趾橙黄色。

生　态　繁殖期以昆虫、鱼、虾、软体动物等动物性食物为主，迁徙期和冬季的食物主要为草籽、谷物等植物性食物。栖息于山地森林附近的河流、湖泊、水塘等中，营巢于紧靠水边的天然树洞。每窝产卵 7～12 枚，雌鸟孵卵，孵化期 28～30 天。雏鸟早成性。迁徙性鸟类，春季在 3 月末至 4 月初迁徙。

地理分布　国内主要在东北地区进行繁殖，在河北、贵州、陕西、福建也有繁殖记录；冬天到南方过冬。国外主要见于东北亚、日本等地。

居留型　夏候鸟。

保护等级　国家二级保护野生动物。

雁形目 ANSERIFORMES

鸭科 Anatidae

英文名 Mallard

别 名 大绿头、大红腿鸭、大麻鸭

绿头鸭

Anas platyrhynchos

鉴别特征 头部绿色且具有金属光泽，颈部具有一白环，翼镜为蓝紫色。

形态特征 中等体型。雄性头部为深绿色且带有金属光泽，颈部有一白色圆环；上背、肩呈褐色，羽缘棕黄色，杂以灰白色波状细斑；下背黑褐色；腰和尾上覆羽绒黑色；中央两对尾羽黑色，向上卷曲成钩状，外侧尾羽灰褐色，具白色羽缘；翅灰褐色，翼镜呈金属紫蓝色；颏黑色，上胸栗褐色，羽缘浅棕色；下胸和胁灰白色，杂以细密的暗褐色波状纹；腹部淡色，密布暗褐色波状细斑。尾下覆羽绒黑色。雌鸟贯眼纹黑褐色；上体黑褐色，具棕黄色羽缘；翅具紫蓝色翼镜；颏和前颈浅棕红色，其余下体浅棕色。虹膜棕褐色；雄鸟喙黄绿色、喙甲黑色，雌鸟喙黑褐色，喙端暗棕黄色；雄鸟跗跖及趾红色，雌鸟为橙黄色。

生 态 常结群游荡在水塘及其附近的草原、农田等生境中。主要以野生植物的叶子、种子，尤其是谷物和水藻等植物性食物为食，也吃水生昆虫、甲壳动物、软体动物、小鱼等动物性食物。营巢于水域岸边草丛中地上或倒木下的凹坑处。窝卵数 7~11 枚，卵白色或绿灰色，由雌鸭孵卵，孵卵期 24~27 天。迁徙性鸟类，春季在 3 月初至 3 月末迁徙；秋季在 9 月末至 10 月末迁徙，部分迟至 11 月初。

地理分布 国内分布广泛，大部分在南方温暖地区越冬，少部分冬季多见于北方常年不冻的湖面，成为留鸟。国外分布于欧洲、亚洲和美洲北部温带水域，越冬在欧洲、亚洲南部、北非和中美洲一带。

居留型 夏候鸟。

斑嘴鸭

Anas zonorhyncha

鉴别特征　眉纹淡黄白色；贯眼纹黑色；喙端部有一黄色斑块；翼镜为紫色，前缘白色。

形态特征　大型鸭类。雄鸟额至枕呈棕褐色，自喙基经眼至耳区有一棕褐色纹；眉纹淡黄白色；贯眼纹黑色；眼先、颊、颈侧、颏、喉淡黄白色，缀有暗褐色斑点；上背棕灰色，羽缘棕白色；下背褐色；腰、尾上覆羽和尾羽黑褐色；初级飞羽棕褐色；次级飞羽蓝绿色具紫色光泽，近端处黑色，端部白色；三级飞羽暗褐色，外翈具宽阔的白缘；胸呈淡棕白色，杂有褐斑；腹褐色，羽缘灰褐色至黑褐色；尾下覆羽黑色，翼下覆羽和腋羽白色。雌鸟上体后部较淡，下体自胸以下淡白色，杂以暗褐色斑。虹膜黑褐色，外围橙黄色；喙蓝黑色，具橙黄色端斑（雌鸟不明显）；跗跖及趾橙黄色，爪黑色。

生　态　主要栖息于内陆各类水库、江河、水塘、河口和沼泽地带，迁徙期和冬季也出现在农田地带。主要以植物的叶子、根、茎、种子等为食，也吃昆虫、虾、蟹、软体动物、小鱼等动物性食物。常结群。营巢于河流等水域岸边草丛中或芦苇丛中。迁徙性鸟类，春季在3月初至3月中旬开始，秋季在9月末至10月末开始。

地理分布　国内主要在北方进行繁殖，冬天到南方过冬，部分留在东北和华北地区越冬。国外主要见于西伯利亚东南部、蒙古国东部、库页岛、日本、朝鲜、柬埔寨、印度、缅甸、巴基斯坦、越南等地。

居留型　夏候鸟。

雁形目 ANSERIFORMES

鸭科 Anatidae

英文名　Northern Pintail
别　名　尖尾鸭、长尾凫

针尾鸭

Anas actua

鉴别特征　雄鸟黑白两色；颈部具有白色细线；喙蓝灰色；正中一对尾羽黑色呈针状，特别延长。雌鸟后颈棕褐色，喙黑色，尾羽尖较雄鸟短，脚灰黑色。

形态特征　体长430~720mm，体重0.5~1kg。雄鸟头暗褐色，具棕色羽缘；后颈中部黑褐色；头侧、额、喉和前颈上部淡褐色；颈侧白色，向下与腹部以白色相连。背部呈淡褐色与白色相间的波状横斑；翼镜铜绿色；正中一对尾羽特别延长。雌鸟体型较小，头棕色，密杂黑色细纹；后颈暗褐色缀有黑色斑；上体黑褐色；上背和两肩杂有棕白色"V"形斑；下背有灰白色横斑；无翼镜；尾较雄鸟短。虹膜褐色；喙黑色；附跖及趾灰黑色。

生　态　栖息于大型河流、水库及其附近的沼泽和湿草地。主要以草籽和水生植物如浮萍、松藻、芦苇、菖蒲等植物嫩芽为食，也到农田觅食谷粒。繁殖期间多以水生无脊椎动物，如淡水螺等软体动物和水生昆虫为食。繁殖期4—7月。筑巢在湖边、河岸地上草丛中或有稀疏植物覆盖的低地上。每窝产卵6~11枚。卵呈乳黄色。雌鸟孵卵，雄鸟通常在巢附近警戒，孵化期21~23天。雏鸟早成性。

地理分布　国内遍布东北和华北及新疆、西藏各地，冬季迁徙至长江以南大部分地区。国外繁殖于欧亚大陆北部、北美西部，越冬于东南亚、印度、北非、中美洲，部分流于南印度岛屿上。

居留型　旅鸟。

保护等级　河北省重点保护陆生野生动物。

第五章　鸟纲

琵嘴鸭

Spatula clypeata

鉴别特征　雄鸟虹膜金黄色，喙黑色，上喙末端扩大呈铲状，腹和胁栗色，跗跖橙红色。雌鸟虹膜为淡褐色，喙黄褐色，跗跖橙红色，足蓝黑色。

形态特征　体重 500g 左右，体长 440～520mm。雄鸟头和颈暗绿色；额、眼、头顶、颈和喉黑褐色；背暗褐色，羽缘淡棕色；腰暗褐色，微具绿色光泽；下颈和胸白色；下腹微具褐色波状细斑。雌鸟上体暗褐色，头顶至后颈杂有浅棕色纵纹；背和腰有淡红色横斑和棕白色羽缘，尾上覆羽和尾羽有棕白色的横斑，下体淡棕色，有褐色的斑纹。

生　　态　栖息于淡水湖畔，成群活动于江河、湖泊、水库、海湾和沿海滩涂、盐场等水域。主要以软体动物、甲壳类、水生昆虫、鱼、蛙等动物性食物为食，也食水藻、草籽等植物性食物。通常在 4 月中旬至 4 月末到达我国新疆东北部地区繁殖。筑巢在水域附近的地上草丛中。每窝产卵 7～13 枚，一般 10 枚。卵淡黄色或淡绿色。雌鸟孵卵，孵化期 22～28 天。雏鸟早成性。雄鸟用很大一部分时间和精力护卫鸟巢和领域。

地理分布　国内繁殖于新疆西部、东北部，越冬在华南大部分地区包括台湾和海南，迁徙时经过大部分地区。国外广泛分布于北半球。

居 留 型　旅鸟。

保护等级　河北省重点保护陆生野生动物。

雁形目 ANSERIFORMES

鸭科 Anatidae

英文名 Tufted Duck
别　名 泽凫、凤头鸭子

凤头潜鸭

Aythya fuligula

鉴别特征　雄鸟除腹、胁、翼镜为白色外，全身羽毛均黑色，头顶具长的黑色羽冠。雌鸟头、颈、上体和胸黑褐色，额基具白斑，羽冠较短。

形态特征　体长 340～490mm，体重 550～900g。雄鸟身体黑白两色，头顶有长冠羽，黑色闪紫色光泽；下背、肩和翅内侧覆羽杂乳白色细斑；翅上具白色翼镜，后缘黑色；腹部、胁白色。雌鸟头部、羽冠、颈和上体黑褐色，额基有不明显的白斑；上胸黑褐色，微杂白斑；下胸、腹和胁灰白色，具不明显的淡褐色斑；尾下覆羽黑褐色。虹膜金黄色；喙蓝灰色，喙甲黑色；跗跖及趾铅灰色，蹼黑色。

生　态　主要栖息丁河流、水库、河口等开阔水面。多在白天觅食，食物主要为水生昆虫、虾蟹、小鱼、贝类等动物性食物，有时也吃少量水生植物。繁殖期 5—7 月。营巢于距水较近的灌木丛中。每窝产卵 8～10 枚，雌鸟孵卵，孵化期 23～25 天。雏鸟早成性。

地理分布　国内繁殖于东北地区和内蒙古，越冬于长江流域、华东、华南地区，迁徙时经过大部分地区。国外繁殖在冰岛等北欧地区，以及中欧、巴尔干半岛、吉尔吉斯平原、贝加尔湖、西伯利亚至库页岛，越冬在欧亚大陆南部、非洲北部至菲律宾北部等地。

居留型　旅鸟。

小䴙䴘

Tachybaptus ruficollis

鉴别特征　身体短胖；尾短呈绒毛状；喙裂和眼具醒目的乳黄色；春天头顶与后颈部位黑色，颈部、面部及喉部偏红色。

形态特征　雄鸟体长为 200～300mm，雌性略小。繁殖期头、后颈部呈黑褐色；眼先、颊、颔和上喉均为黑色；耳羽、颈侧和前颈部暗红色；上体黑褐色略带棕色，下胸和腹部偏灰色。冬天羽毛颜色暗淡，上体转为灰褐色，下体偏白。虹膜黄色；夏季喙缘黑色、前端白色、喙基米黄色，冬季黑褐色、喙缘土黄色；跗跖及趾蓝灰色，趾尖颜色较浅，前趾具瓣蹼。

生　态　游荡在沼泽、池塘、河流等地，在水生植物的丛中建筑漂浮巢，很少上岸。潜水捕食鱼、虾、昆虫等为食。繁殖期时常结对活动，求偶时互相追逐鸣叫，常发出"ke～ke～ke"的叫声，冬季常结群生活。擅长潜水，但不善飞行，遇危险时常贴水面飞行或潜入水中进行躲避。

地理分布　国内遍布各地。国外见于非洲，以及欧亚大陆、东南亚以新几内亚北部等地。

居留型　留鸟。

䴙䴘目 PODICIPEDIFORMES

䴙䴘科 Podicipedidae

英文名 Great Crested Grebe
别　名 浪里白、浪花儿、水老呱

凤头䴙䴘

Podiceps cristatus

　　鉴别特征　颈修长，头顶具有明显的深色羽冠；繁殖期后颈部、背部等部位为栗色；头部两侧白色延伸过眼部；喙长。

　　形态特征　体长约50cm。颈细长，具饰羽；头顶具有明显的深色冠羽，冬季时不明显。身体上部为黑褐色，下部近白色且具有光泽。繁殖期后颈部、背部等部位为栗色。翅短，初级飞羽为褐色，次级飞羽近白色。尾短小，尾羽退化或消失。虹膜红色；喙黄褐色，基部红色，尖端黑褐色；跗跖及趾青黑色，趾间具瓣蹼。

　　生　态　常单独活动或结群游荡在低山和平原地带的河流等地。潜水能力强，以鱼、甲壳类动物、昆虫等为食。以芦苇、水草为材料在芦苇丛中筑巢。繁殖期具有求偶行为，每对雌、雄鸟在水面相视，身体挺起并同时点头，每窝产卵4~5枚。

　　地理分布　国内夏天在东北、华北北部及宁夏、新疆、青海等地繁殖，冬天在长江以南越冬。国外主要分布在亚欧大陆中南部、非洲南部和澳大利亚东部等地。

　　居留型　旅鸟。

　　保护等级　河北省重点保护陆生野生动物。

岩鸽

Columba rupestris

英文名　Hill Pigeon

别　名　野鸽子、鸽子、山石鸽、横纹尾石鸽

鉴别特征　腰部和近尾端有白色的宽带斑；胸部闪金属光泽；翅具两道黑色带斑。

形态特征　中等体型，形态似家鸽。头部为蓝灰色，颈部与上胸闪金属铜绿色或紫色；上背、翅大部分灰色，翅上有两条明显的黑色横斑；下背白色，腰和尾上覆羽暗灰色。尾灰黑色，先端黑色，近尾端具宽阔的白色横带。颏、喉暗灰色，胸以下灰色，胁、腹白色。虹膜黄褐色；喙黑色，蜡膜肉色；附跖及趾肉红色，爪黑褐色。

生　态　多栖息于山区岩石、峭壁地带。常结小群在山谷和平原地带的田野中觅食，以各种植物种子，尤其是谷粒和植物果实等为食。每年4—7月繁殖。巢常建于岩缝或岩洞中，巢由小枝条建构成平台状。通常每窝可产2卵，每年2窝。雌雄轮流孵卵，孵化期约18天，亲鸟以嗉囊分泌的"乳汁"饲喂雏鸟。

地理分布　国内分布于东北、华北、西北、西南及山东等地。国外见于蒙古国、朝鲜及亚洲中部的印度、阿富汗、尼泊尔等地。

居留型　留鸟。

鸽形目 COLUMBIFORMES

鸠鸽科 Columbidae

英文名 Oriental Turtle Dove
别　名 雉鸠、斑鸠、金背斑鸠

山斑鸠

Streptopelia orientalis

鉴别特征　后颈基部两侧有蓝灰色和黑色的块状斑；肩羽边缘呈红褐色；尾端灰白色，下体主要为红褐色。

形态特征　中等体型，全长约330mm。头部、颈部灰褐色且带酒红色，前额和头顶为蓝灰色，后颈基部两侧黑色，羽缘蓝灰色，形成鳞状斑。上背黑褐色，羽缘红褐色；下背和腰蓝灰色；尾上覆羽黑褐色。飞羽黑褐色，羽缘栗红色；翅上大覆羽和次级飞羽缀灰蓝色；其他翅上覆羽黑褐色，内侧覆羽具栗红色羽缘。中央一对尾羽黑褐色；外侧尾羽暗褐色，羽端灰色；最外侧尾羽外翈灰白色。颏、喉棕红色；胸、腹淡酒红色；胁和尾下覆羽灰蓝色。虹膜橙色；喙暗铅蓝色；跗跖及趾暗紫红色，爪角褐色。

生　态　多成对活动于丘陵、山脚、平原地区，常觅食于开阔的农耕区、村庄附近。植食性，主要以种子、果实、嫩叶等为食。4—7月为繁殖期，一般产2窝，窝卵数2枚。建巢于树上或灌木丛间，雌雄鸟均参与孵卵和哺喂雏鸟。雏鸟晚成性，经18~20天可离巢。

地理分布　国内各地广泛分布。国外分布于俄罗斯西伯利亚，日本，南至印度以及中南半岛的缅甸和泰国。

居留型　留鸟。

灰斑鸠

Streptopelia decaocto

鸽形目 COLUMBIFORMES

鸠鸽科 Columbidae

英文名 Eurasian Collared Dove
别 名 领斑鸠、斑鸠

鉴别特征 整体颜色较浅灰，后颈部有1条半月状的黑白色相间领圈。

形态特征 体型中等，体长约320mm，额和头顶前部灰色，向后逐渐转为浅粉红灰色。后颈基处有1道半月形黑色领环，其前后缘均为灰白色或白色。背、腰、肩和翅上小覆羽淡葡萄紫色，其余翅上覆羽蓝灰色，飞羽黑褐色，内侧初级飞羽沾灰色。尾上覆羽和中央尾羽灰褐色，外侧尾羽灰白色或白色，羽基黑色。颏、喉白色，其余下体淡粉红灰色，翼下覆羽白色，胁和尾下覆羽蓝灰色。虹膜和眼睑红色，眼周裸露部分浅灰色；喙近黑色；跗跖及趾暗粉红色，爪黑色。

生 态 栖息于低山、丘陵和平原地带的树林中，多呈小群或与其他斑鸠混群活动于农田、果园、灌丛、村镇附近。性情温顺，主要以各种植物的果实与种子为食，也吃草籽、农作物谷粒和昆虫。巢常建于树木和灌木丛中。繁殖期4—8月，1年繁殖2窝，每窝产卵2枚，孵化期约18天。幼鸟晚成性，经15-19天可离巢。

地理分布 国内分布于东北、华北、西北地区以及山东、河南、云南、湖北、安徽、江西、福建、广东、澳门等地。国外分布于欧洲南部、亚洲的温带、亚热带地区，以及非洲北部。

居 留 型 留鸟。

河北小五台山 国家级自然保护区陆生脊椎动物

鸽形目 COLUMBIFORMES

鸠鸽科 Columbidae

英文名 Red Turtle Dove
别 名 红鸠、红斑鸠、火雀

火斑鸠

Streptopelia tranquebarica

鉴别特征 酒红色斑鸠，颈部具黑色领环。

形态特征 体长200～230mm，雄鸟额、头顶至后颈灰色，头侧和颈侧浅灰色，颈基部具黑色领环；背、肩、翅上覆羽和三级飞羽葡萄酒红色，腰和尾上覆羽灰色；飞羽黑褐色；中央尾羽蓝灰色，其余尾羽黑褐色，羽端白色；颏和喉上部灰白色，喉至腹部淡葡萄酒红色，尾下覆羽白色。雌鸟额和头顶灰褐色；后颈基部黑色领环较细窄，领环外缘白色；上体深土褐色，腰部缀有蓝灰色；颏和喉近白色；胸浅土褐色；下腹和尾下覆羽淡灰色。虹膜暗褐色；喙黑褐色，基部灰褐色；跗跖及趾红褐色，爪褐色。

生 态 栖息于开阔平原上的田野、村庄、果园、山麓疏林、低山丘陵和林缘。主要以植物种子和果实为食，包括稻谷、玉米、小麦、高粱、油菜籽等农作物种子，偶食昆虫等动物性食物。繁殖期2—8月，通常筑巢在低山或山脚树林中乔木树上，巢多置于隐蔽较好的低枝上。每窝产卵2枚。

地理分布 国内分布于辽宁、河北以南的广大地区，西至甘肃、青海、四川西部、西藏南部、云南、贵州等地，东至东部沿海，南至香港、台湾和海南岛。国外分布于印度、尼泊尔、不丹、孟加拉国、菲律宾中南半岛。

居 留 型 夏候鸟。

珠颈斑鸠

Streptopelia chinensis

鸠鸽科 Columbidae

英文名 Spotted Dove

别　名 珍珠鸠、花斑鸠、斑鸠、斑颈鸠、花脖斑鸠

鉴别特征　上体多褐色；下体多粉红色；后颈部有黑色领圈，布满白色珠状斑点。

形态特征　中等体型，全长约 300mm。前额、头顶淡灰色，头后部分略带粉红色；颈部有黑色领圈，布满白色珠状斑点。上体多褐色，羽缘较淡。翼缘、外侧小覆羽和中覆羽蓝灰色；飞羽深褐色，羽缘较淡。中央尾羽深褐色，外侧尾羽黑色，羽端白色。颏白色，头侧、喉、胸及腹粉红色；胁、翅下覆羽、腋羽和尾下覆羽灰色。虹膜橘红色；喙黑色；跗跖及趾红色，爪角褐色。

生　态　常成小群活动，有时与其他斑鸠混群。栖息环境较为固定，如无干扰，可以较长时间不变。觅食多在地上，受惊后立刻飞到附近树上。飞行快速，两翅扇动较快但不能持久。鸣声响亮，鸣叫时作点头状。鸣声似"ku～ku～u～ou"。主要以植物种子为食，尤其是农作物种子，如小麦、玉米、稻谷、豆类等，也吃蜗牛、昆虫等动物性食物。常建巢于树上、矮树丛或灌木丛间。窝卵数 2 枚，雌雄亲鸟均参与孵卵和哺喂雏鸟，孵化期 18 天。

地理分布　国内西达四川西部和云南，北至河北和山东，南抵台湾、香港和海南均有分布。国外见于印度、孟加拉国、印度尼西亚中南半岛等地。

居留型　留鸟。

夜鹰目 CAPRIMULGIFORMES

夜鹰科 Caprimulgidae

英文名 Grey Nightjar
别　名 夜燕、贴树皮、蚊母鸟

普通夜鹰

Caprimulgus indicu

鉴别特征　上体灰褐色，密布黑褐色和灰白色斑点；颏、喉黑褐色，喉下具一大型白斑；尾羽的外侧布有宽阔的白色斑纹。

形态特征　中等体型，体长 260~280mm。整体多灰色，额、头顶、枕具宽阔的黑色纹；背、肩羽端具绒黑色块斑和棕色斑点；胸灰白色，杂以黑褐色横斑。翅覆羽和飞羽黑褐色，具锈红色横斑和眼状斑。中央尾羽灰白色，具黑色横斑，杂黑色斑；外侧 4 对尾羽黑色，具灰白色和棕白色横斑，杂黑褐色斑。颏、喉黑褐色，羽端具棕白色细纹，下喉具白斑；腹和胁红棕色，具细密的黑褐色横斑。尾下覆羽红棕色或棕白色，杂以黑褐色横斑。虹膜褐色；喙黑褐色；跗跖及趾巧克力色。

生　态　夜行性鸟类，常栖息于宽阔的林地、灌丛，白天隐匿在树枝间或地面上，晚上活动。主要以天牛、金龟子、甲虫、夜蛾、蚊等昆虫为食。繁殖期 5—8 月，营巢于林下、灌丛旁的地上。窝卵数 2 枚，雌雄亲鸟轮孵，孵化期 16~17 天。

地理分布　国内除新疆、青海外广泛分布于各地。国外分布于俄罗斯、日本，以及东南亚等地区。

居留型　夏候鸟。

保护等级　河北省重点保护陆生野生动物。

普通雨燕

Apus apus

雨燕科 Apodidae

英文名 Common Swift

别　名 北京雨燕、普通楼燕、雨燕、麻燕

鉴别特征　体羽黑色，喉部白色，胸部有一道深褐色的横纹；翅狭长，呈镰刀型；尾叉状。

形态特征　小型鸟类，体长约170mm。上体黑褐色；头、头顶、背颜色较深，略具金属光泽。翅狭长呈镰刀状，尾叉状；初级飞羽外侧和尾微具铜绿色金属光泽。颏、喉灰白色，胸、腹和尾下覆羽黑褐色，胸有深褐色横纹，腹微具灰白色羽缘。虹膜暗褐色；喙黑色；跗跖及趾黑褐色。

生　　态　栖息于森林、平原、城镇等各类生境中，多在高大的古建筑物、岩壁、城墙缝隙栖居。常成群在空中飞翔捕食昆虫，尤其以晨昏、雨前活跃，经常见其成群快速侧飞，叫声大而尖锐。繁殖期6—7月。窝卵数2～4枚，雌雄亲鸟轮孵，孵化期21～23天。雏鸟晚成性，经30天可离巢飞翔。

地理分布　国内分布于东北、华北、西北，以及山东、河南、西藏、四川、湖北、江苏等地。国外分布于欧洲、非洲西北部，东到西伯利亚，南至喜马拉雅山区，越冬于印度北部和非洲。

居留型　夏候鸟。

保护等级　河北省重点保护陆生野生动物。

鹃形目 CUCULIFORMES

杜鹃科 Cuculidae

英文名 Common Koel
别 名 嫂鸟、鬼郭公、哥好雀

噪鹃

Eudynamys scolopaceus

  鉴别特征 雄鸟通体黑色，具蓝色光泽，下体沾绿。雌鸟上体暗褐色，略具金属绿色光泽，并满布白色小斑点。

  形态特征 体长390~460mm，约重350g。雄鸟通体蓝黑色，具蓝色光泽，下体沾绿。雌鸟上体暗褐色略具绿色金属光泽，满布白色斑点。头部斑点细密略沾皮黄色，呈纵纹排列；背、翅上覆羽、飞羽及尾羽斑点常横行排列。颏至上胸黑色，密布粗白斑。其余下体白色，具黑色横斑。虹膜深红色；喙土黄色或浅绿色，基部较灰暗；跗跖及趾蓝灰色。

  生 态 生性隐蔽，多单独活动。常隐蔽于大树顶层茂盛的枝叶丛中，若不鸣叫，一般很难发现。主要以植物果实、种子为食，也吃毛虫、蚱蜢、甲虫等昆虫成虫和幼虫。繁殖期3—8月，自己不营巢和孵卵，将卵产于红嘴蓝鹊、喜鹊等的巢中。

  地理分布 国内广泛分布于河北以南各地。国外分布于印度、缅甸，以及中南半岛、印度尼西亚、澳大利亚等地。

  居 留 型 夏候鸟。

  保护等级 河北省重点保护陆生野生动物。

大鹰鹃

Hierococcyx sparverioides

英文名　Large Hawk Cuckoo
别　名　鹰头杜鹃、鹰鹃

鉴别特征　外形似鹰，尾具宽阔横斑，喉及上胸具纵纹，下胸和腹密布横斑。

形态特征　体长约400mm，外形似鹰，但喙端无钩，趾端无锐爪。头、颈呈乌灰色；上体呈灰褐色，尾上覆羽杂以白斑；飞羽内翈满布白斑；尾褐色，杂以黑斑，具有棕红色次端斑。颏黑色；喉和胸白色，而缀以棕色，并具灰色羽干纹；下胸和腹呈白色，满布黑褐色横斑；尾下覆羽绒白色。虹膜橘黄色；上喙黑褐色，下喙黄绿色；跗跖及趾橙黄色，爪淡黄色。

生　态　多栖息于开阔的林地，常隐于树冠之中。主要以昆虫为食，特别是鳞翅目的幼虫、蝗虫、蚂蚁和鞘翅目昆虫。繁殖期4—7月，自己不营巢和孵卵，常产卵于喜鹊等其他鸟类的巢中。

地理分布　国内分布于除黑龙江、辽宁、吉林、新疆、青海以外的大部分地区。国外分布于印度、缅甸、泰国等中南半岛地区，以及菲律宾和印度尼西亚。

居留型　夏候鸟。

保护等级　河北省重点保护陆生野生动物。

鹃形目 CUCULIFORMES

杜鹃科 Cuculidae

英文名 Indian Cuckoo
别　名 快快割麦、光棍好苦、杜鹃

四声杜鹃

Cuculus micropterus

鉴别特征　体型中等；下体具黑色横斑 3～4mm，斑距超过 5mm；尾部具黑色次端斑；鸣叫四声一节。

形态特征　体长约 300mm。头顶到后颈暗灰色；头侧淡灰色。上体呈深褐色。翅形尖长，飞羽暗褐色，初级飞羽内翈具白色横斑；翅缘白色。尾羽暗褐色，具宽阔的黑色次端斑；中央尾羽具白色端斑；外侧尾羽内翈缀以白色沾棕色的横斑。颏、喉、上胸淡灰色，胸和颈基有不明显的棕褐色半圆形胸环。其余下体白色，具 3～4mm 宽的黑褐色横斑，斑距超过 5mm。虹膜红褐色，眼圈黄色；上喙黑色，基部较淡；下喙偏绿色；跗跖及趾黄色。

生　态　多栖息于森林、次生林上层，鸣声为清晰的四声哨音，第四声较低。主要以昆虫为食，尤喜食鳞翅目幼虫，如松毛虫、树粉蝶幼虫等，有时也吃植物种子等少量植物性食物。繁殖期 5—7 月，不营巢，将卵产于大苇莺、灰喜鹊、黑卷尾等鸟类的巢中。

地理分布　国内除新疆、青海、西藏外，广泛分布于各地。国外北达俄罗斯远东地区、朝鲜、日本，南至印度、缅甸、马来半岛和印度尼西亚。

居留型　夏候鸟。

保护等级　河北省重点保护陆生野生动物。

大杜鹃

Cuculus canorus

鹃形目 CUCULIFORMES

杜鹃科 Cuculidae

英文名　Common Cuckoo

别　名　布谷、喀咕、郭公

　　鉴别特征　　上体暗灰色；翅缘白色，杂有狭窄的褐色横斑；腹部具黑色横斑 1~2mm；尾无黑色次端斑；鸣声二音节。

　　形态特征　　体型中等，体长约 320mm。额淡灰褐色；头顶至后颈银灰色；背暗灰色；腰部和尾上覆羽蓝灰色；翅内侧覆羽暗灰色，外侧覆羽和飞羽暗褐色；羽干黑褐色，外侧飞羽内翈近羽缘处有白色横斑；翅缘白杂以褐色斑；尾羽黑褐色，羽端白色；中央尾羽羽干两侧具不对称的白色细斑；外侧尾羽白斑较大；头侧、颈侧及颏、喉、上胸灰白色；其余下体白色，具 1~2mm 宽的黑褐色横斑纹，斑纹相距 4~5mm；尾下覆羽棕白色。虹膜、眼圈黄色；喙黑褐色，下喙基部近黄色；跗跖及趾棕黄色，爪褐色。

　　生　　态　　多栖息于开阔的林地、芦苇地等，常个体或成对活动。主要以各种昆虫为食。繁殖期 5—7 月，不营巢，一般将卵寄孵在其他鸟的巢中。

　　地理分布　　国内广泛分布于各地。国外分布于北极圈以外的整个欧洲、亚洲和非洲。

　　居留型　　夏候鸟。

　　保护等级　　河北省重点保护陆生野生动物。

鸨形目 OTIDIFORMES

鸨科 Otididae

英文名 Great Bustard
别　名 老鸨、野雁

大鸨

Otis tarda

　　鉴别特征　体型较大，头部灰色，颈部棕色，上体有黑色的横斑，下体直至尾部呈白色，初级飞羽羽尖黑色，次级飞羽黑色。雄鸟在颏两侧有白色簇羽。

　　形态特征　体重 3.8～8.7kg，体长 750～1050mm。雄鸟头部、颈部蓝灰色；后颈基部栗褐色，形成半领圈状；上体余部淡棕色，具黑色横纹；翅上小、中覆羽灰色，羽端白色；小覆羽具棕色斑点；大覆羽白色；初级覆羽暗灰色；三级飞羽白色，其他飞羽黑褐色，次级飞羽基部白色；中央尾羽棕褐色，具稀疏的黑色横斑；外侧尾羽棕色减少，白色扩大，最外侧几枚几乎全白色，仅羽端具黑色斑；颏、喉白色；有细长的白色纤羽，向外侧突出如须状；前胸及两侧淡棕色，具棕栗色横带；下体自前胸以下白色。雌鸟体型小，喉侧无突出的长羽；上体棕色较浅，下颈栗色带斑。虹膜黄褐色；喙铅灰色，喙端近黑色；跗跖和趾灰褐色，爪黑色，仅具 3 趾。

　　生　　态　栖息于草原、半荒漠、农田、草地等环境，喜成群活动。主食嫩草、树叶、谷物等植物性食物，也吃蝗虫、甲虫、毛虫等昆虫。每年 4 月中旬开始繁殖。窝卵数 2～4 枚，雌鸟孵化，孵化期 25～28 天。

　　地理分布　国内分布于北方大部分地区，偶见于福建、上海。国外分布于欧洲南部、摩洛哥北部、中东、阿富汗、中亚、西伯利亚南部、蒙古国，偶见于印度和日本。

　　居 留 型　旅鸟。

　　保护等级　国家一级保护野生动物。

董鸡

Gallicrex cinerea

英文名　Watercock
别　名　凫翁、鹝、鱼冻鸟

　　鉴别特征　中等体型。雄鸟头顶具红色额甲，后端突起游离呈尖形；全体灰黑色，下体较浅。雌鸟体较小，额甲不突起，上体灰褐色。

　　形态特征　体长310~530mm。雄鸟前额有一长形的红色额甲，向后上方一直伸到头顶，末端游离呈尖形；头、颈、上背灰黑色；下背、肩、翅上覆羽黑褐色，向后渐显褐色；尾黑褐色，羽缘浅淡；下体灰黑色；腹部中央色较浅，具苍白色横斑纹；尾下覆羽棕黄色，具黑褐色横斑；翅下覆羽黑褐色，羽端灰白色。雌鸟额甲黄褐色，较小不突起；上体橄榄灰黑色，具棕褐色羽缘形成的斑纹；尾羽和飞羽暗褐色；头侧和颈侧棕黄色；颏、喉、腹中央黄白色；下体余部土黄色，具黑褐色波状细纹。虹膜红褐色或淡褐色；喙、跗跖及趾黄绿色。

　　生　态　栖息于稻田、池塘、芦苇沼泽、湖边草丛和富有水生植物环境中。杂食性，主要吃水生昆虫、蚱蜢等，也吃种子和绿色植物的嫩枝、禾本科植物的种子、谷物等。繁殖期5—9月。每窝产卵3~8枚。

　　地理分布　国内分布于北至河北、辽宁、吉林，西至陕西、四川、贵州、云南，南抵广东、广西、福建、香港、海南、台湾等长江流域和沿海各地区。国外分布于朝鲜、日本、印度、缅甸、泰国、印度尼西亚、马来半岛等东亚和东南亚地区。

　　居留型　夏候鸟。

　　保护等级　河北省重点保护陆生野生动物。

鹤形目 GRUIFORMES
秧鸡科 Rallidae

英文名 Common Moorhen
别　名 红骨顶、江鸡

黑水鸡
Gallinula chloropus

鉴别特征　体型中等；喙基与额甲红色；整体黑色；肋有白色细纹；尾下覆羽中央黑色，两侧白色；脚黄绿色，脚上部有橙红色环带。

形态特征　体重 141～400g，体长 240～345mm。头部、颈部、上背黑褐色；下背至尾部橄榄褐色；飞羽黑褐色，第一枚初级飞羽外翈白色；体侧和下体灰黑色，向后变浅；下腹部尖端白色，形成黑白相间的块状斑；肋灰褐色，具宽阔的白色纵纹；翅下覆羽灰黑色，羽尖白色；尾下覆羽中央黑色，两侧白色，杂以黑褐色横斑。虹膜红色；喙黄绿色，喙基与额甲鲜红色；胫的裸出部分具橙红色环带，后部褐色，跗跖前缘黄绿色，后缘及趾灰绿色，爪黄褐色。

生　　态　栖息于淡水湿地、沿洋、水库等地，少见于林缘和路边，常成对或成小群活动。主要以蜘蛛、软体动物和昆虫幼虫以及水生植物嫩叶、幼芽、根茎等为食。繁殖期 4—7 月，窝卵数 6～10 枚，雌雄轮孵，孵化期 19～22 天。雏鸟早成性。

地理分布　国内广泛分布于各地。国外除大洋洲外，世界各地均有分布。

居留型　夏候鸟。

白骨顶

Fulica atra

鉴别特征　体型较大，身体黑色，喙和额甲白色，翅上有狭窄的白色羽缘，瓣状蹼。

形态特征　中型游禽，体重 430~835g，体长 351~430mm。头、颈黑色，略带金属光泽；额甲白色；上体黑色或黑褐色；第 1 枚初级飞羽外翈近白色，内侧次级飞羽具白色羽端；下体灰褐色；胸部中间部分灰白色，羽端近白色；尾下覆羽黑色。虹膜红褐色；喙白色，端部灰色；胫裸出部分、跗跖和趾暗绿褐色，爪黑褐色。除后趾外，趾两侧具对称的瓣蹼。

生　　态　栖息于芦苇边或水草边缘的开阔水域地带，常潜水取食，非繁殖季节常成群活动。杂食性，主食鱼、虾、昆虫、嫩叶、幼芽、果实、蔷薇果和其他各种灌木浆果与种子。3 月开始迁来繁殖地，10 月迁离繁殖地。窝卵数 8~10 枚，雌雄亲鸟轮孵，孵化期 24 天，雏鸟早成性。

地理分布　国内广泛分布各地。国外广布于欧亚大陆、非洲、印度尼西亚、澳大利亚和新西兰。

居 留 型　夏候鸟。

鸻形目 CHARADRIIFORMES

鸻科 Charadriidae

英文名 Northern Lapwing
别　名 麦鸡、田凫、癞鸡毛子

凤头麦鸡

Vanellus vanellus

　　鉴别特征　　中型涉禽；整体呈黑白色；头顶具向后延伸、最后向前反翻的羽冠；上体有金属光泽；尾部白色，具有黑色的端带；胸部黑色；腹部白色。

　　形态特征　　体长290～340mm。雄鸟额部、头部、枕部呈黑褐色；具反曲的黑色羽冠；眼周灰白色；眼下黑色；背、肩、三级飞羽绿色闪金属光泽；尾上覆羽棕褐色；飞羽黑色，最外侧三枚初级飞羽末端具白斑；尾羽基部白色，端部黑色具灰白色羽缘；外侧一对尾羽白色；颏、喉黑色；胸具黑色横带；下胸、腋、翼下覆羽、腹白色；尾下覆羽淡棕色。雌鸟冠羽较短，喉部常有白；虹膜暗褐色；喙黑色；跗跖及趾橙褐色，爪黑色。

　　生　态　　栖息于耕地、稻田、草地以及有水的草原地带。常成群活动，飞行速度慢，翅扇动迟缓。主要以甲虫、蚂蚁、蝼蛄等昆虫成虫及幼虫为食；也吃虾、蜗牛、螺类、蚯蚓等小型无脊椎动物以及杂草种子和嫩叶。繁殖期5—7月。窝卵数4枚，孵化以雌鸟为主，孵化期25～28天，雏鸟早成性。

　　地理分布　　国内遍布各地。国外繁殖于欧亚大陆北部，往东到俄罗斯远东；越冬于欧洲南部、印度北部和日本，偶尔到北美。

　　居留型　　旅鸟。

灰头麦鸡

Vanellus cinereus

鸻形目 CHARADRIIFORMES

鸻科 Charadriidae

英文名 Grey-headed Lapwing

别　名 麦鸡、河关关

鉴别特征　体型较大；头部、胸部呈灰色；背部呈褐色；翅尖、胸部、尾部有黑色的横斑；翅、腰、腹白色。

形态特征　体重230～420g，体长320～360mm。眼周裸出部及肉垂鲜黄色；头、颈灰褐色；背、肩、腰暗褐色闪金属光泽；腰两侧、尾上覆羽、尾羽白色；尾羽除最外侧一对外，具黑色次端斑；初级飞羽和覆羽黑色；次级飞羽、中覆羽、大覆羽白色；三级飞羽和小覆羽暗褐色；翅角有小突起；颏、喉、胸灰色；胸部有黑色横带；腹部白色；虹膜红色；喙黄色，喙端黑色；胫裸露部、跗跖及趾黄色，爪黑色。

生　态　栖息于靠近水源的开阔地域，如河滩、湖畔、河边、水塘、稻田等。常成小群活动。主要以甲虫、蝗虫、蚱蜢等鞘翅目和直翅目昆虫为食，也吃水蛭、螺类、蚯蚓等小型无脊椎动物以及植物叶和种子。繁殖期5—7月，窝卵数4枚，雌雄鸟轮孵，孵化期27～30天，雏鸟早成性。

地理分布　国内繁殖于黑龙江、辽宁、吉林和内蒙古东部，迁徙期经过大部分地区，越冬于南方地区。国外繁殖于朝鲜、日本，越冬于日本、印度、泰国、马来西亚等国。

居留型　旅鸟。

鸻形目 CHARADRIIFORMES

鸻科 Charadriidae

英文名 Little Ringed Plover
别　名 黑领鸻、金眼圈

金眶鸻

Charadrius dubius

　　鉴别特征　体型小；喙短；额基具黑色横带，带后有白色横带将头顶与额基黑带分开；眼圈金黄色；眉纹白色；颈圈白色；前胸有黑色环；翼上无横纹；腿橙黄色。

　　形态特征　体重28～48g，体长153～183mm。眉纹和前额白色；眼先、眼周、耳羽黑色，与额基、前头顶部的黑色相连；后颈具白色环带，与颏、喉白色相接；白坎后缘具黑色领环；背至尾上覆羽及翅上覆羽沙褐色；初级飞羽黑褐色，第1枚羽轴白色；中央尾羽沙褐色，末端黑褐色；最外侧尾羽白色，内翈具黑褐色斑；其他尾羽具白色端斑和黑色次端斑；下体除胸部黑褐色领环外，均白色；冬羽黑色被暗褐色代替，额皮黄白色，头顶至上体沙褐色；虹膜暗褐色，眼圈金黄色；喙黑色，下喙基部黄色；胫裸露部、跗跖、趾及爪橙黄色。

　　生　态　栖息于开阔平原和低山丘陵地带的湖泊、河流岸边以及附近的沼泽、草地和农田地带，也出现于沿海海滨、河口沙洲以及附近盐田和沼泽地带。主要以鳞翅目、鞘翅目昆虫成虫及幼虫为食，也食蠕虫、蜘蛛、甲壳类、软体动物等小型无脊椎动物。繁殖期5—7月，窝卵数3～4枚，雌鸟孵化，孵化期24～26天，雏鸟早成性。

　　地理分布　国内广泛分布于各地。国外分布于欧亚大陆、非洲北部、日本、伊朗、印度、菲律宾和新几内亚。

　　居　留　型　夏候鸟。

环颈鸻

Charadrius alexandrinus

鸻形目 CHARADRIIFORMES

鸻科 Charadriidae

英文名 Kentish Plover

别 名 白领鸻

鉴别特征 喙短，体型小而圆，颈具宽阔的白色领圈，飞行时翅具白色横纹，腿黑色。

形态特征 体长约160mm。雄鸟前额白色；额基和头前端黑色；眼后上方有白色眉纹；头侧白色；贯眼纹黑色；有白色颈环，与喉、前颈白色相连；上体其他部分淡褐色或沙褐色，背部羽缘沾棕色；翅大覆羽具白色羽端，其余覆羽具白色羽缘；初级飞羽和次级飞羽黑褐色，羽轴白色；内侧初级飞羽外翈基部白色，次级飞羽羽端白色，形成显著的翼斑；尾羽基部褐色，中央尾羽黑褐色，两侧尾羽白色；下体白色；胸侧具黑块斑。雌鸟较雄鸟黑色部分被褐色代替。虹膜暗褐色；喙黑色；跗跖及趾黑褐色或黄褐色，爪黑褐色。

生 态 在内陆的河岸沙滩、沼泽草地、盐碱滩和近水的荒地中比较常见，特别是水边沙滩和沙石岸边，常单独或成小群活动。以昆虫、小型甲壳类、软体动物为食，兼食植物种子、植物碎片，偶食植物的种子和叶片。5—8月为繁殖期，窝卵数3~5枚，孵化期23~25天。

地理分布 国内广泛分布于各地的水域环境。国外分布于欧亚大陆、非洲、澳洲、新几内亚、马来半岛、巴基斯坦、印度北部、缅甸、新加坡、朝鲜、日本。

居留型 夏候鸟。

鸻形目 CHARADRIIFORMES

鹬科 Scolopacidae

英文名 Common Snipe
别 名 扇尾鹬、小沙锥、田鹬、沙锥

扇尾沙锥

Gallinago gallinago

鉴别特征 头顶中央冠纹乳黄色，侧冠纹黑褐色；眉纹乳黄色；贯眼纹黑褐色；上体黑褐色，羽缘乳黄色，形成 4 条纵带；下体淡黄色，具褐色纵纹。

形态特征 小型涉禽，体长 240~300mm。喙粗长而直；头顶中央冠纹乳黄色，侧冠纹黑褐色；眉纹乳黄色；贯眼纹黑褐色；上体黑褐色，杂红褐色和棕白色的斑纹；翅灰黑色，初级飞羽和次级飞羽具白色端斑，内侧飞羽尖端白色；尾上覆羽基部灰黑色，羽端白色，二者间具土棕黄色和横纹斑；尾羽基部灰黑色，具白色端斑和红栗色次端斑；下体近白色；喉和前胸淡黄白色，杂以棕黄色斑；胁、腋具灰黑色斑；虹膜黑褐色；喙端黑褐色，基部角黄色；胫裸露部、跗跖及趾深橄榄绿色，爪黑色。

生 态 主要栖息于冻原和开阔平原上的淡水或盐水湖泊和沼泽地带，尤其是富有植物的开阔沼泽湿地。多聚成小群活动，迁徙期结成大群。晨昏活跃，白天隐藏在灌丛中。主要以鞘翅目、膜翅目等昆虫以及蜘蛛等小型无脊椎动物为食，偶尔也吃小鱼和杂草种子。5—7 月为繁殖期，雄鸟要进行求偶飞行。营巢于平原地带水塘、溪流岸边和沼泽地上。窝卵数 4 枚，雌鸟孵化，孵化期 19~20 天。

地理分布 国内繁殖于新疆西部、黑龙江、吉林和内蒙古东北部；越冬于西藏南部、云南、贵州、四川和长江以南地区以及香港、海南岛和台湾。国外繁殖于欧亚大陆、北美，越冬于欧洲南部、非洲，往东到印度、印度尼西亚、中南半岛和日本。

居留型 旅鸟。

保护等级 河北省重点保护陆生野生动物。

红脚鹬

Tringa totanus

鸻形目 CHARADRIIFORMES

鹬科 Scolopacidae

英文名 Common Redshank

别　名 赤足鹬、东方红腿

鉴别特征　腿橙红色；喙基半部为红色；喙端黑；胸具褐色纵纹；飞行时，腰部白色明显，次级飞羽具明显白色外缘。

形态特征　眼先黑褐色；眼圈白色；贯眼纹暗灰色；头、上体灰褐色，具黑褐色羽干纹和横斑；背和翅覆羽具黑色斑点和横斑；下背和腰白色；尾上覆羽和尾白色，具窄的黑褐色横斑；初级飞羽和初级覆羽黑褐色，内翈羽缘白色，羽端白色杂黑褐色斑；次级飞羽和大覆羽羽端白色，形成明显的翼斑；下体白色；颏至上胸具黑褐色纵纹；其余下体白色；胸具褐色纵纹；胁、尾下覆羽具灰褐色横斑。虹膜黑褐色；喙端黑色，基部橙红色；胫裸出部分、跗跖和趾橙红色，爪黑色。

生　态　常见于内陆河流和沼泽与湿草地，喜泥岸、干涸的沼泽、鱼塘、近海稻田等环境。常聚成小群或与其他鹬类混群活动。主要以甲壳类、环节动物、昆虫成虫和幼虫等小型无脊椎动物为食。繁殖期5—7月，通常营巢于河岸和沼泽地上，每窝产卵3~5枚，雌雄亲鸟轮孵，雌鸟为主，孵化期23~25天。

地理分布　国内繁殖于西北、青藏高原及内蒙古东部、河北北部，迁徙季节常见于华东、华南的适宜生境，越冬于南方各大水系和滨海地带。国外繁殖于欧亚大陆，越冬于欧洲南部、非洲、印度和中南半岛国家。

居留型　旅鸟。

鸻形目 CHARADRIIFORMES

鹬科 Scolopacidae

英文名　Marsh Sandpiper
别　名　小青足鹬

泽鹬

Tringa stagnatilis

　　鉴别特征　额部色浅；喙较细直，黑色；上体灰褐色，具黑色斑；腰白色；下体灰白色；颈、胸侧具细的黑褐色纵纹；腿黄绿色。

　　形态特征　体长190～260mm。眼先、颊、耳羽、颈侧灰白色，具暗色纵纹；贯眼纹暗褐色；头顶、颈灰白色，具暗灰色纵纹；肩灰褐色，缀暗色斑纹；上背灰褐色，具黑褐色纵纹；下背和腰白色；尾上覆羽白色，具暗色横斑；翅上覆羽暗灰褐色；初级飞羽暗褐色；次级飞羽羽端白色；中央尾羽灰褐色，具黑褐色横斑；外侧尾羽白色；下体灰白色；前颈和胸侧具黑褐色纵纹；虹膜褐色；喙黑褐色，基部黄绿色；胫裸出部分、跗跖及趾暗青绿色。

　　生　　态　栖息于河流、芦苇沼泽、水塘、河口及邻近水塘和水田地带。主要以水生昆虫、昆虫幼虫、蠕虫、软体动物和甲壳类为食，也吃小鱼。主要在水表面或地表面啄食，也常将喙插入泥或沙中探觅和啄取食物。繁殖期为5—7月，巢多位于水边、离水不远的土丘上，窝卵数3～5枚，雌雄轮孵。

　　地理分布　国内繁殖于黑龙江、辽宁、吉林、内蒙古东北部，迁徙期经过河北、山东、江苏、甘肃、新疆，南至福建、广东、海南、台湾。国外繁殖于欧洲东南部，东到哈萨克斯坦、蒙古国、西伯利亚南部到俄罗斯远东；越冬于非洲、地中海、波斯湾、印度、中南半岛、印度尼西亚和澳大利亚。

　　居　留　型　旅鸟。

青脚鹬

Tringa nebularia

鸻形目 CHARADRIIFORMES

鹬科 Scolopacidae

英文名 Common Greenshank

别　名 青足鹬

鉴别特征　中等体型涉禽；头顶至后颈灰褐色，羽缘白色；喙较长，基部较粗，往尖端逐渐变细和向上倾斜。

形态特征　体重 128~350g，体长 290~345mm。头顶至后颈灰褐色，羽缘白色；背、肩灰褐色或黑褐色；下背、腰、尾上覆羽白色；翅上大覆羽黑褐色，中覆羽和小覆羽灰褐色；初级飞羽黑色，第一枚羽轴白色；次级飞羽和三级飞羽黑褐色，羽缘白色；尾白色，具细灰褐色横斑；外侧 3 对尾羽白色，具不连续的灰褐色横斑；下胸、腹和尾下覆羽白色；腋羽和翼下覆羽白色，具黑褐色斑点。虹膜黑褐色；喙基部较粗，尖端变细并向上倾斜，基部蓝灰色，尖端黑色；胫裸出部分、跗跖及趾淡灰绿色。

生　态　繁殖期栖息于河流、水塘和沼泽地带，非繁殖期常见于河口和海岸地带。主要以虾、蟹、小鱼、螺、水生昆虫和昆虫幼虫为食。繁殖期 5—7 月。营巢于林中或林缘地带的溪流岸边和沼泽地上。每窝产卵 3~5 枚，雌雄亲鸟轮孵，雌鸟为主，孵化期 24~25 天，雏鸟早成性。

地理分布　国内遍布各地。国外繁殖于欧洲、俄罗斯、西伯利亚到北极，越冬于地中海、波斯湾、非洲至澳大利亚。

居留型　旅鸟。

鸻形目 CHARADRIIFORMES

鹬科 Scolopacidae

英文名 Green Sandpiper

别　名 绿鹬、白尾梢、草鹬

白腰草鹬

Tringa ochropus

　　鉴别特征　上体黑褐色，具白色的斑点；眉纹白色，仅限眼先，与白色眼周相连；腰和尾白色，稍具横斑；尾端有黑色横斑；腹白色。

　　形态特征　体重 60~110g，体长 200 ~ 265mm。眉纹白色，自喙基延伸至上眼圈；眼周白色；眼先黑色；颊、耳羽和颈侧白色，杂黑褐色纵纹；前额、头顶至后颈部黑褐色，有白色的纵纹；上体背、肩、翅上覆羽褐色，杂黄白色斑点，并闪紫铜色光泽；腰暗褐色，缀白色羽缘；下腰至尾上覆羽白色；飞羽黑褐色；尾羽白色，端部具 3~4 条黑褐色横斑，最外侧尾羽几白色，稍缀点斑；下体白色；喉、上胸具黑褐色纵纹；胸侧、胁具黑色斑点。虹膜褐色；喙灰褐色，喙端黑色；胫裸出部分、跗跖及趾橄榄绿色，爪黑褐色。

　　生　　态　栖息于近水的池塘、沼泽等地，常单独或成对活动，迁徙期成小群活动。主要以蠕虫、虾、蜘蛛、螺类、昆虫及其幼虫等为食，也吃小鱼和稻谷。繁殖期 5—7 月，常在河流、湖泊或沼泽地上及疏林中筑巢。窝卵数 3~4 枚，雌雄亲鸟轮孵，孵化期 20~23 天。幼鸟开始在筑巢地附近活动，后会转移到森林中活动。

　　地理分布　国内繁殖于东北和新疆西部，越冬于西南和长江流域以南的广大地区。国外繁殖于欧洲、中亚、阿尔泰、外贝加尔湖、蒙古国、俄罗斯到西伯利亚沿海，越冬至非洲、波斯湾、伊朗、日本、菲律宾。

　　居留型　旅鸟。

林鹬

Tringa glareola

鸻形目 CHARADRIIFORMES

鹬科 Scolopacidae

英文名 Wood Sandpiper

别　名 林扎子、鹰斑鹬

鉴别特征　眉纹白色；贯眼纹黑褐色；身体斑纹细而密；下体灰色纵纹明显；腰和尾白色，具黑褐色横斑。

形态特征　体长 190～230mm。眼先暗灰褐色；眉纹白色延伸到眼后；贯眼纹黑褐色；头侧、颈侧灰白色，具淡褐色纵纹；头和后颈黑褐色，具白色细纹；背、肩黑褐色，具白色或棕黄白色斑点；腰暗褐色，具白色羽缘；尾上覆羽白色，最长尾上覆羽具黑褐色横斑；翅上覆羽、飞羽黑褐色，内侧初级飞羽和次级飞羽的羽缘白色；中央尾羽黑褐色，具白色和淡灰黄色横斑；外侧尾羽白色，具黑褐色横斑；下体白色；前颈和上胸杂黑褐色纵纹；腋和翼下覆羽微具褐色横斑；胁和尾下覆羽具黑褐色横斑。虹膜暗褐色；喙较短而直，暗褐色，尖端黑色，基部黄绿色；胫裸出部分、跗跖及趾橄榄绿色或黄褐色，爪黑色。

生　态　单独或成小群活动，常出入于水边浅滩和沙石地上。活动时常沿水边边走边觅食，主要以直翅目和鳞翅目昆虫、蠕虫、虾、蜘蛛、软体动物和甲壳类等小型无脊椎动物为食。繁殖期 5—7 月，巢多置于水边或附近草丛与灌丛中的地面上，或沼泽中的土丘上和苔原上。窝卵数 4 枚，雌雄亲鸟轮孵。

地理分布　国内大部分地区都有分布。国外繁殖于欧亚大陆，越冬于非洲、地中海、波斯湾、伊拉克、阿拉伯、印度、菲律宾至澳大利亚。

居 留 型　旅鸟。

鸻形目 CHARADRIIFORMES

鹬科 Scolopacidae

英文名　Common Sandpiper

别　名　水札子

矶鹬

Actitis hypoleucos

鉴别特征　体型较小；喙部较短；上体呈褐色，飞羽呈黑色；下体呈白色，胸部有深灰色的斑块；翼角具白斑。

形态特征　头部、背部、颈部、翅上覆羽呈蓝绿色而闪金属光泽，有黑褐色的羽干纹和端斑。飞羽呈褐色，除第一初级飞羽以外，其余飞羽都有白色斑，次级飞羽几乎为全白色。中央尾羽褐绿色，端部有不明显的横斑；外侧尾羽灰褐色，有白色的端斑和横斑；喉部白色，胸侧灰褐色；下体其余部分白色。虹膜褐色；喙灰色；胫裸出部分、跗跖及趾橄榄绿色。

生　态　栖息于低山丘陵、平原地带的河流和水库边缘，也见于河岸沼泽附近，夏季也见于森林中。主要以鞘翅目、直翅目等昆虫为食，也吃螺类、蠕虫等无脊椎动物和小鱼等小型脊椎动物。繁殖期5—7月，巢穴隐蔽在草丛或灌丛中，窝卵数4~5枚。雌鸟孵化，孵化期21天左右，雏鸟早成性。

地理分布　国内繁殖于东北、西北地区，越冬于长江流域以南地区。国外繁殖于欧亚大陆，南到地中海、伊朗、阿富汗，东到日本；越冬于欧洲南部、伊拉克、波斯湾、非洲、马达加斯加、阿拉伯、印度、斯里兰卡、中南半岛、菲律宾、新几内亚和澳大利亚。

居留型　旅鸟。

黑鹳

Ciconia nigra

鹳形目 CICONIIFORMES

鹳科 Ciconiidae

英文名　Black Stork

别　名　黑老鹳、乌鹳、锅鹳、捞鱼鹳

鉴别特征　体型大；头颈部具有金属光泽；除胸部、腹部、尾部有白色外，均为黑色；喙、脚红色。

形态特征　体长约 1020mm，体重约 3kg。眼周裸露部分红色；头部、颈部、背部、上胸黑色具紫色等金属光泽；下胸、腹、胁和尾下覆羽白色；翅黑色，次级飞羽及三级飞羽白色。虹膜黑褐色；喙长且直，红色；胫裸出部分、跗跖及趾红色。

生　态　性机警，常单独或成对活动于江河沿岸、沼泽地区。主要以鲫鱼、泥鳅等小型鱼类为食，也吃青蛙、甲壳类、啮齿类、小型爬行类、雏鸟和昆虫等其他动物性食物。营巢于悬崖峭壁或湿地的高树顶上。

地理分布　国内繁殖于新疆、青海、甘肃、内蒙古、黑龙江、辽宁、吉林、河北、北京、山西等地，越冬于河北中南部以南地区。国外广布于亚洲、欧洲、拉丁美洲和非洲。

居留型　夏候鸟。

保护等级　国家一级保护野生动物。

鲣鸟目 SULIFORMES

鸬鹚科 Phalacrocoracidae

英文名　Great Cormorant
别　名　鱼鹰、鸬鹚、水老鸹、鱼老鸹

普通鸬鹚

Phalacrocorax carbo

鉴别特征　通体黑色，头颈具有紫绿色光泽，两肩和翅具青铜色光彩。繁殖期间，脸部有红色斑，头颈有白色丝状羽。

形态特征　体长720～870mm，体重大于2kg。颊、眼橄榄绿色而缀以黑点，眼下橙黄色。夏羽：头部、颈部和羽冠黑色，具紫绿色金属光泽，杂有白色丝状羽；上体黑色；肩羽、背和翅上覆羽暗棕褐色，具金属光泽，羽缘黑色，呈鳞片状；尾圆形，灰黑色，羽干基部灰白色；颏和上喉白色，后缘沾棕褐色，形成一半环状；其余下体蓝黑色、缀金属光泽；下胁有一白色块斑。冬羽：头颈无白色丝状羽，胁无白斑。虹膜翠绿色；上喙黑色，喙缘和下喙灰白色，杂以砖红色斑；跗跖及趾黑色。

生　态　栖息于河流、池塘、河口、水库、湖泊及沼泽等水域，成小群活动。主要以各种鱼类为食，有时也食软体动物及甲壳类动物。繁殖期4—6月，在湖边、河岸、沼泽地旁的树上或岩石地上以及湖心小岛上营群巢。每窝产卵3～5枚，雌雄亲鸟轮流孵卵，孵化期为28～30天，幼鸟经过60天的喂养可离巢。

地理分布　国内繁殖于黑龙江、吉林、辽宁、河北、内蒙古东部、青海、新疆、西藏等地，越冬于长江以南。国外分布于欧洲、亚洲、非洲、北美洲。

居留型　夏候鸟。

保护等级　河北省重点保护陆生野生动物。

紫背苇鳽

Ixobrychus eurhythmus

鹈形目 PELECANIFORMES
鹭科 Ardeidae

英文名　Von Schrenck's Bittern
别　名　秋鳽、黄鳝公、秋小鹭、紫小水骆驼

鉴别特征　雄鸟头顶栗褐色，从喉部到胸部有一条栗褐色线，胸侧缀以黑白色的斑点。雌鸟背部具白色点状斑，胸侧有数条黑褐色纵纹。

形态特征　雄鸟上体紫栗褐色；头顶暗栗褐色；背紫栗色；腿和尾上覆羽暗栗褐色；尾羽和飞羽黑褐色；翅上小覆羽暗栗色，中覆羽和大覆羽橄榄灰黄色，初级覆羽黑褐色，羽端白色；翅下覆羽淡黄白色，腋羽灰白色，尾下覆羽白色；颊和颈侧紫栗色；下体土黄色；从颏经前颈到胸部中央有一暗色纵纹；喉侧、颈侧浅土黄白色；胸侧有黑褐色斑点。雌鸟上体深栗色，背和两翅具显著的白色斑，下体缀有褐色纵纹。虹膜黄色；喙黑褐色；胫裸出部分、跗跖及趾青绿色。

生　态　栖息于开阔平原草地上、富有岸边植物的河流、干湿草地、水塘和沼泽地上，也见于山区村屯附近的水稻田、水渠及其他水体边上。常单只活动，主要以小鱼、虾、蛙、昆虫等动物性食物为食。繁殖期为5—7月，通常营巢于植物和灌木茂盛的湿草地和沼泽地上。

地理分布　国内分布于东北、华北、华南及浙江、长江流域、福建、四川、西藏、云南、海南、台湾等地。国外分布于亚洲东部、东南部，包括菲律宾、马来西亚、新加坡、文莱、柬埔寨、印度尼西亚、日本、朝鲜、韩国、老挝、马来西亚、缅甸、泰国、越南等。

居留型　夏候鸟。

保护等级　河北省重点保护陆生野生动物。

鹈形目 PELECANIFORMES

鹭科 Ardeidae

英文名 Black-crowned Night heron
别　名 灰洼子、苍鸦、星鸦、夜鹤、夜游鹤

夜鹭

Nycticorax nycticorax

鉴别特征　体较粗胖；颈较短；喙尖微向下曲；胫裸出部分较少；脚黄色；头顶至背黑绿色，具金属光泽；枕部有白色饰羽；下体白色。

形态特征　体长 460～600mm。额基和眉纹白色；眼先裸露部分黄绿色；额、头顶、枕、羽冠、后颈、肩和背黑绿色，具金属光泽；头枕部有 2～3 条长带状的白色饰羽，下垂至背；腰、翅和尾羽灰色；下体白色。虹膜红色；喙黑色；胫裸出部分、脚黄色。

生　态　常活动于平原和低山丘陵区的溪流、水塘、江河、沼泽和水田。主要以鱼、蛙、虾、水生昆虫等动物性食物为食。繁殖期 4—7 月，营巢于各种高大的树上，常成群在一起营群巢，也常与其他鹭类一起成混群营巢。每窝产卵 3～5 枚，由雌雄亲鸟共同孵化，以雌鸟为主，孵化期 21～22 天，经过 30 多天，雏鸟可离巢。

地理分布　国内分布于东北、华北及陕西、甘肃、宁夏、山东、河南、江西、四川、贵州、云南、福建等地。国外分布于欧洲大陆、非洲、马达加斯加，往东经印度、印度尼西亚、亚洲中部、南部，一直到俄罗斯远东地区、朝鲜和日本。

居留型　夏候鸟。

保护等级　河北省重点保护陆生野生动物。

池鹭

Ardeola bacchus

鹈形目 PELECANIFORMES

鹭科 Ardeidae

英文名　Chinese Pond heron

别　名　红毛鹭、红头鹭鸶、沼鹭

鉴别特征　翅白色，身体具褐色纵纹，繁殖时头及颈深栗色。

形态特征　体长 370~540mm，体重 200~400g。夏羽：头、颈和前胸与胸侧栗红色，羽端呈分枝状；冠羽延伸至背部；背、腰羽毛呈披针形，蓝黑色；尾白色；颏、喉白色；前颈有白色自下喙沿前颈向下延伸；下颈有栗褐色丝状羽悬垂于胸部；腹、胁、腋羽、翼下覆羽和尾下覆羽以及翅白色。冬羽：头顶白色，具密集的褐色条纹；颈淡黄白色，具厚密的褐色条纹；背和肩羽较短，暗黄褐色；胸淡黄白色，具密而粗的褐色条纹。虹膜黄色；喙尖端黑色，基部蓝色；胫裸出部分、跗跖及趾暗黄色。

生　态　通常栖息于稻田、湖泊、池塘、水库、沼泽等湿地水域。以动物性食物为主，包括鱼、虾、螺、蛙、水生昆虫、蝗虫等，兼食少量植物性食物。繁殖期3—7月，营巢于水域附近高大树木的树梢，常营群巢，或与其他鹭类在一起营巢。每窝产卵2~5枚，多为3枚，卵为蓝绿色，形状为椭圆形。

地理分布　国内见于黑龙江、辽宁、吉林、内蒙古、河北、北京、天津、陕西、甘肃、宁夏、青海、西藏、山东、河南、江苏、上海、安徽、浙江、江西、湖北、湖南、四川、贵州、福建等大部分水域。国外见于印度、缅甸、马来西亚、印度尼西亚，偶尔见于日本、俄罗斯远东地区。

居留型　夏候鸟。

保护等级　河北省重点保护陆生野生动物。

鹈形目 PELECANIFORMES

鹭科 Ardeidae

英文名 Grey Heron
别 名 青庄、老等、捞鱼鹳

苍鹭

Ardea cinerea

鉴别特征 体型大，头和颈白色，头顶两侧和枕部黑色，具羽冠，上体为苍灰色，下体白色。

形态特征 大型鹭类，体长 750~1100mm，体重 950~1850g。眼先裸露部黄绿色；头顶中央和颈白色；头顶两侧和枕黑色，羽冠由 4 根细长的羽毛组成，位于头顶和枕部两侧；颈前具 2~3 列黑色纵纹；背至尾上覆羽苍灰色；尾羽暗灰色；两肩有下垂的苍灰色羽毛，长而尖，羽端近白色；翅黑灰色；颔、喉白色；颈的基部有披针形的灰白色羽悬挂胸前；胸、腹白色；前胸两侧有紫黑色斑，沿胸、腹两侧后延，在肛周处汇合；胁、腋羽及翅下覆羽灰色；腿部羽毛白色。虹膜黄色；喙黄色；胫裸出部分、跗跖及趾黄褐色，爪黑色。

生 态 成对或成小群活动，迁徙期间和冬季集成大群，常单独栖息于江河、湖泊、水塘等水域岸边及其浅水处，也见于稻田、山地、森林和平原上的水边浅水处和沼泽地上。在浅水区觅食，主要捕食鱼及青蛙，也捕食小型哺乳动物和小鸟。繁殖期 4—6 月。多营群巢，每窝产卵 3~6 枚，孵化期 24~26 天，雏鸟晚成性，雌雄亲鸟共同喂养，经过 40 天左右离巢。

地理分布 国内各地均有分布。国外分布于亚洲、非洲、欧洲及马达加斯加岛。

居留型 夏候鸟。

保护等级 河北省重点保护陆生野生动物。

白鹭

Egretta garzetta

鹕形目 PELECANIFORMES

鹭科 Ardeidae

英文名 Little Egret
别　名 小白鹭、白鸼鹚

鉴别特征　体型中等，羽毛白色，具冠羽和胸饰羽。

形态特征　体长 520~680mm。眼先裸露部分黄绿色；全身羽毛白色；夏羽枕部有两条狭长矛状羽；肩和胸具蓑羽，冬季蓑羽常脱落。虹膜黄色；喙黑色，喙裂处及下喙基部角黄色；胫裸出部分、跗跖黑色，趾黄绿色。

生　态　栖息于平原和低海拔的湖泊、溪流、水塘、水田、河口、水库、江河与沼泽地带，常成小群活动。主要以各种小型鱼类为食，也吃虾、蟹、蝌蚪和水生昆虫等动物性食物。繁殖期5—7月，每窝产卵3~6枚，雌鸟孵化为主，孵化期为24~26天，雏鸟晚成性，雌雄亲鸟共同育雏。

地理分布　国内除黑龙江以外，各地均有分布。国外分布于非洲、欧洲南部和中部，往东到土耳其、伊朗、中亚、日本，往南到印度、中南半岛、斯里兰卡、印度尼西亚、新几内亚、澳大利亚、马达加斯加和南非。

居留型　夏候鸟。

保护等级　河北省重点保护陆生野生动物。

鹰形目 ACCIPITRIFORMES

鹰科 Accipitridae

英文名 Cinereous Vulture
别 名 狗头鹫、坐山雕、狗头雕

秃鹫

Aegypius monachus

鉴别特征 大型猛禽；体黑褐色；头裸出，仅被有短的黑褐色绒羽；后颈完全裸出，无羽。

形态特征 体长 1080~1200mm，体重 5.7~9.2kg。头部裸露，前额至后枕具有暗褐色绒羽，后颈上部赤裸无羽，蓝灰色，具有松软的翎颌；颈基部有一圈白色羽毛；背至尾上覆羽深褐色；尾略呈楔形，羽轴黑褐色；初级飞羽黑褐色，次级、三级飞羽及翅上覆羽暗褐色；下体暗褐色；胸前被毛状绒羽；胸侧有蓬松的矛状长羽；胸、腹具淡色纵纹。虹膜深褐色；喙黑褐色，蜡膜铅蓝色；跗跖及趾灰色，爪黑色。

生 态 主要栖息于山区荒原与森林中的荒岩草地，偶尔也到山脚平原地区的村庄、牧场、草地等地区。飞翔能力较弱，时常采用滑翔的方式。主要以大型动物的尸体和其他腐烂动物为食，偶尔也主动攻击中小型兽类、鸟类和爬行类。繁殖期 3—5 月，营巢于森林上部的树上或裸露的高山悬崖边岩石上，窝卵数 1 枚，雌雄亲鸟轮孵，孵化期 52~55 天，雏鸟晚成性，经过 90~150 天才能离巢。

地理分布 国内各地均有分布。国外主要分布于非洲西北部、欧洲南部、阿拉伯北部、中亚、喜马拉雅西部、印度、蒙古国、西伯利亚南部及远东地区，冬季偶到日本、泰国。

居 留 型 留鸟。

保护等级 国家一级保护野生动物。

白肩雕

Aquila heliaca

鹰形目 ACCIPITRIFORMES
鹰科 Accipitridae

英文名 Imperial Eagle
别 名 御雕

鉴别特征　体羽黑褐色；头和颈较淡；肩部有明显的白斑；飞翔时，尾常散开成扇形。

形态特征　体长 730~840mm。前额至头顶黑褐色；头顶后部、枕、后颈和头侧棕褐色；后颈缀细的黑褐色羽干纹；背、腰黑褐色，微缀紫色光泽；肩白色；尾羽灰褐色，具不规则的黑褐色横斑和斑纹以及黑色端斑；颏、喉、胸、腹、胁和覆腿羽黑褐色；尾下覆羽淡黄褐色，微缀暗褐色纵纹；翅下覆羽和腋羽黑褐色；跗跖被羽。虹膜红褐色；喙黑褐色，喙基铅蓝灰色；爪黑色。

生　态　栖息于海拔 2000m 以下的山地森林地带，尤其喜欢混交林和阔叶林，冬季也到低山丘陵和平原。主要以啮齿类、野兔、雉鸡、石鸡、鹌鹑、野鸭等中小型脊椎动物为食。繁殖期 4—6 月，营巢于森林中高大的松树、槲树和杨树上；在稀树的空旷地区，多营巢于孤立的树上，偶尔也营巢于悬崖岩石上。每窝产卵 2~3 枚，由雌雄亲鸟轮流进行孵化，孵化期 43~45 天，雏鸟晚成性，经过 55~60 天离巢。

地理分布　国内繁殖于新疆，越冬于青海、陕西、长江中下游和福建、广东、香港等东南沿海和台湾地区，迁徙期见于吉林、辽宁、河北、河南、山东等地。国外繁殖从摩洛哥、西班牙等西北非洲和南欧、东欧，往东到贝加尔湖、伊朗北部和印度北部；越冬于非洲东北部、印度，偶尔到朝鲜和日本。

居留型　旅鸟。

保护等级　国家一级保护野生动物。

鹰形目 ACCIPITRIFORMES

鹰科 Accipitridae

英文名 Golden Eagle

别　名 鹫雕、金鹫、黑翅雕

金雕

Aquila chrysaetos

鉴别特征　体型大，枕部和后颈部羽毛呈矛状，头和后颈羽毛金黄色。

形态特征　体长 780～1050mm。头顶黑褐色；后枕及后颈暗红褐色，具黑色纵纹；羽端尖长金黄色；上体暗褐色；下背、腰颜色较淡；尾上覆羽基部淡褐色，具暗色斑，羽端黑褐色；尾羽灰褐色，具不规则的暗灰褐色横斑纹；翅上覆羽暗赤褐色，初级飞羽黑褐色，次级飞羽暗褐色；胸、腹为黑褐色；覆腿羽具红色纵纹。虹膜深褐色；喙灰色，蜡膜黄色；跗跖及趾黄色，爪黑褐色。

生　态　主要栖息于草原、荒漠、河谷、高山针叶林中，冬季也常在山地丘陵和山脚平原地带活动。常白天单独或结伴活动。主要捕食雁鸭类、雉鸡类、中小型哺乳动物如松鼠、野兔、狍、小鹿等。筑巢于针叶林、针阔混交林、高大的红松、杨树等乔木之上，有时也筑巢于山区悬崖峭壁、凹处石沿、侵蚀裂缝、浅洞等处。窝卵数 2 枚，雌雄亲鸟轮孵，孵化期 45 天，雏鸟晚成性，大约经过 80 天离巢。

地理分布　国内分布于东北、华北、西北、西南、华东及湖北、广东等地。国外分布于北美洲、欧洲、中东、东亚及西亚、北非等地。

居留型　留鸟。

保护等级　国家一级保护野生动物。

日本松雀鹰

Accipiter gularis

英文名 Japanese Sparrowhawk

别　名 雀鹰、松子鹰、摆胸、雀鹞

鉴别特征　小型猛禽；喉中部黑纹较细窄；翅下具灰色斑点；腋下白色，具灰黑色横斑。

形态特征　体长 250～340mm。雄鸟眼先、耳羽、颈侧灰褐色；自头顶至尾部为黑灰色；初级飞羽、次级飞羽暗褐色，内翈白色，具褐色横斑；三级飞羽暗褐色，羽中央具白色斑；翅上覆羽深褐色，内翈白色，具有褐色横斑；尾灰褐色，具 4～5 条暗色横斑；喉白色，具黑色纵纹；下体近白色；胸、腹、肋具赤褐色横斑；翼下覆羽和腋羽黄白色，具褐色横斑；覆腿羽白色，杂棕红色横斑。雌鸟上体颜色偏褐色；下体羽毛偏棕色，具有浓密的褐色横斑。虹膜黄色；喙蓝灰色，端部黑色，蜡膜黄色；跗跖及趾黄绿色，爪黑色。

生　态　典型的森林猛禽，主要栖息于山地针叶林和混交林中。白天活动，多单独活动，喜欢出入于林中溪流和沟谷地带。主要以小型啮齿类、蜥蜴、昆虫等动物性食物为食。春季于 4—5 月迁到繁殖地，秋季于 10—11 月离开繁殖地。营巢于森林中的红松、落叶松等高树上，窝卵数 5～6 枚。

地理分布　国内除西藏、青海外，各地均有分布。国外见于俄罗斯、蒙古国、朝鲜、日本、菲律宾、马来西亚、缅甸、印度等地。

居留型　夏候鸟。

保护等级　国家二级保护野生动物。

鹰形目 ACCIPITRIFORMES

鹰科 Accipitridae

英文名 Eurasian Sparrowhawk

别　名 细胸、鹞子

雀鹰

Accipiter nisus

　　鉴别特征　小型猛禽，雌鸟体型比雄鸟略大；脸颊棕色；头后杂有白色；下体淡灰白色，具有褐色横斑；翼下飞羽具有数道黑褐色横纹；尾具 4~5 道黑褐色横斑。

　　形态特征　体长 310~410mm。雄性后颈羽基白色，常显露于外；上体灰色；下体白色且大多具有棕色纹；尾羽灰褐色，具有灰白色断斑；尾下有横带；脸颊为棕色。雌性体型比雄性略大；上体灰褐色；下体白色；胸、腹和两胁以及覆腿羽均具暗褐色横斑；尾上羽毛通常黑褐色，具白色羽尖，其余与雄性相似。虹膜与脚黄色；喙角质色，端部黑色。

　　生　　态　主要栖息于针叶林、混交林、阔叶林等山地森林和林缘地带，白天常单独活动。主要以啮齿类、中小型鸟类、蛇、昆虫等动物为食。春季于 4—5 月迁到繁殖地，秋季于 10—11 月离开繁殖地。繁殖期为 5—7 月，营巢于森林中的树上，通常在靠近树干的枝杈上。窝卵数 3~4 枚，主要由雌鸟孵卵，孵化期 32~35 天，雏鸟晚成性，经 24~30 天离巢。

　　地理分布　国外分布范围广，主要分布在亚欧大陆，往南到非洲，往东到伊朗、印度和日本；越冬在地中海、阿拉伯、印度、缅甸、泰国等。国内繁殖于黑龙江、辽宁、吉林、内蒙古和新疆；越冬于四川、贵州、云南、广西、广东和海南；迁徙期经过河北、山东、宁夏、内蒙古、广东、福建和台湾。保护区偶见。

　　居 留 型　夏候鸟。

　　保护等级　国家二级保护野生动物。

苍鹰

Accipiter gentilis

鹰科 Accipitridae

英文名 Northern Goshawk
别　名 鹰、牙鹰、黄鹰、鹞鹰、鸡鹰

鉴别特征　眉纹宽阔，呈白色；贯眼纹黑色；颏、喉和前颈具黑褐色细纵纹；胸腹部布满深褐色横斑；尾有 4～5 条黑褐色横带。

形态特征　体型中等，体长 460～600mm。头部黑褐色；眼上有宽阔的白色眉纹；贯眼纹黑色延伸至头后；上体至尾部灰褐色；飞羽灰褐色，具暗褐色横斑，内翈有灰白色斑；尾褐色，具 4～5 条黑褐色横斑，末端具白斑；下体白色；喉部有黑褐色细纹；胸、胁、翼下覆羽、腹部至覆腿羽均具深褐色横斑。虹膜金黄色；喙黑色，基部缀蓝色；跗跖及趾黄绿色，爪黑色。

生　态　主要栖息于针叶林、针阔混交林和阔叶林等地，也见于平原疏林。单独活动，性机警，善隐藏，叫声尖锐洪亮。主要以啮齿类、雉类、鸠鸽类和其他中小型动物为食。繁殖期为 4—7 月，在林密僻静处较高的树上筑巢，窝卵数 2～4 枚，主要由雌鸟孵化，孵化期 37 天左右，雏鸟晚成性，经过 45 天离巢。

地理分布　国内除台湾外，各地均有分布。国外繁殖于亚欧大陆和北美，往南到北非、伊朗和印度西南部；越冬于印度、缅甸、泰国和印度尼西亚。

居 留 型　旅鸟。

保护等级　国家二级保护野生动物。

鹰形目 ACCIPITRIFORMES

鹰科 Accipitridae

英文名　Hen Harrier

别　　名　灰泽鹞、灰鹰、灰鹞、黑白尾鹞

白尾鹞

Circus cyaneus

鉴别特征　体中型。雄鸟上体灰褐色，翅尖黑色，腰部及尾上覆羽白色。雌鸟上体褐色，尾上覆羽白色，下体黄色或黄褐色，有褐色纵纹。

形态特征　体重 310～600g，体长 450～530mm。雄鸟头前部灰白色，头顶灰褐色，头后部褐色，具棕黄色羽缘；后颈偏蓝灰色，具黄褐色羽缘；背、肩蓝灰色；腰和尾上覆羽白色；中央尾羽银灰色，外侧尾羽白色，具暗灰色横斑；外侧初级飞羽黑色，内翈基部白色，外翈羽缘及羽端银灰色；其他飞羽及翅上覆羽银灰色，羽缘白色；颏、喉、上胸蓝灰色，翅下覆羽、腹、胁、尾下覆羽、覆腿羽白色。雌鸟上体呈褐色；头、颈后侧、颈侧面有棕黄色羽缘；中央尾羽灰褐色；外侧尾羽棕黄色，有褐色横斑；下体皮白色，有褐色或棕黄色纵纹。虹膜浅褐色；喙黑色，基部蓝灰色；跗跖及趾黄色，爪黑色。

生　　态　栖息于低山区、丘陵、平原等处，常见于河谷、荒野和农田、沿海沼泽等较开阔的地区。主要以小型鸟类、鼠类、蛙、蜥蜴和大型昆虫等动物为食。繁殖期 4—7 月。营巢于枯芦苇丛、草丛或灌丛间地上，窝卵数 4～5 枚，雌鸟孵化，孵卵期约 30 天。雏鸟经 35～42 天离巢。

地理分布　国内各地均有分布。国外繁殖于欧亚大陆、北美，往南至墨西哥；越冬于欧洲南部和西部、北非、伊朗、印度、缅甸、泰国、中南半岛及日本。

居 留 型　旅鸟。

保护等级　国家二级保护野生动物。

雌

雄

鹊鹞

Circus melanoleucos

鹰形目 ACCIPITRIFORMES

鹰科 Accipitridae

英文名　Pied Harrier

别　名　喜鹊鹞、喜鹊鹰、黑白尾鹞、花泽鵟

鉴别特征　体型较小，两翼细长，外形似喜鹊，头、颈、背和胸均黑色，腹部白色，翅上有白斑。

形态特征　体重 250~380g，体长 420~480mm。雄鸟头、颈、胸、背、肩及翅上中覆羽和外侧初级飞羽黑色；内侧飞羽银灰色；初级飞羽内翈羽缘、次级飞羽内翈羽缘和先端白色；腰和尾上覆羽呈白色具银灰色斑；下胸、腰、腹、尾下覆羽、覆腿羽、腋羽以及翼下覆羽白色。雌鸟上体褐色，有灰色的纵纹；尾灰褐色，具横斑；外侧飞羽褐色，具黑褐色纵纹；内侧飞羽灰褐色，具暗褐色纵纹。虹膜黄色；喙黑色或暗铅蓝灰色，下喙基部黄绿色；脚和趾橙黄色，爪黑色。

生　态　栖息于低山、丘陵、平原、草地等处，常在河谷、沼泽活动，繁殖期间也见于农田、村庄附近。主要以小鸟、鼠类、蛙类、蜥蜴、蛇、昆虫等动物为食。繁殖期为 5—7 月。窝卵数 4~5 枚，雌雄亲鸟轮孵，以雌鸟为主，孵化期 30 天。雏鸟晚成性，经过 1 个多月离巢。

地理分布　国内繁殖于东北，越冬于华南、西南等地。国外繁殖于东西伯利亚，自贝加尔湖往东到俄罗斯远东、蒙古国和朝鲜；越冬于印度、缅甸、泰国、马来半岛。

居留型　旅鸟。

保护等级　国家二级保护野生动物。

鹰形目 ACCIPITRIFORMES

鹰科 Accipitridae

英文名　Black Kite
别　名　鹰、老鹰

黑鸢

Milvus migrans

鉴别特征　飞翔时翼下左右各有一大的白斑; 尾较长, 浅叉状, 具黑色和褐色相间排列的横斑。

形态特征　中型猛禽, 体长 540～690mm。前额基部、眼先、颊灰白色; 耳羽黑褐色; 上体黑褐色, 具有暗色纵纹; 初级飞羽黑褐色, 外侧飞羽内翈基部白色; 次级飞羽暗褐色, 具暗色横斑; 尾呈浅叉状, 棕褐色, 具黑色和褐色斑; 颏、喉灰白色, 具暗褐色羽干纹; 胸、腹及胁暗棕褐色, 具黑褐色羽干纹; 下腹棕黄色; 尾下覆羽灰褐色。虹膜棕色; 喙黑色, 下喙基部和蜡膜黄色; 跗跖及趾黄色, 爪黑色。

生　态　主要栖息于开阔平原、草地、荒原和低山丘陵地带, 白天活动, 常单独在高空飞翔盘旋。主要以鸡形目等小型鸟类、蛇、青蛙、鱼、小型哺乳动物、蜥蜴和昆虫等动物为食, 偶食腐尸, 常抓到高处啄食。繁殖期 4—7 月。营巢于高大树上, 也营巢于悬岩峭壁上, 窝卵数 2～3 枚, 雌雄亲鸟轮孵, 孵化期 38 天左右。雏鸟晚成性, 经 42 天后离巢飞翔。

地理分布　国内各地均有分布。国外分布在欧亚大陆、非洲、印度, 一直到澳大利亚。

居留型　旅鸟。

保护等级　国家二级保护野生动物。

毛脚鵟

Buteo lagopus

英文名　Rough-legged Hawk

别　名　雪白豹、毛足鵟

鉴别特征　贯眼纹黑褐色，背暗褐色，翼角具有黑色斑块，尾内侧白色。

形态特征　体长510~610mm。额、头顶至后颈乳白色，具黑褐色纵纹；上体暗褐色，羽缘棕白色；下背、腰褐色；尾上覆羽白色，具褐色横斑；翅上覆羽褐色，羽缘棕白色；翼角具黑斑；飞羽灰褐色，有暗褐色横斑；外侧初级飞羽基部白色，外翈银灰色；尾羽白色，具黑褐色亚端斑；下体乳白色；喉部具暗褐色纵纹；翼下具褐色斑；胸部微具褐色纵纹；腹部具明显褐色斑纹。虹膜黄褐色；喙深灰色，蜡膜黄色；跗跖被羽，趾黄色，爪黑褐色。

生　态　主要栖息于欧亚大陆极北地区的苔原和苔原森林地带，是一种耐寒的栖于针叶林的鸟类。常单独活动，主要捕食田鼠等小型啮齿类和小型鸟类，也以青蛙、蜥蜴、蛇等动物为食。繁殖期为5—8月。窝卵数3~4枚，主要为雌鸟孵卵，孵化期28~31天。雏鸟晚成性，经35天离巢。

地理分布　国内分布于东北、华北、西北及山东、云南、四川、湖北、江西、江苏、上海、浙江、福建、广东、台湾等地。国外见于欧亚大陆北部和北美，越冬在日本、土耳其和美国东部。

居留型　旅鸟。

保护等级　国家二级保护野生动物。

鹰形目 ACCIPITRIFORMES

鹰科 Accipitridae

英文名 Upland Buzzard
别　名 大豹、花豹、豪豹、白鹭豹

大鵟

Buteo hemilasius

鉴别特征　　体型大，体色变化较大；次级飞羽具深色条带；跗跖前面被羽；飞翔时翼下有大块白斑。

形态特征　　体长 560~710mm。体色变化大。上体暗褐色，下体淡棕色；头颈部羽色较浅；尾羽褐色，具淡褐色和白色横斑；外侧初级飞羽黑褐色；内侧飞羽暗褐色，具深色条带。浅色型上体灰褐色，羽缘棕白色；下体白色为主；喉、胸、腹具褐色纵纹。中间型头、枕、后颈灰白色，具暗褐色条纹；上体和翅上覆羽褐色，具白色羽缘和羽干纹；尾灰褐色，具 3~4 条暗褐色横斑；外侧尾羽内翈白色，具横斑；初级飞羽暗褐色，内侧飞羽有褐色横斑，外侧飞羽内翈基部白色；下体棕白色；喉、胸、腹具斑纹。虹膜黄褐色；喙黑褐色，蜡膜黄绿色；跗跖前面被羽，跗跖及趾暗黄色，爪黑色。

生　　态　　主要栖息于山地、山脚平原和草原等地区，也出现在高山林缘和开阔的山地草原与荒漠地带。白天活动，常单独或小群活动。主要以啮齿类、蛙、蜥蜴、蛇、雉鸡、石鸡、昆虫等动物为食。繁殖期为 5—7 月。通常营巢于悬岩峭壁上或树上，巢的附近大多有小的灌木掩护。窝卵数 2~4 枚，孵化期 30 天。雏鸟晚成性，经过 45 天离巢生活。

地理分布　　国内主要分布在东北、华北、西北、西南以及湖北、江西、江苏、上海、浙江、广东、台湾等地。国外主要分布于欧洲、阿拉伯半岛等国家。

居　留　型　　旅鸟。

保护等级　　国家二级保护野生动物。

第五章　鸟纲

普通鵟

Buteo japonicus

鉴别特征　下体具深棕色横斑或纵纹，翅下初级飞羽基部具有白色斑块，尾具 4～5 道暗色横斑。

形态特征　体型略大，体长 500～590mm。体色变化多，有浅色、棕色、暗色三种色型。浅色型头部褐色，羽缘暗色；上体以灰褐色为主；尾羽暗灰褐色，羽基白色，具黑褐色横斑；外侧飞羽深褐色，羽缘白色；其余飞羽黑褐色，在翼下形成白斑；下体乳黄白色，喉部具淡褐色纵纹；胸、体侧具棕褐色斑。棕色型上体及翅棕褐色，羽端淡褐色；尾羽棕褐色，羽干纹棕白色，具暗褐色横斑；下体乳黄色，喉具淡褐色纵纹；胸、体侧有棕黄色斑；腹部乳黄色，具棕褐色横斑。暗色型除翅和肩部颜色稍淡、羽缘灰褐色外，其余部分黑褐色；飞羽黑褐色；尾羽棕褐色，具褐色横斑和白色端斑。虹膜淡褐色；喙黑褐色，基部沾蓝色；蜡膜、跗跖及趾黄色，爪黑褐色。

生　态　主要活动于开阔平原、荒漠、开垦的耕作区、林缘草地，常白天单独活动。主要捕食森林鼠类，也以青蛙、蜥蜴、兔子、蛇、雉鸡等动物为食。繁殖期 5—7 月。通常营巢于林缘或森林中高大的树上，尤喜针叶林。窝卵数 2～3 枚，雌鸟孵化为主，孵化期 28 天。雏鸟晚成性，经过 40～45 天离巢。

地理分布　国内繁殖于东北地区，越冬于长江以南地区，迁徙期经过河北、河南、山东、甘肃、新疆等地。国外遍布欧亚大陆，往东到朝鲜和日本；越冬在繁殖地南部，最南可到南非和马来半岛等国家。

居 留 型　旅鸟。

保护等级　国家二级保护野生动物。

鸮形目 STRIGIFORMES

鸱鸮科 Strigidae

英文名 Oriental Scops Owl
别　名 普通角鸮、棒槌雀、王哥哥

红角鸮
Otus sunia

鉴别特征　面盘灰褐色；耳簇羽明显；身体具有深褐色纵纹，并缀有白色斑点。

形态特征　小型鸮类，体长约 200mm。面盘呈淡红褐色或灰褐色，密布细黑色纹，边缘黑色；领圈黑白相杂；耳羽基部棕色；上体红褐色或灰褐色，有黑褐色虫蠹状细纹，并缀有白棕色斑点；飞羽黑褐色；尾羽灰褐色；尾上覆羽白色；卜体灰褐色至红褐色。虹膜黄色；喙角质色；跗跖及趾基部被羽，趾肉灰色，爪暗角质色。

生　态　常栖息于开阔有树丛的原野地区，也栖息于树林内。主要以昆虫等小型无脊椎动物和啮齿类为食，也吃两栖类、爬行类和鸟类。繁殖期 5—8 月，营巢于树洞、岩石缝、鸦科鸟类旧巢中。雌鸟孵卵，孵化期 24～25 天。雏鸟晚成性，经 21 天离巢。

地理分布　国内分布于除新疆、西藏、青海、甘肃外的大部分地区。国外分布于欧洲、非洲、中亚、西伯利亚、日本、印度、斯里兰卡、中南半岛、菲律宾、马来西亚和印度尼西亚等地。

居 留 型　夏候鸟。

保护等级　国家二级保护野生动物。

雕鸮

Bubo bubo

鉴别特征　鸮类中体型最大的一种；耳羽长，外侧黑色；喉具白斑；通体羽毛黄褐色，具黑色斑点及纵纹。

形态特征　体型较大，体长 640~900mm。眼大，上方有黑斑；面盘浅棕色或棕白色，杂以褐色细斑；耳羽长簇状，内侧棕色，外侧黑色；后颈至上背棕色，具羽干纹，羽端两侧缀斑点；肩、下背及翅上覆羽灰棕色，具黑色羽干纹，杂黑褐色斑；腰及尾上覆羽灰棕色，杂黑褐色波状斑；中央尾羽暗褐色，具棕色横斑；外侧尾羽棕黄色，具暗褐色斑；飞羽棕色，具暗褐色横斑；颏白色，喉部除皱领白色；下体棕黄色；胸部具黑褐色羽干纹，两侧有杂点状斑；腹、胁羽干纹纤细；下腹中央棕白色；腿上覆羽和尾下覆羽棕色，具褐色斑。虹膜金黄色；喙铅黑色，喙端色淡，跗跖及趾被羽，爪铅褐色，尖端黑色。

生　　态　常栖息于山林间裸露的岩石或悬崖上，白天休息，晚上外出活动。主要以各种啮齿类动物为食，也吃蛙、刺猬以及雉鸡等中小型鸟类。繁殖期4—7月，通常筑巢于树洞、悬崖凹处或地上。窝卵数 2~5 枚，雌鸟孵化，孵化期 35 天。

地理分布　国内广泛分布于各地。国外遍布于亚欧大陆和非洲。

居留型　留鸟。

保护等级　国家二级保护野生动物。

鸮形目 STRIGIFORMES

鸱鸮科 Strigidae

英文名 Little Owl
别　名 小猫头鹰、小鸮、辞怪

纵纹腹小鸮

Athene noctua

鉴别特征　面盘不明显，无耳簇羽；上体沙褐色，缀棕白色斑点；肩具两条白色横斑；下体棕白色，具褐色纵纹；腹部至尾下覆羽及覆腿羽白色。

形态特征　小型鸮类，体长约230mm。头顶平坦，无耳羽簇；眼先、脸盘和颏部污白色；眉纹灰白色；髭纹白色；上体沙褐色，头部稍暗，具棕白色羽轴纵纹；其余上体具棕白色圆斑；飞羽褐色，具棕白色斑；尾羽沙褐色，缀棕白色横斑。下体棕白色；胸和胁具褐色粗纵纹；翅下覆羽、腋羽白色；跗跖和趾被棕白色羽。虹膜黄色；喙黄绿色；爪黑褐色。

生　态　常栖息于开阔林地、沟谷、荒坡、农田或村庄附近。白天多停息于枯树、石崖、土坡等地，夜间活动频繁。主要捕食无脊椎动物、两栖动物、小型鸟类、小型哺乳动物等。繁殖期为5—7月。营巢于悬崖缝隙、岩洞、废弃建筑物洞穴、树洞等。窝卵数常为3~5枚，雌鸟孵化，孵化期28~29天。雏鸟晚成性，约26天后可离巢。

地理分布　国内分布广泛于北部和西部地区。国外可见于中东、中亚、非洲东北部等地区。

居留型　留鸟。

保护等级　国家二级保护野生动物。

日本鹰鸮

Ninox japonica

鸱鸮科 Strigidae

英文名　Northern Boobook

别　名　北鹰鸮、鹰鸮

鉴别特征　无明显的脸盘和领翎，眼大呈深色，眼先具黑须，尾脂腺裸出，整体似鹰。

形态特征　中小型鸮类，体长 300～340mm，体重 168～250g。外形似鹰；头颈部多呈灰褐色；面盘、翎领和耳羽簇均不显著；额白色；眼间有白斑；上体棕褐色；肩部有白色斑；尾棕色，具宽阔的黑色横斑和端斑；喉和前颈皮黄色，具褐色纵纹；其余下体白色，具棕色宽纵纹和点状的红褐色斑点。虹膜呈金黄色；喙黑色，喙端黑褐色，蜡膜深绿色；跗跖被羽，趾肉红色，爪黑色。

生　态　栖息于针阔混交林和阔叶林中，常在林中河谷地带活动，亦到低山丘陵、平原、果园等地。主要以小型哺乳动物、小型鸟类和昆虫等动物为食。繁殖期 5—7 月。通常营巢于高大树木的天然洞穴中，每年繁殖 1 窝，每窝产卵 3 枚。雌鸟孵化，孵化期 25～26 天。雏鸟晚成性，经 30 日可离巢。

地理分布　国内分布于东北、华北、华东、华南等地区。国外分布于俄罗斯远东、日本、朝鲜、印度、斯里兰卡、中南半岛、马来半岛、菲律宾和印度尼西亚。

居留型　夏候鸟。

保护等级　国家二级保护野生动物。

鸮形目 STRIGIFORMES

鸱鸮科 Strigidae

英文名 Long-Eared Owl
别　名 猫头鹰、长耳猫头鹰、长耳木兔、彪木兔

长耳鸮

Asio otus

　　鉴别特征　　耳簇羽长，喙上部有明显的白色"X"状，体羽棕黄色，上体满布黑褐色斑纹，下体具横斑和纵纹。

　　形态特征　　体型中等，体长约350mm。面盘明显呈浅黄色，边缘褐色或白色；耳簇羽较长，直立呈耳状；喙上部有明显的白色"X"状。体羽以棕黄色为主，上体多褐色，肩羽和大覆羽外翈近端具棕白色圆斑，小覆羽羽端黑色；初级飞羽黑褐色，基部具棕色横斑，端部杂灰褐色细点横斑；尾羽基部棕色，端部灰褐色，缀黑褐色细点和横斑；颏白色；下体具横斑和纵纹；下腹中央棕白色，无斑纹；尾下覆羽棕白色；较长的尾下覆羽白色，具褐色羽干纹。虹膜橙黄色；喙暗铅色，喙端黑色；跗跖和趾被棕黄色羽，爪暗灰色。

　　生　　态　　栖息于山地森林或平原树林中，也出现于林缘疏林和农田防护林地带。白天隐伏于树枝上或林间草地上，黄昏飞出活动与觅食。单独或成对活动，迁徙期间和冬季则集群活动。捕食小型鸟类、小型哺乳类和昆虫等。营巢于森林中，通常利用乌鸦、喜鹊和其他猛禽的旧巢。繁殖期4—6月。窝卵数通常4~6枚，雌鸟孵卵，孵化期27~28天。雏鸟晚成性，经23~24天后可离巢。

　　地理分布　　国内除海南外，各地均有分布。国外见于欧亚大陆北部、非洲北部及西部等地区。
　　居留型　　旅鸟。
　　保护等级　　国家二级保护野生动物。

短耳鸮

Asio flammeus

鉴别特征　耳簇羽短而不明显；上体具黑色及皮黄色斑点及条纹；下腹具黑色纵纹，无横斑。

形态特征　中型鸮类，体长350~400mm。耳簇羽短小而不外露，黑褐色，具棕色羽缘；面盘显著，棕黄色，杂黑褐色羽干纹；眼周黑色，眼先及内侧眉斑白色；皱领白色，羽端具黑褐色细斑；上体棕黄色，羽干纵纹黑色而宽阔；肩及三级飞羽的纵纹较粗，外翈缀以白斑；翅上覆羽黑褐色，小覆羽有暗红色点斑；中、大覆羽外翈有大型白色眼状斑；初级飞羽棕色，羽端褐色；次级飞羽内翈白色，羽端缀黑色斑；腰和尾上覆羽棕黄色；尾羽具黑褐色横斑；颏白色；下体棕白色；胸部具褐色纵纹。虹膜金黄色；喙黑色；跗跖和趾被棕黄色羽，爪黑色。

生　态　栖息于山区、丘陵、荒漠、平原、沼泽、水域岸边和草地等环境中。黄昏和晚上活动频繁，但白天也活动，白昼多于地上或潜伏于草丛中休息，很少栖息在树上。主要以啮齿类为食，也吃小鸟、爬行动物、昆虫、植物果实等。繁殖期为4—6月。巢营于沼泽附近的草丛中。每窝产卵3~8枚，孵化期为24~29天。雏鸟晚成性，经24~27天可离巢。

地理分布　国内繁殖于内蒙古、黑龙江、辽宁等地，冬季遍布全国各地。国外分布于欧亚大陆、北非、北美洲、南美洲和太平洋及大西洋的一些岛屿。

居留型　旅鸟。

保护等级　国家二级保护野生动物。

犀鸟目 BUCEROTIFORMES

戴胜科 Upupidae

英文名 Common Hoopoe
别　名 臭姑鸪、胡哱哱、鸡冠鸟、山和尚

戴胜
Upupa epops

　　鉴别特征　喙细长而向下弯曲；头顶羽冠栗棕色，羽端黑色；翅和尾具黑白相间的横纹。

　　形态特征　体型中等，体长约300mm。头顶栗棕色羽冠长，阔似折扇，顶端具黑斑；头部、颈部、胸部和上背淡栗棕色；下背黑色且具淡棕白色宽阔横斑；腰白色；腹白色，具褐色纵纹；初级飞羽黑色，中部具一道宽阔的白色横斑，其余飞羽具多道白色横斑；翅上覆羽黑色，具较宽的白色横斑；尾羽黑色且中部具一道白色横斑。虹膜暗褐色；喙黑色，尖而长并向下弯曲；跗跖及趾褐色。

　　生　　态　大多单独或成对活动，很少成群活动。常栖息在田园、园林、林缘和路边等开阔的地方，有时也久立于墙头或者房顶。头顶冠羽平时折叠不显，在地上觅食或鸣叫、受惊时，冠耸起。主要以无脊椎动物为食。繁殖期4—6月。常选择树洞营巢，有时也会在墙洞里。窝卵数6~8枚，孵卵由雌鸟承担，孵化期18天。雏鸟晚成性，经26~29天可离巢。

　　地理分布　国内广泛分布于各地。国外分布于欧亚大陆、非洲以及东南半岛。
　　居留型　夏候鸟。

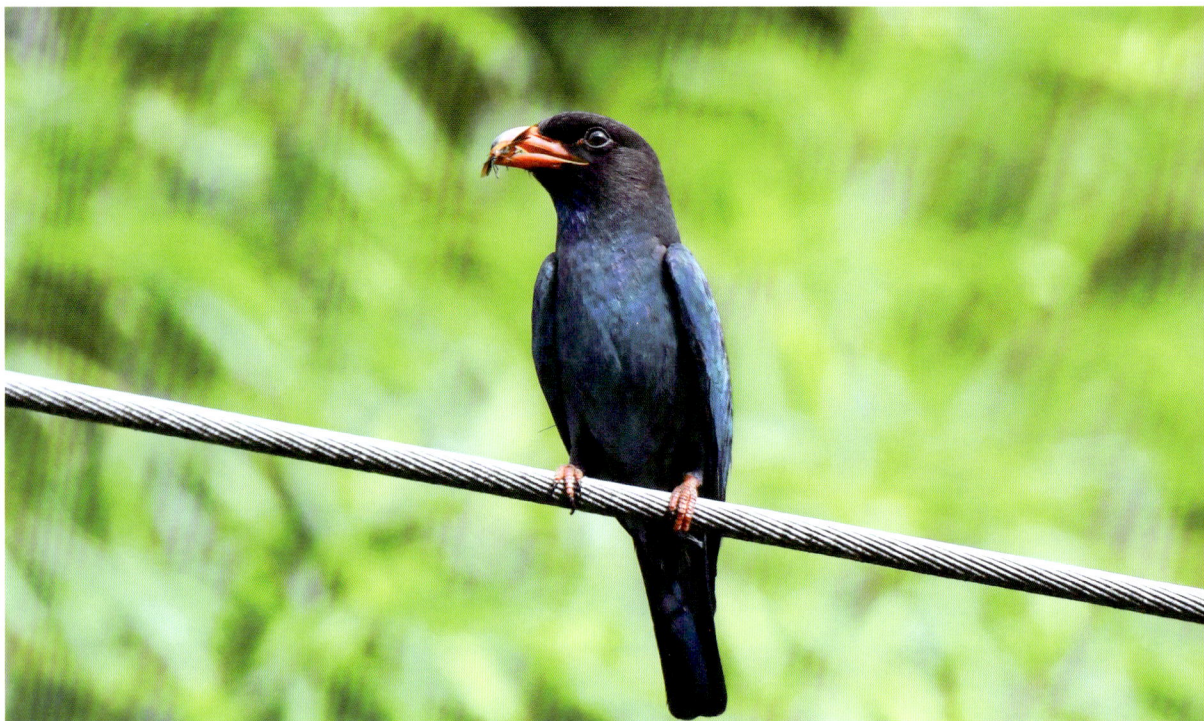

三宝鸟

Eurystomus orientalis

佛法僧目 CORACIIFORMES

佛法僧科 Coraciidae

英文名 Dollarbird
别　名 佛法僧、阔嘴鸟

鉴别特征　喙和脚红色，通体蓝绿色，头和翅呈黑褐色，初级飞羽基部具淡蓝色斑。

形态特征　体型中等，体长 260～300mm。头大宽阔，头部、颈部黑褐色；后颈至尾上覆羽及肩、翅上覆羽暗蓝绿色；初级飞羽黑褐色，羽基具淡蓝色斑；次级飞羽黑褐色，外翈闪钻蓝色与蓝绿色光泽；三级飞羽基部蓝绿色；尾黑色；两侧尾羽外翈背面及内翈腹面呈钻蓝色，尾羽基部暗蓝绿色；颏黑色；喉、胸黑色，缀有钻蓝色；下体余部蓝绿色。虹膜褐色；喙红色，上喙端部黑褐色；跗跖及趾橘红色，爪黑色。

生　态　常栖息于针阔混交林、阔叶林的林缘路旁以及河谷两岸高大的树上。主要以甲虫、金龟子、叩头虫、天牛、石蚕等昆虫为食。繁殖期5—8月。营巢于天然树洞，一般不自营巢，利用啄木鸟等废弃树洞。窝卵数3～4枚，雌雄亲鸟轮孵。雏鸟晚成性。

地理分布　国内分布于除新疆、青海、西藏外的其他地区。国外广泛分布于东南亚、南亚等地。

居留型　夏候鸟。

保护等级　河北省重点保护陆生野生动物。

佛法僧目 CORACIIFORMES

翠鸟科 Alcedinidae

英文名 Black-capped Kingfisher
别　名 蓝鱼狗、黑顶翠鸟、喜鹊翠

蓝翡翠

Halcyon pileata

鉴别特征　喙珊瑚红色，粗大而直；头以及两侧为黑色；颈具有一条宽的白色领环；上体蓝紫色；下体颏至上胸白色；后胸至尾下覆羽黄棕色。

形态特征　体型较大，体长约300mm。头以及两侧黑色；眼下有白斑；后颈及颏、喉、胸白色；肩、背、腰、尾亮蓝色；翼上覆羽黑色；初级飞羽黑褐色，外翈基部淡蓝色，内翈基部白色；次级飞羽内翈黑褐色，外翈钴蓝色；三级飞羽基部黑褐色，羽端钴蓝色；下体后胸、腹部及尾下覆羽黄棕色。虹膜为深褐色；喙珊瑚红色；跗跖及趾暗红色，爪褐色。

生　　态　常栖息于河流、湖泊岸边以及树林等地，飞行直而迅速。主要以鱼、虾、蟹和水生昆虫为食。繁殖期5—7月，常营洞巢于河流泥岸，窝卵数4~6枚。

地理分布　国内除新疆、青海、西藏等地区外，各地都有分布。国外分布于朝鲜至东南亚等地区。

居 留 型　夏候鸟。

保护等级　河北省重点保护陆生野生动物。

普通翠鸟

Alcedo atthis

翠鸟科 Alcedinidae

英文名　Common Kingfisher
别　名　翠鸟、小鱼狗、小翠鸟

鉴别特征　喙黑色，粗大而直；眼部及耳羽被橘黄色的横带贯穿；耳后有一白斑；上体亮蓝色；下体红褐色。

形态特征　体型较小，体长约150mm。前额、头顶、颈暗蓝绿色，具翠蓝色狭细横斑；眼先、颊和耳羽栗棕色；贯眼纹橘黄色，自额基过眼至耳羽；颧纹暗蓝绿色；耳后及颈侧有白色块斑；上体为亮蓝色；背至尾上覆羽灰翠蓝色；肩及翅黑褐色，具淡蓝色细纹，缀绿蓝色光泽；飞羽黑褐色，外翈暗绿蓝色，内缘羽缘浅棕色；尾短，黑褐色，缀蓝绿色；颏、喉白色；胸至尾下覆羽橙棕色；腹部中央颜色较淡。虹膜褐色；喙黑色；跗跖及趾红色，爪黑色。

生　态　常见于开阔的田野、河岸、鱼塘、池边等地，能长时间在鱼塘旁的树枝或岩石上，伺机捕食。食物主要包括鱼类、甲壳动物、鳞翅目昆虫、水生昆虫等。繁殖期5—8月。营巢于水域岸边的土岩或沙岩壁上，掘洞为巢。每窝产卵5~7枚，雌雄亲鸟轮流孵卵，孵化期19~22天。

地理分布　国内分布广泛。国外见于欧亚大陆及东南亚等地区。

居留型　留鸟。

佛法僧目 CORACIIFORMES

翠鸟科 Alcedinidae

英文名　Crested Kingfisher
别　名　花钓鱼郎、花鱼狗

冠鱼狗

Megaceryla lugubris

鉴别特征　眼、头侧黑色，具白色斑点；羽冠黑色，具白色斑点；背部黑褐色，具白色斑点；下体白色；胸部具黑斑。

形态特征　体型较大，体长 240～260mm。冠羽显著，黑色，具白色斑点，中部几乎白色；眼、头两侧黑色，具白色斑点；颊、枕、后颈白色；上体背至尾上覆羽黑褐色，具白色横斑；翅黑色；初级飞羽具白色斑，次级飞羽具白色横斑。喙下有一黑色纹伸至前胸；下体颏至尾下覆羽白色；前胸、胁、尾下覆羽具黑斑。虹膜褐色；喙角黑色，上喙基部和先端淡绿褐色；跗跖及趾褐色。

生　态　常栖息于平原、河流、湖泊边等地区，沿河流中央飞行，有时可见其栖息于河流旁的乔木或岩石上。主要以鱼、虾等水生动物为食。繁殖期 2—8 月，常营巢于河流边的悬崖以及堤坝上。窝卵数多为 4～6 枚。

地理分布　国内分布范围北至吉林，西至甘肃，西南至四川、云南的广大地区。国外广泛分布于东南亚。

居留型　留鸟。

蚁䴕

Jynx torquilla

啄木鸟目 PICIFORMES

啄木鸟科 Picidae

英文名　Eurasian Wryneck

别　名　蛇皮鸟、歪脖鸟、地啄木、蛇颈鸟

鉴别特征　头能灵活扭转；上体灰褐色，杂黑褐色虫蠹状斑；下体黄白色，杂黑褐色细斑；尾具 4~5 条黑褐色横斑。

形态特征　小型灰褐色鸟类，体长约 170mm。耳羽栗褐色，杂黑褐色细斑；额及头顶污灰色，羽端具褐色、黑色及黄白色斑纹；枕部、后颈至上背具黑色纵纹；上体大多灰褐色，具黑褐色虫蠹状细斑和粗纹；翅棕色，杂黑褐色虫蠹状斑；尾灰褐色，具 4~5 条黑褐色横斑；颊、喉和胸浅棕黄色，具黑褐色细密横斑；腹部黄白色，具黑褐色"V"形斑；腋羽和翅下覆羽白色或皮黄色；尾下覆羽淡棕色，有褐色横斑。虹膜淡褐色；喙角质色；跗跖及趾铅灰色，爪褐色。

生　　态　栖息于低山疏林或林缘地带，也见于村镇、田野、路旁疏林中。性孤独，除繁殖期外，多单独活动，在地面觅食，行走时跳跃式前进。主要以蚁类及其卵、蛹为食，有时也吃一些小型甲虫。繁殖期为 5—7 月，营巢于树洞中。窝卵数 7~12 枚，雌雄亲鸟轮孵，孵化期 12~14 天。雏鸟晚成性，经 19~21 天可离巢。

地理分布　国内各地均有分布。国外分布于非洲、欧亚、印度、东南亚。

居 留 型　夏候鸟。

保护等级　河北省重点保护陆生野生动物。

啄木鸟目 PICIFORMES

啄木鸟科 Picidae

英文名　Rufous-bellied Woodpecker
别　名　横花啐打木、啄木鸟

棕腹啄木鸟

Dendrocopos hyperythrus

鉴别特征　腹部棕色；上体、翅黑色具白色横斑；颊白色；下体栗棕色；颈侧和尾下覆羽红色；雄鸟头顶至后颈深红色，雌鸟头顶至后颈黑色具白斑。

形态特征　体长 170～250mm。雄鸟头顶及枕、颈深红色，耳羽、颈侧栗棕色，贯眼纹白色；背部黑、白横斑相间；腰至尾羽黑色；外侧一对尾羽白而具黑横斑；翅黑色，大都缀白色点斑，内侧三级飞羽具白横斑；颏白色；喉部、胸部、腹部栗棕色；腋羽白色；翼下覆羽和覆腿羽白色，具黑色横斑；尾下覆羽粉红色。雌鸟头顶、枕及颈黑色，具白斑，无红色。虹膜褐色；喙灰色而端部呈黑色；跗跖及趾黑色，爪暗褐色。

生　态　多栖息于次生阔叶林、针阔混交林及冷杉苔藓林中。经常单个或成对活动觅食。主要以无脊椎动物为食，也吃一些植物果实。在迁徙和越冬期间，多在阔叶林和沟谷地带。繁殖期4—6月。营巢于树洞中，每窝产卵多为3～4枚，雌雄亲鸟轮流孵卵。雏鸟晚成性。

地理分化　国内分布于西南至西藏、四川、云南，西至陕西，北至黑龙江，东至上海、山东、浙江，南至湖南、广东的广大地区。国外分布于喜马拉雅山区国家以及缅甸、泰国、老挝和越南。

居留型　旅鸟。

保护等级　河北省重点保护陆生野生动物。

星头啄木鸟

Dendrocopos canicapillus

啄木鸟目 PICIFORMES

啄木鸟科 Picidae

英文名　Grey-capped Pygmy Woodpecker
别　名　小啄木、红星头嗙打木、红星啄木

鉴别特征　腹部有黑色纵纹，雄鸟眼后上方有深红色纹，下背至腰部及翅具黑白条纹。

形态特征　体型较小，体长大约 150mm。雄鸟眼后上方具深红色斑纹，耳覆羽后有黑斑。头顶灰色；眉纹白色，从眼后延伸至颈部；上体自背至尾上覆羽、中央尾羽黑色；下背至腰部以及翅均有白色端斑；外侧尾羽棕白色，具黑色横斑；颏、喉部白色或灰白色；下体的其余部分污白色或淡棕黄色，密布黑褐色纵纹；下腹中部至尾下覆羽纵纹细小不明显。虹膜浅褐色；喙灰色；跗跖及趾黑褐色。

生　态　常栖息在平原和山地的阔叶林和针叶林中，也见于村镇和田野中的乔木上。单独或成对活动，育雏期间以家族活动。波浪式飞行，速度快。主要以蚂蚁、椿象、天牛、甲虫等昆虫为食，有时也吃植物果实和种子。繁殖期为 4—6 月，期间配偶成对时边飞边叫，叫声为尖厉颤音。窝卵数多为 9～10 枚，雌雄亲鸟轮孵，孵化期 12～13 天。雏鸟晚成性，经 23～24 天可离巢。

地理分布　国内广泛分布于各地。国外分布在巴基斯坦、婆罗洲、东南亚以及苏门答腊。

居留型　留鸟。

保护等级　河北省重点保护陆生野生动物。

啄木鸟目 PICIFORMES

啄木鸟科 Picidae

英文名 White-backed Woodpecke
别　名 啄木鸟、花啄木

白背啄木鸟

Dendrocopos leucotos

鉴别特征　雄鸟顶冠红色，雌鸟顶冠黑色；上背黑色；下背白色；尾下覆羽为浅红色。

形态特征　体型中等，体长约250mm。额部白色；眼先、颊和耳羽棕白色；颊纹黑色，向后延伸至颈侧。雄鸟头顶至枕部绯红色，雌鸟黑色。上背黑色，下背和腰白色，尾上覆羽黑色。肩黑色，羽端白色；飞羽黑色，具白色横斑和端斑；中央尾羽黑色，外侧尾羽白色而具黑色横斑。颏、喉、腋和翅下覆羽白色；胸、腹、胁灰白色，具黑色羽干纹；下腹和尾下覆羽浅红色。虹膜褐色；喙黑色；跗跖及趾灰色。

生　态　多栖息于海拔1200~2000m阔叶林及混交林中，尤其在桦树林中常见。多成对在森林中活动，以昆虫幼虫及其他小型无脊椎动物为食，秋冬季也以部分植物果实和种子为食。繁殖期为4—6月，营巢于树洞，雌雄鸟轮流啄洞。窝卵数多为4~6枚，雌雄亲鸟轮孵，孵化期13~16天。雏鸟晚成性，经20~23天离巢。

地理分布　国内广泛分布于各地。国外不连续分布于东欧至日本。

居留型　留鸟。

保护等级　河北省重点保护陆生野生动物。

大斑啄木鸟

Dendrocopos major

啄木鸟目 PICIFORMES

啄木鸟科 Picidae

英文名　Great Spotted Woodpecker

别　名　斑啄木鸟、花奔得儿木、花啄木、
白花啄木鸟、啄木冠

鉴别特征　上体黑色；肩、翅有显著白斑；下腹和尾下覆羽为鲜红色；雄鸟枕部红色；两翅黑色，具白斑；尾黑色。

形态特征　体型中等，体长 200~250mm。额、眼先、颊部、耳羽灰白色；头顶黑色具蓝色光泽；颈部白色；雄鸟枕部有红色条带而雌鸟没有；背部灰黑色；腰部黑褐色，具白斑；翅覆羽黑色，内侧中、大覆羽白色；飞羽黑色，内翈具白色斑块；中央尾羽黑色，外侧尾羽白色具黑色横斑；颧纹宽阔，呈黑色，向后延至脑后及胸部；颏、喉、胸棕白色；胸部具黑色纵纹；下腹部和尾下覆羽鲜红色。虹膜近红色；喙铅黑色；跗跖及趾棕褐色。

生　态　经常在山地和平原的园圃、树丛及森林间活动，喜欢栖息在山地和平原的混交林和阔叶林中。以昆虫为食，尤其是鞘翅目幼虫，其次是鳞翅目幼虫，春冬季节主要以各种植物的种子为食。常沿树干从下往上螺旋式攀缘取食。繁殖期 5—7 月，营巢于树洞中，期间常能听到雄鸟急促而连续地敲击树干的声音。窝卵数 4~6 枚，雌雄亲鸟轮孵，孵化期 13~16 天。雏鸟晚成性，经 20~23 天离巢。

地理分布　国内除西藏、台湾以外，各地均有分布。国外分布在欧亚大陆的温带林区以及缅甸北部、西部及东部，印度东北部，中南半岛北部。

居留型　留鸟。

保护等级　河北省重点保护陆生野生动物。

雌

雄

啄木鸟目 PICIFORMES

啄木鸟科 Picidae

英文名 Grey-headed Woodpecker
别　名 灰头啄木鸟、黑枕绿啄木鸟、绿奔得儿木、
香奔得儿木、绿啄木鸟

灰头绿啄木鸟

Picus canus

鉴别特征　头灰色；上体橄榄绿色；雄鸟头顶红色，雌鸟头顶灰色；飞羽黑褐色，具棕白色横斑。

形态特征　体型中等，体长约270mm。雄性额部和头顶具红色斑，雌性无红斑。眼先、颧纹黑色，眉纹灰白色，头部和颈部灰色。上体背及翅上覆羽橄榄绿色，腰和尾上覆羽黄绿色。初级飞羽暗褐色，具棕白色横斑；次级飞羽内翈黑褐色，外翈橄榄绿色；三级飞羽黑褐色。中央尾羽暗褐色，杂灰白色横斑，外侧尾羽纯褐色。颏、喉及前颈灰白色，下体其他部分灰色略具淡绿色。虹膜红褐色；喙灰褐色，先端灰黑色，下喙基部灰绿色；跗跖及趾绿色，爪褐色。

生　态　主要栖息在混交林和低山阔叶林，也常在小片林地和林缘地带活动。大多单独或成对活动，很少成群活动。波浪式飞行，速度快。秋冬季经常在路边、农田和村庄附近小林子内出现。主要以蚂蚁、鳞翅目、鞘翅目等昆虫为食，冬季兼食植物果实和种子。繁殖期4—6月。繁殖期间鸣声洪亮且频繁，声调长且多变。每年的新巢多选择在腐朽的阔叶树上。窝卵数8～11枚，雌雄亲鸟轮孵，孵化期12～13天。雏鸟晚成性，经23～24天离巢。

地理分布　国内广泛分布于各地。国外分布于欧亚大陆。
居 留 型　留鸟。
保护等级　河北省重点保护陆生野生动物。

红隼

Falco tinnunculus

英文名　Common Kestrel
别　名　茶隼、红鹞子、红鹰、黄鹰

鉴别特征　上体主要为砖红色，带有暗色斑；下体乳黄色略沾棕色，具有暗褐色斑点；尾具有宽阔的黑色次端斑；翅尖长；尾部较长。

形态特征　体重173～335g，体长300～360mm。雄性头顶、颈至尾上覆羽及尾羽蓝灰色；额基、眼先棕白色；耳羽灰色；髭纹灰黑色；头颈具黑色羽干纹；肩部和翅上覆羽砖红色，缀黑斑；飞羽和外侧覆羽黑褐色，羽端白色，内翈具白色横斑；尾羽具宽阔的黑色次端斑；尾端近白色；喉部白色；下体多棕白色沾黄色；胸、上腹具黑褐色纵纹；下腹、胁具黑色斑点；覆腿羽、尾下覆羽乳白色，略带淡棕色。雌鸟上体红棕色；头部至后颈侧部有黑褐色羽干纹；背部至尾上覆羽具黑色横斑；初级覆羽和飞羽黑褐色，有红棕色的端斑；下体深黄色；胸部和腹部及两胁具深色纵纹；腿部覆羽和尾下覆羽呈乳白色。虹膜深褐色；喙蓝灰色，蜡膜黄色；跗跖及趾深黄色，爪黑色。

生　　态　栖息于山地、森林、丘陵、草原、旷野、农田、林边空地、稀疏树木生长的河谷周围。主要以昆虫为食，也吃啮齿类、鸟、蛙、蜥蜴、蛇等小型脊椎动物。繁殖期5—7月，一般在悬崖、岩石缝、树洞营巢或利用喜鹊、乌鸦的旧巢。窝卵数4～5枚，孵化以雌鸟为主，孵化期28～30天。雏鸟晚成性，经30天左右离巢。

地理分布　国内各地均有分布。国外见于欧亚大陆、中非、北非、大西洋岛屿、日本、印度、斯里兰卡。

居 留 型　留鸟。

保护等级　国家二级保护野生动物。

雌

雄

隼形目 FALCONIFORMES

隼科 Falconidae

英文名 Amur Falcon

别 名 阿穆尔隼、青燕子、青鹰、红腿鹞子、蚂蚱鹰

红脚隼

Falco amurensis

鉴别特征 雄性体型较小，几乎为纯石板灰色，翼下覆羽白色，两腿棕红色；雌性体型较大，下体多斑纹，腿棕黄色。臀部棕色；眼周、蜡膜和脚均为橙黄色。

形态特征 体型较小，体重 124～190g，体长 205～300mm。雄鸟上体石板灰色；额至上背及翼卜小覆羽近灰褐色；肩、翼、尾均具纤细暗褐色羽干纹；初级飞羽羽端和外翈灰黑色，次级飞羽的羽端白色；尾羽银灰色，羽缘黑褐色；下体较上体颜色淡；腋羽和翼下覆羽纯白色；肛周、尾下覆羽、覆腿羽棕红色。雌鸟上体暗灰色，具纤细黑褐色羽干纹；头至背部微具紫色光泽；背至尾羽杂以黑褐色横斑；飞羽及大覆羽黑褐色，内翈缀白斑；颏、喉和颈侧黄白色；眼先、颊部灰黑色；下体其余部分棕黄色；胸具黑褐色纵纹，向后渐细；腋羽、翼下覆羽白色而杂以黑褐色横斑；肛周、尾下覆羽、覆腿羽棕黄色。虹膜红褐色；喙肉红色；跗蹠及趾橙黄色，爪黄白色。

生 态 栖息于具稀疏树林的平原区、低山丘陵区，在沼泽、河流、山谷农田等区域可见。白天多单独活动，飞翔时两翅扇动速度较快，飞行速度快，可在空中滑翔或停留片刻。多于黄昏时刻结群捕食，以蝗虫、蚱蜢、蝤斯、金龟子等昆虫为主，也吃小鸟、蜥蜴、蛙和啮齿类等。繁殖期 5—7 月，巢多位于高大乔木顶部，常抢占喜鹊的巢穴。窝卵数 4 枚，雌雄亲鸟轮孵，孵化期 22～23 天。雏鸟晚成性，经 27～30 天离巢。

地理分布 国内除海南以外，各地均有分布。国外繁殖于西伯利亚到太平洋沿岸，往南到远东、朝鲜和蒙古国，越冬于印度、缅甸、泰国、老挝和非洲。

居 留 型 夏候鸟。

保护等级 国家二级保护野生动物。

燕隼

Falco subbuteo

隼形目 FALCONIFORMES

隼科 Falconidae

英文名 Eurasian Hobby

别　名 青条子、儿隼、蚂蚱鹰、青燕

　　鉴别特征　体型较小，雌鸟比雄鸟体型大。翅较长；上体深褐色；下体白色，具暗色粗斑；下腹及肛周锈红色。

　　形态特征　体重 120～294g，体长 260～350mm。雄鸟额部白色；头顶至后颈灰黑色；眉纹白色；髭纹黑色；上体深褐色，羽干纹黑褐色；翼上覆羽蓝灰色，飞羽深褐色，内翈具棕黄色横斑；尾灰褐色，外侧尾羽内翈具黑褐色横斑；颈侧部、喉部、胸部、腹部均白色，具深色纵纹；翼下覆羽、腋羽白色，密布黑褐色横斑；下腹、尾下覆羽、覆腿羽棕褐色。雌鸟体型较雄鸟略大；头顶、头侧、后颈灰黑色略沾棕色；上体灰色；尾部淡灰色；外侧尾羽灰褐色，具黑色斑；飞羽黑褐色，内翈具棕色横斑；下体全腹部乳黄色，略显棕色，具显著的黑色纵纹；尾下覆羽、覆腿羽砖红色。虹膜黑褐色；喙灰色，喙端近黑色；跗跖及趾黄色，爪黑色。

　　生　　态　栖息于有树林的开阔平原、农田、稀疏树林等地，有时见于村庄，但在茂密树林中少见。喜单独或成对生活，飞行迅速，可在空中滑翔停留，主要在空中捕食。食物主要是麻雀、山雀等小型鸟类，也食蜻蜓、蟋蟀、蝗虫、天牛、金龟子等昆虫。繁殖期 5—7 月，常占乌鸦或喜鹊的巢穴。窝卵数 2～4 枚，孵化以雌鸟为主，孵化期 28 天。雏鸟晚成性，经 28～32 天离巢。

　　地理分布　国内繁殖于北方大部分地区和西藏、云南，越冬于南方。国外繁殖于欧亚大陆、西北非洲，越冬于非洲、印度、缅甸和日本。

　　居 留 型　夏候鸟。

　　保护等级　国家二级保护野生动物。

隼形目 FALCONIFORMES
隼科 Falconidae

英文名　Peregrine Falcon

别　名　花梨鹰、鸽虎、鸭虎、青燕、黑背花梨鹞

游隼
Falco peregrinus

鉴别特征　头顶及脸颊黑色，具有黑色条纹；上体深灰色，具黑色点斑及横纹；下体白色；胸具黑色纵纹。

形态特征　中型猛禽，体长为 350～500mm，体重 647～825g。雄鸟头顶、后颈、颊、耳羽及髭纹均黑色沾蓝灰色；上体余部包括翅内侧覆羽蓝灰色，具黑褐色羽干纹和横斑；腰和尾上覆羽蓝灰色稍浅，黑褐色横斑较窄；飞羽黑褐色，具白色端斑和棕色斑纹，内翈具灰白色横斑；尾蓝灰色，具黑褐色横斑和淡色端斑；喉和髭纹前后白色；其余下体白色或黄白色；上胸和颈侧具黑褐色羽干纹；腹部缀矛状细纹，至胁和尾下覆羽转为黑斑；翅下覆羽；腋羽和覆腿羽白色，具密集的黑褐色横斑。雌鸟羽色较淡，体型较雄鸟稍大。虹膜暗褐色；喙蓝灰色，基部黄色，端黑色，蜡膜黄色；跗跖及趾橙黄色，爪黑褐色。

生　态　常见于山地、丘陵、荒漠、半荒漠、海岸、旷野、草原、河流、沼泽与湖泊沿岸地带，有时也在开阔的农田、耕地和村屯附近活动。主要捕食野鸭、鸠鸽类、等中小型鸟类，偶尔也捕食啮齿类等小型哺乳动物。繁殖期 4—6 月。窝卵数 2～4 枚，雌雄亲鸟轮流孵卵，孵化期 28～29 天。雏鸟晚成性，经 35～42 天离巢。

地理分布　分布极广，遍布世界各地。

居留型　旅鸟。

保护等级　国家二级保护野生动物。

黑枕黄鹂

Oriolus chinensis

雀形目 PASSERIFORMES

黄鹂科 Oriolidae

英文名　Black-naped Oriole
别　名　黄鹂、黄莺、黄鸟、黄土卤子

鉴别特征　贯眼纹及颈背黑色，翅、尾多黑色，体羽余部黄色。

形态特征　体长 230～270mm。喙粗壮，与头等长，喙峰略呈弧形、稍向下曲；上喙尖端微具缺刻；喙须细短，雄性体金黄色；头顶枕部有黑纹，与黑色贯眼纹相连形成围绕头顶的黑带；翅黑色，除第一枚飞羽外，外翈具黄白色或黄色羽缘，向内黄色羽缘渐阔，至三级飞羽外翈几乎全为黄色；翅上覆羽黑色，羽端黄色；尾黑色，除中央一对外，具宽阔的黄色端斑，向外侧黄色端斑扩大。雌性色彩不如雄性艳丽，羽色较暗淡。虹膜红褐色；喙粉红色；跗跖及趾铅灰蓝色，爪角褐色。

生　态　主要栖息于低山丘陵和山脚平原地带的天然次生阔叶林、混交林，也出入于农田、原野、村寨附近和城市公园的树上。主要以鞘翅目、鳞翅目、直翅目等昆虫为食，也吃少量植物果实和种子。繁殖期 5—7 月，营巢在高大乔木上，巢呈吊篮状置于树水平末端的枝杈处。窝卵数 3～5 枚，雌鸟孵卵，孵化期 15 天左右。雏鸟晚成性，经 16 天左右可离巢。

地理分布　国内分布广泛，北至黑龙江、内蒙古，西至陕西、甘肃、四川、云南，南至海南，东至江苏、浙江。国外分布于孟加拉国、柬埔寨、印度、印度尼西亚、韩国、朝鲜、老挝、马来西亚、缅甸、菲律宾、俄罗斯、新加坡、泰国、越南。

居留型　夏候鸟。

保护等级　河北省重点保护陆生野生动物。

雀形目 PASSERIFORMES
山椒鸟科 Campephagidae

英文名 Ashy Minivet
别 名 十字鸟、宾灰燕儿

灰山椒鸟
Pericrocotus divaricatus

鉴别特征 前额、头顶前部、颈侧和下体均白色，贯眼纹黑色。

形态特征 体长 180~200mm。雄鸟前额、头顶前部白色，具黑色贯眼纹；上体灰色；翅和尾黑色，翅上具斜行白色翼斑；外侧尾羽先端白色，中央两对尾羽黑褐色，其余尾羽基部黑色，先端白色；下体颏至尾下覆羽，包括颈侧及耳羽前部均白色；胸侧和胁略呈灰白色；翼下覆羽杂以黑斑。雌鸟前额灰白色；鼻羽、额羽及眼先黑褐色；自头顶至背、肩，包括内侧翼上覆羽灰色；翅及尾部的黑褐色较雄鸟淡而呈灰色。虹膜暗褐色；喙、跗跖、趾及爪为黑色。

生 态 繁殖季节主要栖息于落叶阔叶林中，非繁殖期也出现在林缘次生林、河岸林，甚至庭院和村落附近的疏林和高大树上。主要以昆虫为食。繁殖期 5—7 月。营巢于阔叶林和混交林中，巢多置于高大树木侧枝上。

地理分布 国内繁殖于内蒙古、黑龙江和吉林长白山地区；迁徙期间见于各地。国外分布于俄罗斯、朝鲜、日本、中南半岛、泰国、缅甸、菲律宾、印度尼西亚、苏门答腊与加里曼丹等地。

居 留 型 旅鸟。

保护等级 河北省重点保护陆生野生动物。

雌

雄

长尾山椒鸟

Pericrocotus ethologus

鉴别特征 雄鸟头、上背、翅和尾黑色，翅具红色翼斑，其余部分赤红色。雌鸟头顶至后颈暗褐灰色，背灰橄榄绿或灰黄绿色，腰和尾上覆羽鲜绿黄色，下体黄色。

形态特征 体长 170~200mm。雄鸟头和上背亮黑色，下背至尾上覆羽以及自胸起的下体赤红色；翅和尾黑色，第一枚初级飞羽外缘粉红色，内侧 2~4 枚飞羽具红色羽缘；其余飞羽中段及大覆羽先端红色，形成红色翼斑；尾具红色端斑，最外侧一对尾羽全为红色。雌鸟前额黄色；头顶至后颈暗褐灰色；背为灰橄榄绿或灰黄绿色；腰和尾上覆羽鲜绿黄色；翅和尾黑褐色，具黄色翼斑和黄色端斑；颊、耳羽灰色；颏灰白或黄白色；其余下体黄色。虹膜黑褐色；喙黑色；跗跖、趾及爪均黑色。

生 态 栖息于山地森林中，也出入于林缘次生林和杂木林，尤其喜欢栖息在疏林草坡乔木树顶上，冬季也常到山麓和平原地带疏林内。主要以昆虫为食。每窝产卵 2~4 枚，卵乳白色或淡绿色，被有褐色和淡灰色斑点和斑纹。孵卵由雌鸟承担，雄鸟通常在巢域附近警戒。雏鸟晚成性，雌雄亲鸟共同育雏。

地理分布 国内主要分布于南方各地，向北延伸至河北。国外主要分布于缅甸、老挝、柬埔寨、泰国等地。

居 留 型 夏候鸟。

保护等级 河北省重点保护陆生野生动物。

雀形目 PASSERIFORMES

卷尾科 Dicruridae

英文名　Black Drongo
别　名　黑黎鸡、篱鸡、吃杯茶

黑卷尾

Dicrurus macrocercus

鉴别特征　体黑色，具有铜蓝绿色金属光泽；尾羽呈深叉状，最外侧一对尾羽稍卷曲；头顶无冠羽。

形态特征　体长240～300mm。全身黑色；上体自头部、背部、腰部至尾上覆羽以及翅闪铜绿色金属光泽；尾羽深叉状，中央·对尾羽最短，向外侧依次顺序增长，最外侧　对木端向外曲并微向上卷；下体自颈、喉至尾下覆羽黑褐色，仅在胸部具铜绿色金属光泽。虹膜红褐色；喙、跗跖、趾及爪黑色。

生　　态　栖息于城郊区村庄附近和广大农村，尤喜在村民居屋前后高大树上营巢。多成对活动于山坡、平原、丘陵地带阔叶树上。主要以甲虫、蜻蜓、蝉、蚂蚁等昆虫成虫和幼虫为食。繁殖期4—7月，窝卵数3～4枚，雌雄鸟轮孵，孵化期16天左右，经20～24天可离巢。

地理分布　国内分布于黑龙江、辽宁、吉林、河北、山东、陕西、四川、贵州、云南、西藏，往南一直到海南和台湾。国外分布于阿富汗、孟加拉国、不丹、柬埔寨、印度、印度尼西亚、老挝、马来西亚、缅甸、尼泊尔、巴基斯坦、新加坡、斯里兰卡、泰国、越南。

居留型　夏候鸟。

保护等级　河北省重点保护陆生野生动物。

发冠卷尾

Dicrurus hottentottus

鉴别特征　通体黑色，具蓝绿色金属光泽；额部具发丝状羽冠；外侧尾羽末端向上卷曲。

形态特征　体长 280～350mm。喙强健，喙峰稍曲，先端具钩，具喙须。雄鸟全身黑色，具蓝绿色金属光泽；前额、眼先和眼后呈绒黑色毛状羽；耳羽绒黑色；额基部中心部位发丝状冠羽；颈羽呈针状，蓝紫金属光泽；尾呈深叉状，最外面的一对末端轻微向外弯曲，并卷曲向内和向上。雌鸟铜绿色金属光泽不如雄鸟鲜艳；发状羽冠较雄鸟短小。虹膜暗红褐色；喙、跗跖、趾及爪黑色。

生　态　生活在海拔 1500m 以下的低山和山谷中，多活动于阔叶林、次生林或人工林中，有时也出现在疏林、村庄和农田附近的小丛林。主要以蝗虫、蚱蜢、蝉等昆虫为食，偶尔也吃少量植物果实、种子、叶芽等植物性食物。繁殖期 5—7 月。每窝产卵 3～4 枚，雌雄亲鸟轮孵，孵化期 16 天左右。雏鸟晚成性，经 20～24 天可离巢。

地理分布　国内分布于大部分地区，北至辽宁，西至陕西，西南至四川、云南和广西。国外分布于印度、缅甸、老挝、泰国、越南、中南半岛、菲律宾、印度尼西亚等地。

居留型　夏候鸟。

保护等级　河北省重点保护陆生野生动物。

雀形目 PASSERIFORMES

伯劳科 Laniidae

英文名 Tiger Shrike
别　名 虎伯劳、花伯劳

虎纹伯劳

Lanius tigrinus

鉴别特征　顶冠及颈背灰色；背、翼及尾侧浓栗色，具黑色横斑；贯眼纹黑色；下体白色，腹部及两胁具较粗的横斑。

形态特征　体长 160～190mm。雄鸟额基、眼先和贯眼纹黑色；前额、头顶至后颈蓝灰色；上体余部包括肩羽及翅上覆羽栗红褐色，杂黑色波状横斑；飞羽暗褐色，外翈羽缘棕褐色；尾羽棕褐色，具不明显的褐色横斑，外侧尾羽端缘棕白色。下体白色，胁沾蓝灰色；覆腿羽白色杂黑斑。雌鸟羽色与雄鸟相似，但前额基部黑色较小。虹膜褐色；喙蓝色，喙端黑色；跗跖及趾灰色，爪角褐色。

生　　态　主要栖息于低山丘陵和山脚平原地区的森林和林缘地带，尤以开阔的次生阔叶林、灌木林和林缘灌丛地带较常见。主要以昆虫为食，尤以金龟子、步甲、蝗虫、蛾类等昆虫为主，偶尔也猎食蜥蜴、小鸟等小型脊椎动物。繁殖期 5—7 月，通常筑巢于小型的灌木及树上，窝卵数 5～6 枚，孵化由雌鸟承担，孵化期 14 天左右。雏鸟晚成性，经 13～15 天可离巢。

地理分布　国内分布于黑龙江、辽宁、吉林、河北、山东、江苏、浙江等地，西至陕西、四川、贵州，越冬于广西、广东、湖南、云南、福建。国外分布于俄罗斯远东地区、朝鲜和日本，越冬于缅甸、中南半岛、泰国、马来西亚、菲律宾和印度尼西亚等地。

居留型　夏候鸟。

保护等级　河北省重点保护陆生野生动物。

牛头伯劳

Lanius bucephalus

英文名　Bull-headed Shrike

别　名　红头伯劳

鉴别特征　头顶栗红色，贯眼纹黑色，眉纹白色，背灰褐色，下体偏白而略具黑色横斑，两胁沾棕色，尾端白色。

形态特征　体长 190～230mm。喙强健，先端具钩；眼先、眼周、颊和耳羽黑色；贯眼纹黑色，有灰白色细纹；额、头顶及枕部栗红色；背、腰及尾上覆羽灰褐色；飞羽黑褐色，羽缘棕色，外侧飞羽基部白色，三级飞羽具皮黄色羽缘；中央尾羽暗褐色，具浅灰褐色边缘；外侧尾羽灰褐色，具灰白色端斑和黑褐色次端斑；喉白色；胸、腹以及胁淡棕色。虹膜深褐色；喙灰色，端黑色；脚铅灰色。

生　　态　主要栖息于低山、丘陵和平原地带的疏林和林缘灌丛草地，也出入于农田道边灌丛及河谷地带，有时见于果园和城镇公园。主要以昆虫为食。繁殖期5—7月，多营巢于林缘疏林和次生杨桦林内幼树和灌木的侧枝上。窝卵数 4～6 枚，雌鸟孵化，孵化期 14 天。雏鸟晚成性，经 13～14 天离巢。

地理分布　国内分布于黑龙江、吉林、辽宁、河北、山东、陕西、河南及长江以南地区。国外分布俄罗斯乌苏里斯克、朝鲜、日本。

居　留　型　夏候鸟。

保护等级　河北省重点保护陆生野生动物。

雀形目 PASSERIFORMES

伯劳科 Laniidae

英文名 Brown shrike
别　名 虎伯劳、褐伯劳

红尾伯劳

Lanius cristatus

鉴别特征　喉白色，前额灰色，眉纹白色，头顶及上体灰褐色，尾上覆羽红棕色，尾羽棕褐色，尾呈楔形。

形态特征　体长 180～210mm。前额灰色；贯眼纹黑色，自喙基经眼至耳后；眉纹白色。后颈、上背、肩灰褐色；翅黑褐色，内侧覆羽暗灰褐色，外侧覆羽黑褐色，中覆羽、大覆羽和内侧飞羽具棕白色羽缘和先端。下背、腰棕褐色；尾上覆羽棕红色；尾羽棕褐色，具不明显的暗褐色横斑。颏、喉和颊白色，其余下体棕白色，两胁较多棕色。虹膜暗褐色；喙黑色；跗跖及趾铅褐色。

生　态　主要栖息于低山丘陵和山脚平原地带的灌丛、疏林和林缘地带，尤其在有稀矮树木和灌丛生长的开阔旷野、河谷、湖畔、路旁和田野灌丛中较常见，也栖息于草甸灌丛、山地阔叶林和针阔混交林及其附近的小块次生杨桦林内。主要以直翅目、鞘翅目、鳞翅目的昆虫成虫及幼虫为食。繁殖期 5—7 月，窝卵数 5～7 枚，雌鸟孵化，孵化期 15 天左右。雏鸟晚成性，经 14～18 天可离巢。

地理分布　国内大部分地区均有分布。国外繁殖于东亚，冬季南迁至印度、东南亚、巽他群岛、苏拉威西、马鲁古群岛以及新几内亚。

居留型　夏候鸟。

保护等级　河北省重点保护陆生野生动物。

棕背伯劳

Lanius schach

雀形目 PASSERIFORMES

伯劳科 Laniidae

英文名 Long-tailed Shrike

别　名 大红背伯劳

鉴别特征　喙粗壮，顶端有尖钩和齿状突起；背棕红色；翅黑色，具白色翅斑；喉白色；下体棕白色。

形态特征　体长 230～280mm。前额黑色；眼先、眼周和耳羽黑色，形成宽阔的黑色贯眼纹。背、肩、腰和尾上覆羽棕色；翅上覆羽黑色，大覆羽具窄的棕色羽缘；飞羽黑色，内侧飞羽羽缘棕色，初级飞羽基部棕白色，形成白色翼斑；尾羽黑色，外侧尾羽具棕色羽缘和端斑。颏、喉和腹中部白色，其余下体淡棕色或棕白色，胁和尾下覆羽棕红色或浅棕色。虹膜呈深褐色；喙、跗跖、趾及爪黑色。

生　态　常见于森林、农田、果园、河谷、路边和林缘一带的乔木与灌丛中。除繁殖期外，多单独活动。主要以鞘翅目、半翅目、直翅目、革翅目等昆虫为食，也捕食小型鸟类、青蛙、蜥蜴和啮齿类，偶尔也吃少量植物种子。繁殖期 4—7 月，在树上或高的灌木上筑巢，每窝产卵通常 4～5 枚，雌鸟孵化，孵化期 12～14 天。雏鸟晚成性，经 13～14 天可离巢。

地理分布　国内分布于河北以南、甘肃、四川、云南以东的广大地区。国外分布于中亚、东南亚和南亚地区。

居留型　夏候鸟。

雀形目 PASSERIFORMES

伯劳科 Laniidae

英文名 Great Grey Shrike
别　名 大灰伯劳、寒露儿、北寒露

灰伯劳

Lanius excubitor

　　鉴别特征　头顶、颈背及腰灰色；尾上覆羽白色；贯眼纹黑色；眉纹白色；翅黑色，具白色横纹；尾黑色，边缘白色。

　　形态特征　大型伯劳，体长 240～270mm。前额基部、眉纹以及眼先的喙基部白色；贯眼纹黑色，自喙基过眼至枕部。头顶至腰部烟灰色；翅覆羽及飞羽黑褐色，初级飞羽基部白色，形成翼斑。尾上覆羽白色，尾羽纯黑具白色端缘，外侧尾羽依次变大，至最外侧尾羽外翈纯白色。下体灰白色。虹膜暗褐色；喙黑色；跗跖、趾及爪黑褐色。

　　生　态　栖息于山地次生阔叶林带的开阔或半开阔地带。性凶猛，主要以各种昆虫、小型啮齿类、鸟类、蜥蜴等为食。繁殖期 5—7 月，通常营巢于树上或灌木上，窝卵数通常 5～6 枚，雌鸟孵化，孵化期 15 天左右。雏鸟晚成性，经 19 天左右可离巢。

　　地理分布　国内分布于东北、华北及甘肃、宁夏、新疆等地。国外分布于欧亚大陆北部、非洲、北美及日本。

　　居留型　冬候鸟。

　　保护等级　河北省重点保护陆生野生动物。

楔尾伯劳

Lanius sphenocercus

鉴别特征　贯眼纹黑色，尾上覆羽灰色，中央尾羽及飞羽黑色，翅具大型白色翅斑。

形态特征　体长 250~320mm。额基白色；眼先、眼周和耳羽黑色，形成较宽的贯眼纹；眉纹白色。额、头顶、枕、后颈、背至尾上覆羽灰色；飞羽和翅上覆羽黑色，初级覆羽具白色羽端和羽缘；初级飞羽基部白色；次级飞羽和三级飞羽基部、羽端白色，形成白色翼斑。尾凸形，中央 2 对尾羽黑色，其余尾羽基部黑色，端部白色，越往外者白色区域越大，至最外 3 枚尾羽呈白色，羽轴黑色。颊、颈侧、颏、喉至尾下覆羽白色。虹膜暗褐色；跗跖黑褐色；爪钩状，黑色。

生　态　栖息于低山、平原和丘陵地带的疏林和林缘灌丛草地，也出现于农田地边和村屯附近的树上，冬季有时也到芦苇丛中活动和觅食。食物主要为蝗虫、甲虫等昆虫成虫和幼虫，亦捕食小型脊椎动物，如蜥蜴、小鸟及鼠类。繁殖期为 5—7 月，在乔木或灌木上筑巢，距地 2~4m。窝卵数 5~6 枚，孵化期 15~16 天。雏鸟晚成性，经 20 天左右可离巢。

地理分布　国内分布于黑龙江、辽宁、吉林、河北、山西、内蒙古、甘肃、青海、陕西、宁夏至长江流域以南区域。国外分布于俄罗斯远东及蒙古国、朝鲜，偶尔游荡至日本。

居留型　冬候鸟。

保护等级　河北省重点保护陆生野生动物。

雀形目 PASSERIFORMES

鸦科 Corvidae

英文名 Eurasian Jay
别　名 山和尚、黄老鸹

松鸦

Garrulus glandarius

鉴别特征　体型小；翅上具黑、蓝、白相间的横斑；腰白色；下体红棕色颏、喉、肛周色淡。

形态特征　体长 280～350mm。头和颈侧红褐色或棕褐色，头顶至后颈具黑色纵纹，前额基部和覆嘴羽羽端黑色。背、肩、腰灰色沾棕色。翅上小覆羽栗色，中覆羽基部深褐色，先端栗色具黑褐色纵纹，人覆羽、初级覆羽和次级飞羽外翈基部具黑、白、蓝相间的横斑；初级飞羽黑褐色，外翈灰白色。尾上覆羽白色，尾黑色微具蓝色光泽。下喙基部有一卵圆形黑斑，向后延伸至颈侧。颏、喉灰白色，胸、腹、胁葡萄红色，尾下覆羽灰白色。虹膜淡褐色；喙黑色；跗跖及趾棕红色，爪黑褐色。

生　　态　常栖息在针叶林、针阔混交林、阔叶林等森林中，有时也到林缘疏林和天然次生林内，很少见于平原耕地。冬季可到林区居民点附近的耕地或路边丛林活动和觅食。食性较杂，繁殖期以昆虫成虫和幼虫为主，也吃鸟蛋、雏鸟等；其他季节则主要以植物种子和果实为食，兼食昆虫，常储藏多余的种子。繁殖期 4—7 月，多营巢于针叶及针阔混交林中高大的树木的顶端较隐蔽的枝杈处。窝卵数 5～8 枚，雌鸟孵化。孵化期 17 天左右。雏鸟晚成性，20 天左右离巢。

地理分布　国内分布于黑龙江、吉林、辽宁、内蒙古、新疆、河北、山西、陕西、河南、贵州、四川、甘肃、云南、西藏南部、长江流域及其以南地区等地。国外分布于欧洲、非洲西部和北部、喜马拉雅山脉、中东至日本及东南亚等地区。

居　留　型　留鸟。

灰喜鹊

Cyanopica cyanus

鸦科 Corvidae

英文名　Azure-winged Magpie
别　名　蓝鹊、灰鹊、山喜鹊、蓝膀喜鹊

鉴别特征　中等体型，顶冠、耳羽以及后枕黑色，翅天蓝色，尾长并呈蓝灰色。

形态特征　体长 330～400mm。颊部、前额至后颈黑色闪淡蓝或淡紫蓝色金属光泽；后颈与背之间白色，形成领圈状。背灰褐色。翅蓝灰色；前两枚初级飞羽黑褐色；其他初级飞羽外翈端部白色，基部蓝灰色，形成长形白斑；飞羽羽轴淡黑色。尾长呈凸状、蓝灰色，中央两枚尾羽具白色端斑，其余尾羽末端具白色边缘。颏、喉白色，其余下体白色沾棕色或葡萄灰色。虹膜黑褐色；喙、跗跖、趾及爪黑色。

生　态　栖息于低山丘陵和山脚平原地区的次生林和人工林内，也见于田边、路边和村屯附近的林内。主要以鳞翅目、鞘翅目等昆虫为食，也吃果实、种子等植物性食物。繁殖期 5—7 月。多营巢于次生林和人工林，有利用旧巢的习性。窝卵数 6～7 枚，雌鸟孵化，孵化期 15 天左右。雏鸟晚成性，19 天左右离巢。

地理分布　国内分布于东北、华北、西北以及长江中下游直至福建。国外分布于西班牙、葡萄牙、法国、贝加尔湖、蒙古国、朝鲜、日本等地。

居 留 型　留鸟。

保护价值　河北省重点保护陆生野生动物。

雀形目 PASSERIFORMES

鸦科 Corvidae

英文名 Red-billed Blue Magpie
别　名 红嘴长尾蓝鹊、长尾巴帘、长尾山鹊

红嘴蓝鹊

Urocissa erythrorhyncha

鉴别特征　头部、胸部黑色；头顶至枕部具白斑；喙、脚红色；腹部及臀白色；尾长，楔形，具黑白相间的横斑。

形态特征　体长 540～650mm。前额、头顶至后颈、头侧、颈侧黑色，头顶至后颈具白色、蓝白色或紫灰色羽端；背、肩、腰蓝灰色沾褐色。翅黑褐色；初级飞羽外翈基部紫蓝色，末端白色；次级飞羽具白色端斑，外翈羽缘紫蓝色。尾上覆羽紫蓝色或蓝灰色，具黑色端斑和白色次端斑。尾长呈凸状，中央尾羽蓝灰色具白色端斑；其余尾羽紫蓝色或蓝灰色。颏、喉、胸黑色，其余下体白色，有时沾蓝色或黄色。虹膜橘红色；喙红色；跗跖及趾橙红色，爪角褐色。

生　态　广泛分布于林缘、灌丛甚至村庄，结小群活动。食性较杂，主要以昆虫为食，也吃植物的果实、种子和农作物。繁殖期 5—7 月，营巢于树木侧枝或竹林，每窝产卵 4～5 枚，雌雄亲鸟轮孵，雏鸟晚成性。

地理分布　国内分布于河北、内蒙古、辽宁、江苏、江西、河南、湖南、广东、广西、四川、贵州、云南、陕西、甘肃、宁夏、福建、香港等地。国外分布于印度、缅甸、老挝、尼泊尔。

居　留　型　留鸟。

保护等级　河北省重点保护陆生野生动物。

喜鹊

Pica pica

英文名　Common Magpie
别　名　花喜鹊、山喳喳

鉴别特征　身体除肩、初级飞羽内翈和腹部为白色外，均黑色；翅具有金属蓝色和绿色光泽；尾长楔形，具铜绿色金属光泽。

形态特征　体长 400~500mm。头、颈、背和尾上覆羽辉黑色，背部蓝绿色，闪金属光泽；肩羽白色；腰灰色并有白色斑点。翅黑色；初级飞羽内翈具白斑，外翈及羽端黑色沾蓝绿色光泽；次级飞羽具深蓝色光泽。尾羽黑色，具深绿色光泽、末端具紫红色和深蓝绿色宽带。颈、喉、胸黑色，喉部灰白色羽干纹；腋羽、翅下覆羽、上腹和胁白色；下腹、尾下覆羽和覆腿羽污黑色。虹膜暗褐色；喙、跗跖、趾及爪均黑色。

生　态　栖息于山区、平原、农田、村镇等环境中，是一种伴人鸟类。食性较杂，繁殖期以昆虫为主要食物，其他季节则主要以植物果实和种子为食。繁殖期从 3 月开始，营巢于各种高大乔木及建筑物、电线塔上。窝卵数 5~8 枚，雌鸟孵化，孵化期 17 天左右。雏鸟晚成性，30 天左右可离巢。

地理分布　国内广泛分布于各地。国外主要分布于亚欧大陆、北非和北美西部。

居留型　留鸟。

保护等级　河北省重点保护陆生野生动物。

雀形目 PASSERIFORMES

鸦科 Corvidae

英文名 Spotted Nutcracker
别　名 山老鸹

星鸦

Nucifraga caryocatactes

鉴别特征　体型略小；体羽深黑褐色而密布白色斑点；翼黑色，外侧尾羽具白色端斑；喙和脚呈黑色。

形态特征　体长 300～380mm。额、头顶至枕黑褐色，眼先棕白色，额基杂有白纹；头侧、眼周和颈侧暗棕褐色，具白色纵纹。后颈、背、肩、腰赭褐色，羽端部具白色圆斑。翅上覆羽和飞羽黑褐色，微具金属光泽；翅上小覆羽端部具白色圆斑；中覆羽、大覆羽和初级覆羽具窄的白色羽端。尾上覆羽和尾羽黑褐色，尾羽具金属光泽；除中央一对尾羽外，其余尾羽均具白色端斑；外侧尾羽白色端斑渐大，最外侧尾羽几为白色。颏白色，喉棕褐色具白色纵纹，胸、腹、胁棕褐色，羽端具椭圆形白斑；尾下覆羽白色。虹膜暗褐色；喙黑色；跗跖、趾和爪黑色。

生　　态　栖息于山地针叶林和针阔混交林，尤其是针叶林中常见。单独或成对活动，冬季聚成小群。主要以落叶松等针叶树的种子为食，也吃浆果和其他树木种子及昆虫。繁殖期 4—6 月，筑巢于针叶林中，每巢产卵 3～4 枚，孵化期 16～18 天。雏鸟晚成性，经 3～4 周可离巢。

地理分布　国内分布于黑龙江、吉林、辽宁、河北、山东、河南、山西、陕西、甘肃、湖北、四川、云南、新疆、西藏、台湾等地。国外遍布于亚欧大陆。

居留型　留鸟。

红嘴山鸦

Pyrrhocorax pyrrhocorax

鉴别特征　　大型鸦类，体羽黑色具有蓝色金属光泽，喙和跗跖红色。

形态特征　　体长 360~450mm。全身黑色，翅和尾具蓝绿色金属光泽。虹膜暗褐色；喙长而弯曲，呈红色；跗跖及趾朱红色，爪黑色。

生　态　　主要栖息于开阔的低山、丘陵等环境，常在河谷岩石、高山裸岩等开阔地带活动，冬季多到山脚和平原地带以及农田、村镇附近活动。主要以鞘翅目、直翅目等昆虫为食，也吃植物果实、种子、草籽、嫩芽等植物性食物。繁殖期 4—7 月，营巢于山地悬岩、沟谷、河谷等开阔地带，窝卵数 3~6 枚，雌鸟孵化，孵化期 17~18 天。雏鸟晚成性，经 38 天左右可离巢。

地理分布　　国内主要分布于黄河以北以及四川、云南以西的整个北部和西部地区。国外分布于英国、欧洲中南部、北非、高加索、中亚、阿尔泰、蒙古国、东亚。

居留型　　留鸟。

河北小五台山 国家级自然保护区陆生脊椎动物

雀形目 PASSERIFORMES

鸦科 Corvidae

英文名　Daurian Jackdaw
别　名　寒鸦、白脖寒鸦、小山老鸹、白腹寒鸦

达乌里寒鸦

Corvus dauuricus

　　鉴别特征　体羽主要为黑色，后颈有宽阔的白色颈圈延伸至胸、腹部，喙及跗跖黑色。

　　形态特征　小型鸦类，体长 300~350mm。额、头顶、头侧、颊、喉黑色具蓝紫色金属光泽，后头、耳羽杂有白色细纹，后颈、颈侧、上背、胸、腹灰白色或白色，其余体羽黑色具紫蓝色金属光泽。虹膜黑褐色；喙黑色；跗跖及趾黑色，爪黑褐色。

　　生　　态　主要栖息于山地、丘陵、平原、旷野等多种生境，在溪流地带和河岸森林较常见。在冬季多集群活动，食性较杂，主要以昆虫、谷物、浆果为食，也吃垃圾和腐尸。繁殖期 4—6 月，营巢于树洞、河谷沙崖洞中或屋檐、石缝和树上。窝卵数 4~7 枚，雌鸟孵化，孵化期 17~18 天。雏鸟晚成性，经过 30~35 天可离巢。

　　地理分布　国内除海南外各地均有分布。国外分布于欧洲、中亚、印度等地。

　　居 留 型　留鸟。

秃鼻乌鸦

Corvus frugilegus

英文名　Rook
别　名　老鸹、乌鸦

鉴别特征　体羽亮黑色，有紫色金属光泽；喙基部裸露呈灰白色；跗跖黑色。

形态特征　大型鸦类，体长 420～490mm。通体灰黑色，背、肩、腰、翅上覆羽和内侧飞羽均具铜绿色金属光泽。初级飞羽和尾羽具暗蓝绿色光泽。下体乌黑色或黑褐色，具紫蓝色或蓝绿色。喉部羽毛呈披针形，具有强烈的或暗蓝色金属光泽。虹膜褐色或暗褐色；喙长直而尖、粗厚呈黑色，基部裸露，覆以灰白色皮膜；跗跖、趾及爪黑色。

生　态　常栖息于低山、丘陵、平原、农田和河流以及人群相对密集的村庄，冬季可与其他鸦类聚群活动。食性杂，可取食腐尸、昆虫、垃圾、植物种子等。繁殖期 4—7 月，营巢于高大树木顶端枝杈上，常结群繁殖。窝卵数 5～6 枚，雌鸟孵化，孵化期 17 天左右。雏鸟晚成性，经过 29～30 天后可离巢。

地理分布　国内分布于东北、华北、华中、华东、华南等地区。国外几乎遍布欧亚大陆。

居 留 型　留鸟。

雀形目 PASSERIFORMES
鸦科 Corvidae

英文名 Carrion Crow
别　名 乌鸦、老鸹、黑老鸹

小嘴乌鸦
Corvus corone

鉴别特征　体羽黑色，具金属光泽；喙基部不裸露；额弓较低，形状不陡峭。

形态特征　体长 450 ~ 530mm。喙较细短，喙峰较直，弯曲小；额不外突。全身黑色，头顶羽毛窄而尖，除头顶、枕、后颈和颈侧光泽较弱外，背、肩、腰、翅上覆羽和内侧飞羽具紫蓝色金属光泽。翅上覆羽、初级飞羽和尾羽具暗蓝绿色光泽。下体乌黑色或黑褐色，具蓝绿色或紫蓝色光泽。喉部羽毛呈披针形，具有绿蓝色或暗蓝色金属光泽。虹膜黑褐色；喙、跗跖、趾及爪均黑色。

生　态　栖息于低山、丘陵和平原地带的疏林及林缘地带。繁殖期单独或成对活动，其他季节聚群在河流、农田、耕地、沼泽和村庄附近活动，有时和大嘴乌鸦、秃鼻乌鸦等其他鸦类混群。杂食性，食物以昆虫等无脊椎动物和植物的果实、种子为主，亦取食蛙、蜥蜴、鱼、小型鼠类、雏鸟、鸟卵以及腐尸、垃圾等杂物。繁殖期 4—6 月，营巢于高大树木顶端枝杈上。窝卵数 4~5 枚，雌鸟孵化，孵化期 17 天左右。雏鸟晚成性，经 30~35 天可离巢。

地理分布　国内分布于华北、西北、华中、华南、东南等地区。国外广泛分布于欧亚大陆、非洲东北部及日本。

居 留 型　留鸟。

大嘴乌鸦

Corvus macrorhynchos

鸦科 Corvidae

英文名 Large-billed Crow

别　名 乌鸦、老鸹

鉴别特征　通身漆黑。喙较粗大；喙峰弯曲，峰嵴明显；喙基有长羽，伸至鼻孔处。额较陡突。尾长呈楔状。

形态特征　大型鸦类，体长 450～540mm。喙粗厚，上喙前缘与前额几成直角；额头特别突出。全身羽毛黑色，除头顶、枕、后颈和颈侧光泽较弱外，背、肩、腰、翼上覆羽和内侧飞羽具紫蓝色金属光泽；翼上覆羽、初级飞羽和尾羽具暗蓝绿色光泽。上体乌黑色或黑褐色，喉部羽毛呈披针形，具有强烈的绿蓝色或暗蓝色金属光泽；下体黑色具紫蓝色或蓝绿色光泽。虹膜褐色或暗褐色；喙黑色；跗跖、趾及爪黑色。

生　态　主要栖息于低山、平原和山地阔叶林、针阔混交林、针叶林等各种森林中。冬季常在农田、村庄等人类居住地附近活动。除繁殖期成对外，其他季节多聚成小群活动，有时与其他鸦类混群活动。杂食性，主要以昆虫成虫和幼虫为食，也吃雏鸟、腐尸、植物果实与种子等。繁殖期 3—6 月，营巢于高大乔木顶部枝杈处，窝卵数 3～5 枚。雌雄亲鸟轮孵，孵化期 18 天左右。雏鸟晚成性，经 26～30 天可离巢。

地理分布　国内除西北部地区外，广泛分布于大部分地区。国外分布于亚洲东部和南部，北至俄罗斯库页岛、鄂霍次克海岸、库页岛、黑龙江流域，东至朝鲜、日本、琉球群岛，南至印度、缅甸、斯里兰卡、尼泊尔、巴基斯坦、阿富汗、菲律宾和印度尼西亚等地。

居 留 型　留鸟。

雀形目 PASSERIFORMES

山雀科 Paridae

英文名 Coal Tit
别 名 仔仔点

煤山雀

Periparus ater

鉴别特征 头部具黑色冠羽，头、喉及上胸黑色；颊和颈背部具白斑，翼具两道白斑；背灰色或橄榄灰色，腹部白色略带皮黄色。

形态特征 小型山雀，体长 100～120mm。额、头顶至后颈黑色具蓝色金属光泽，头顶具短羽冠；眼先黑色；颊、耳羽和颈侧白色；后颈中央具白色颈斑。背至尾上覆羽蓝灰色；背灰色或橄榄灰色，腰和尾上覆羽较浅，羽缘缀棕黄色。飞羽黑褐色，外翈羽缘浅蓝灰色，次级飞羽具白色羽端；中覆羽、大覆羽具棕白色羽端，形成两道明显的翼斑。尾羽黑褐色，羽缘浅蓝灰色。颏、喉和前胸黑色；前胸黑色沿颈侧延伸成黑带与后颈黑色相连；胸污白色，其余下体棕白色，腋羽和翅下覆羽白色。虹膜暗褐色；喙黑色；跗跖及趾铅黑色，爪黑褐色。

生 态 主要栖息于低山和山麓地带的次生阔叶林、阔叶林和针阔混交林及针叶林中。单独或成群活动，性活泼，常在树冠或低矮林木处觅食。主要以鳞翅目、鞘翅目、直翅目等昆虫成虫和幼虫为食。繁殖期 3—5 月，营巢于天然树洞中，有时也在土崖和石隙中营巢。窝卵数 8～10 枚，雌鸟孵化，孵化期 13～14 天。雏鸟晚成性，经 17～18 天可离巢。

地理分布 国内分布于东北、华北、西北及山东、安徽、江西、浙江、福建、湖北、贵州、云南、西藏、四川、台湾等地。国外广布于亚欧大陆。

居留型 留鸟。

黄腹山雀

Pardaliparus venustulus

鉴别特征 头和上背黑色，脸颊和后颈各具一白色块斑；翅上形成两道翅斑；颏至上胸黑色，下胸至尾下覆羽黄色。

形态特征 小型山雀，体长 100～110mm。雄鸟头部及胸黑色，颊及颈后白色，背部黑色，肩部蓝灰色；翼黑色，翅上覆羽黑褐色，中覆羽、大覆羽及三级飞羽末端具白色微沾黄的端斑，在翅上形成两道明显的翅斑；尾上覆羽和尾羽黑色，最外一对尾羽外翈基部白色，其余外侧尾羽外翈中部白色；颏、喉和上胸黑色微具蓝色金属光泽；下胸和腹鲜黄色，两胁黄绿色；尾下覆羽黄色，腋羽和翅下覆羽白色沾黄色。雌鸟体羽黑色被黄绿色取代，腹部黄色稍淡。虹膜褐色或深褐色；喙蓝黑色；跗跖及趾灰黑色。

生 态 主要栖息于海拔 2000m 以下的山地森林中，冬季多在低山和山脚平原地带的次生林、人工林和林缘疏林灌丛中活动。主要以直翅目、半翅目、鳞翅目、鞘翅目等昆虫为食，也吃植物果实和种子等植物性食物。繁殖期 4—6 月，营巢于天然树洞中，窝卵数 5～7 枚。

地理分布 我国特有种，常见于华南、东南、华中及华东部的落叶混交林，北可至河北。

居 留 型 留鸟。

保护等级 河北省重点保护陆生野生动物。

雀形目 PASSERIFORMES

山雀科 Paridae

英文名 Marsh Tit
别　名 呼呼伯、小仔伯、仔仔红、泥泽山雀

沼泽山雀

Poecile palustris

　　鉴别特征　头顶、喉黑色，头侧灰白色；上体偏褐色或橄榄色；腹部灰白色，中央无黑色纵带。

　　形态特征　小型山雀，体长 110~120mm。前额、头顶、后颈以及上背前部呈黑色；自喙基经颊、耳羽以至颈侧灰白色。飞羽灰褐色，外侧飞羽转为灰白色；覆羽灰褐色，覆羽外翈橄榄褐色。尾羽灰褐色，除中央一对外均具灰白色的羽缘。颏、喉黑色，下喉羽端微具白色；腋羽、翅下覆羽、胸、腹至尾下覆羽苍白色，胁沾灰棕色。虹膜暗褐色；喙黑色；跗跖及趾铅黑色，爪褐色。

　　生　　态　主要栖息于山地针叶林和针阔混交林中，也出没于阔叶林、次生林和人工林。主要以鞘翅目、鳞翅目、直翅目、膜翅目等昆虫成虫和幼虫为食，亦食蜘蛛等其他无脊椎动物和植物果实、种子及嫩芽。繁殖期为 4—6 月，雏鸟晚成性，雌雄亲鸟共同育雏。

　　地理分布　国内见于东北、华北、西北、西南以及山东、河南、湖北、安徽、江苏、上海等地。国外广布于亚欧大陆。

　　居　留　型　留鸟。

第五章　鸟纲

褐头山雀

Poecile montanus

雀形目 PASSERIFORMES

山雀科 Paridae

英文名　Willow Tit

别　名　山雀、吁吁蛔

鉴别特征　上体灰褐色，颊白色；颏和喉黑色，下体近白色，两胁皮黄色；无翼斑，黑色顶冠较大而少光泽。

形态特征　小型山雀，体长 80～120mm。额、头顶至后颈黑褐色，微缀栗色；眼先、颊、耳羽和颈侧白色。背、肩、腰和尾上覆羽灰褐色。飞羽灰褐色；初级飞羽外翈羽缘深灰色；次级飞羽外翈羽缘灰白色，先端白色；翅上覆羽暗褐色，外侧羽片具较宽的赭褐色羽缘。除中央一对尾羽外，其余尾羽外翈具灰白色羽缘，羽干黑褐色。颏、喉污黑色，胸、腹和尾下覆羽淡棕褐色，腹部中央色较淡，腋羽乳黄沾棕。其余下体白色；尾暗褐色。虹膜暗褐色；喙黑褐色；跗跖及趾铅褐色，爪角褐色。

生　态　主要栖息于针叶林或针阔叶混交林，也栖于阔叶林和人工针叶林。冬季有时到低山沟谷和山脚平原地带的次生阔叶林中。多成群活动，性情活泼。主要以鞘翅目、鳞翅目、直翅目、膜翅目等昆虫成虫和幼虫为食，也吃蜘蛛等其他无脊椎动物以及少量植物。繁殖期4—6月，巢多筑于天然树洞中和树裂隙中。窝卵数6～10枚，雌鸟孵化，孵化期12～16天。雏鸟晚成性，经15～16天可离巢。

地理分布　国内见于东北、华北、西北及四川、云南和西藏等地。国外广布于亚欧大陆北部。

居留型　留鸟。

雀形目 PASSERIFORMES

山雀科 Paridae

英文名 Cinereous Tit
别　名 白脸山雀、吇吇黑、山吇吇黑

大山雀

Parus cinereus

　　鉴别特征　　头黑色；颊部及颈背具白斑；翅具白色翼斑；自喉部纵贯胸腹中央有黑色条带；下体灰白色。

　　形态特征　　体长120～150mm的大型山雀。前额、眼先、头顶、枕和后颈上部辉蓝黑色，眼、颊、耳羽和颈侧白色。后颈上部黑色纵纹沿白斑向颈侧延伸，与颏、喉和前胸黑色相连。上背和肩黄绿色，在上背黄绿色和后颈的黑色之间有细窄的白色横带；下背至尾上覆羽蓝灰色，中央一对尾羽蓝灰色，最外侧一对尾羽白色。翅上覆羽、飞羽黑褐色，覆羽外翈具蓝灰色羽缘，大覆羽具宽阔的灰白色羽端，形成显著翼斑。下体白色，中部有黑色纵带，前端与前胸黑色相连，向后延伸至尾下覆羽。虹膜暗褐色；喙黑色；跗跖及趾灰褐色，爪角褐色。

　　生　态　　主要栖息于低山和山麓地带的次生阔叶林、阔叶林和针阔混交林中，也出入于人工林和针叶林，有时也到果园、道旁和地边的树丛、庭院中。主要以鳞翅目、鞘翅目、直翅目、膜翅目等昆虫成虫和幼虫为食，此外也吃少量植物。繁殖期4—8月，通常营巢于天然树洞中，也利用啄木鸟废弃的巢洞和人工巢箱，有时也在土崖和石隙中营巢。窝卵数6～9枚，雌鸟孵化，孵化期14天左右。雏鸟晚成性，雌雄亲鸟共同育雏。

　　地理分布　　国内分布于除西北部和海南之外的大部分地区。国外广布于亚洲东部。

　　居留型　　留鸟。

短趾百灵

Alaudala cheleensis

英文名 Asian Short-toed Lark
别　名 亚洲短趾百灵、小沙百灵、小云雀

鉴别特征　上体灰褐色，颊白色，颏和喉黑色；下体近白色，两胁皮黄色，无翼斑，黑色顶冠较大而少光泽。

形态特征　小型山雀，体长 80～120mm。额、头顶至后颈黑褐色微缀栗色；眼先、颊、耳羽和颈侧白色。背、肩、腰和尾上覆羽灰褐色。飞羽灰褐色；初级飞羽外翈羽缘深灰色；次级飞羽外翈羽缘灰白色，先端白色；翅上覆羽暗褐色，外侧羽片具较宽的赭褐色羽缘。尾暗褐色，除中央一对尾羽外，其余尾羽外翈具灰白色羽缘，羽干黑褐色。颏、喉污黑色，胸、腹和尾下覆羽淡棕褐色，腹部中央色较淡，腋羽乳黄沾棕色。其余下体白色。虹膜暗褐色；喙黑褐色；跗跖及趾铅褐色，爪角褐色。

生　态　主要栖息于针叶林或针阔混交林，也栖于阔叶林和人工针叶林。冬季有时到低山沟谷和山脚平原地带的次生阔叶林中。多成群活动，性情活泼。主要以鞘翅目、鳞翅目、直翅目、膜翅目等昆虫成虫和幼虫为食，也吃蜘蛛等其他无脊椎动物以及少量植物。繁殖期 4—6 月，巢多筑于天然树洞中和树裂隙中。窝卵数 6～10 枚，雌鸟孵化，孵化期 12～16 天。雏鸟晚成性，经 15～16 天可离巢。

地理分布　国内见于东北、华北、西北及四川、云南和西藏等地。国外广布于亚欧大陆北部。

居留型　留鸟。

雀形目 PASSERIFORMES

百灵科 Alaudidae

英文名　Crested Lark
别　名　凤头亚蓝、凤头阿鹨儿

凤头百灵

Galerida cristata

鉴别特征　具窄而长形的羽冠；上体沙褐色，羽干纹黑褐色；下体灰白色，胸部具黑色纵纹；尾覆羽皮黄色。

形态特征　体型略大，体长 160～190mm。头顶有一簇数枚长羽形成的冠羽，羽干纹黑褐色。眼先、颊、眉纹沙棕色；耳羽及颧纹棕褐色，稍沾棕白色。上体沙褐色，具黑褐色纵纹。翅上覆羽土褐色；飞羽暗褐色，外翈羽缘赭黄色，内翈基部具红棕色羽缘。尾羽暗褐色，羽缘棕色；中央一对尾羽土褐色，最外侧一对尾羽深棕色。下体灰白色，胸部具黑色纵纹；胁棕褐色；尾下覆羽沙黄色，具暗褐色细纹。虹膜暗褐色；喙铅黑色；跗跖后缘具盾状鳞，跗跖及趾黄褐色。

生　态　常栖息于半荒漠、沙漠边缘、干燥平原、旷野、耕地。除繁殖外，聚群活动。主要以草籽、浆果等植物果实和种子为食，也食甲虫、蝗虫等昆虫。繁殖期为 4—7 月，在荒漠草地上或种植植物的堤坎上的凹坑处筑巢。窝卵数 3～5 枚，孵化期 12～13 天。雏鸟晚成性，经 11 天后离巢。

地理分布　国内广泛分布。国外主要分布于欧洲至中东、中亚、非洲、朝鲜、蒙古国。

居留型　留鸟。

保护等级　河北省重点保护陆生野生动物。

云雀

Alauda arvensis

英文名　Eurasian Skylark

别　名　百灵、告天鸟、朝天柱

鉴别特征　羽冠短，眉纹棕白色；上体深砂棕色，具明显的黑色纵纹和红棕色羽缘；最外侧一对尾羽几乎为纯白色；下体棕白色，胸部密布黑褐色纵纹。

形态特征　体型中等，体长 150~190mm。羽冠短具有细纹，竖起时明显。眼先和眉纹棕白色，颧纹暗褐色；颊和耳羽淡棕色缀黑色细纹。上体沙棕色，具黑褐色羽干纹，羽缘红棕色。翅和尾褐色外缘浅棕色，最外侧一对尾羽近乎白色。下体棕白色，胸部淡棕色杂以黑褐色斑，胁具棕褐色纵纹，腹及尾下覆羽污白色。虹膜深褐色；喙角质色；跗跖及趾肉褐色。

生　态　栖息于草地、沙漠、干旱平原、丘陵的土坡、灌丛、泥沼及沼泽等地。繁殖期成对活动，其他时间多聚小群。以各种嫩叶、草籽、浆果以及昆虫等为食。繁殖期为4—7月，在地面凹坑处筑巢。窝卵数 3~5 枚，雌鸟孵卵，孵化期 11 天左右。雏鸟晚成性，经过 12~14 天可离巢。

地理分布　国内广泛分布。国外分布于欧洲、亚种和非洲东部、北部。

居 留 型　旅鸟。

保护等级　国家二级保护野生动物。

雀形目 PASSERIFORMES

百灵科 Alaudidae

英文名 Horned Lark
别　名 小白灵、角灵

角百灵

Eremophila alpestris

　　鉴别特征　头侧具一簇向后突出的黑色长羽冠；上体棕褐色至灰褐色；前额白色，后面有宽阔的黑斑。

　　形态特征　体长 180～200mm。前额、眉纹白色；眼先、颊、耳羽及喙基黑色；前额后部具黑色横带，有 2～3 枚黑色长羽形成的羽冠伸向头后。枕部至上背粉褐色；背、腰棕褐色，具暗褐色纵纹和沙褐色羽缘。翅褐色；尾上覆羽棕褐色；中央尾羽褐色具棕色羽缘，外侧尾羽黑褐色具白色羽缘；最外侧一对尾羽几乎纯白色。下体白色；胸部具黑色横带；胁稍具棕褐色纵条纹。虹膜褐色；喙铅灰色，上喙色较深；跗跖及趾黑色。

　　生　　态　主要栖息于高原草地、荒漠、戈壁、高山草甸等草原地区，冬季也出现在沿海、路边、农舍。杂食性，以昆虫和其他节肢动物为食，也吃一些植物的果实、浆果和种子。多数在 6 月开始繁殖，窝卵数 3～4 枚，孵化期为 10～14 天，雏鸟于 9～12 天离巢。

　　地理分布　国内主要分布于西北、东北、华北以及西南的大部分地区。国外主要分布于亚欧大陆及北美洲大陆等地区。

　　居 留 型　旅鸟。

　　保护等级　河北省重点保护陆生野生动物。

东方大苇莺

Acrocephalus orientalis

英文名　Oriental Reed Warbler

别　名　苇莺、苇串儿、麻喳喳、呱呱唧

鉴别特征　喙较粗短；眉纹皮黄色；背部橄榄棕褐色，第 1 枚初级飞羽不超过初级覆羽；下体乳黄色。

形态特征　体长 160～190mm。眼先深褐色，眉纹皮黄色，耳羽淡棕褐色。额部、头顶至背部暗橄榄褐色；腰部至尾上覆羽及尾羽棕褐色。飞羽深褐色，外翈羽缘淡棕褐色；翅上覆羽橄榄棕褐色；尾具棕白色羽端。颈、喉棕白色；下喉及前胸具棕褐色细羽干纹，向后转为乳黄色；胁沾橄榄褐色。虹膜暗褐色；上喙黑褐色，下喙基部黄褐色，先端茶褐色；跗跖及趾铅褐色，爪褐色。

生　态　栖息于山地、丘陵和山脚平原地带，常出没于水域附近的植物丛和芦苇丛。繁殖期间喜欢在巢附近的芦苇顶端或小树枝头高声鸣叫。主要以昆虫和其他无脊椎动物为食。繁殖期 5—7 月，通常营巢于水边或水域附近的灌丛、小柳树丛、芦苇或水草茎干上。窝卵数 3～6 枚，雌鸟孵化，孵化期 11～13 天。

地理分布　国内除西藏外，各地均有分布。国外分布于西伯利亚东南部、蒙自、朝鲜、日本、越冬于印度、缅甸、巴基斯坦、菲律宾、马来西亚、印度尼西亚和中南半岛。

居留型　夏候鸟。

雀形目 PASSERIFORMES

燕科 Hirundinidae

英文名　Barn Swallow
别　名　燕子、拙燕、观音燕

家燕

Hirundo rustica

鉴别特征　喙短而宽扁，基部宽大；翅狭长而尖；尾呈叉状；背面蓝黑色具金属光泽；颏、喉、上胸栗红色；腹部白色。

形态特征　体型中等，体长 150~190mm。眼先、颊、耳羽绒黑色。上体蓝黑色具有金属光泽。飞羽狭长，黑褐色，外翈羽缘沾蓝绿色光泽；尾羽黑褐色，微带灰亮；最外侧两枚尾羽延长；除中央一对尾羽外，内翈基部具白斑。前额、颏和喉及前胸栗红色，后胸有不整齐的黑色横带；腹部及尾下覆羽白色。虹膜暗褐色；喙黑褐色；跗跖及趾黑色，爪黑褐色。

生　态　常成对或成群活动。栖息于村舍屋顶、屋檐、电线以及附近的田野、河滩。常成群地在村庄以及附近农田上空飞行。主要以苍蝇、蚊、蟑虫等昆虫为食。繁殖期4—7月，在建筑物屋檐下筑巢，巢简陋，多呈簸箕状。1年繁殖2窝，窝卵数4~5枚。雌鸟孵化，孵化期14天。雏鸟晚成性，23天后离巢。

地理分布　国内分布广泛。国外在北半球繁殖，冬季南迁经非洲、亚洲、东南亚到达澳大利亚、新几内亚。

居留型　夏候鸟。

岩燕

Ptyonoprogne rupestris

英文名　Eurasian Crag Martin
别　名　石燕

鉴别特征　上体灰褐色；下体暗黑色；尾羽除中央 1 对及最外侧 1 对外均具白斑。

形态特征　体型略小，体长 130～170mm。上体灰褐色，头顶稍暗。中央一对尾羽灰褐色，其余尾羽黑褐色；除中央尾羽和最外侧尾羽外，内翈中部具大型的椭圆状白斑。飞羽和翅上覆羽黑褐色，羽缘灰褐色。颏、喉灰白色，微沾棕褐色，缀稀疏的淡褐色斑点；胸部灰白色；腹部土棕色；胁及尾下覆羽灰白色；翅下覆羽黄棕色；腋羽浅灰褐色。虹膜暗褐色；喙黑褐色；跗跖及趾棕褐色，爪黑褐色。

生　态　栖息于山区河流附近的山谷或岩崖峭壁上。善飞翔，白昼多数时间在空中盘旋，不停地发出"啾、啾"的鸣声。主要以金龟子、蚁、蚊、甲虫等昆虫为食。繁殖期为 5—7 月，营巢于水域附近的岩崖上或崖壁缝隙中。窝卵数 3～5 枚。

地理分布　国内分布于北部、中部、西部以及西南地区。国外分布在南亚和南欧的大部分地区，北非和印度也有分布。

居 留 型　夏候鸟。

雀形目 PASSERIFORMES

燕科 Hirundinidae

英文名　Common House Martin
别　名　白腹毛脚燕、石燕、白腰燕

毛脚燕

Delichon urbicum

鉴别特征　上体蓝黑色具金属光泽；下体白色；尾叉形；跗跖及趾全部被羽，爪黄色。

形态特征　体型较小，体长130～150mm。眼先、额基绒黑色，眼下及耳羽上部黑色，耳羽具蓝黑金属光泽。自额至背黑色，闪蓝黑金属光泽；后颈、肩和上背基部白色；下背、腰、尾上覆羽白色，具纤细的黑色羽干纹。翅及尾羽黑色，翅内翈羽缘和先端色浅。下体污白色，尾下覆羽较长，具黑色羽干纹。虹膜黑褐色；喙黑色；跗跖及趾被羽，爪黄色。

生　态　常成群活动。栖息于森林、山地、草坡、河谷以及居民区，尤喜近水的岩崖附近。活动灵敏，擅飞行。以蚊、蝇、椿象等昆虫为食。繁殖期6—7月，营巢于悬崖石缝、岩洞、岩壁凹陷等处，喜营群巢。窝卵数4～6枚，雌雄亲鸟轮孵，孵化期15天左右。雏鸟晚成性，经20～23天可离巢。

地理分布　国内广泛分布。国外主要分布于欧亚大陆、印度、尼泊尔、非洲以及巴基斯坦东北部。

居留型　夏候鸟。

金腰燕

Cecropis daurica

雀形目 PASSERIFORMES

燕科 Hirundinidae

英文名 Red-rumped Swallow

别 名 赤腰燕、巧燕、黄腰燕、花燕儿、红腰家燕

鉴别特征 腰部具1条黄栗色横斑；颊部棕色；上体深蓝色；下体白色而多具黑色细纹；尾长而分叉较深。

形态特征 体型中等，体长160～200mm。眼先棕灰色，羽端黑色；耳羽暗棕色，羽干纹黑褐色；眼先上方至颈侧栗黄色。颊、喉部较粗，向后渐细而疏。上体大多呈金属蓝黑色，头后稍杂栗黄色。腰部黄栗色，羽干纹黑色。翅上小覆羽、中覆羽蓝黑色，其余覆羽黑褐色，内翈羽缘略淡，外翈羽缘闪金属光泽。尾羽黑褐色，除最外侧一对外，其他外翈稍染金属光泽。下体棕白色，略沾棕色，羽干纹黑色。尾下覆羽的羽端为灰蓝黑色。虹膜深褐色；喙黑褐色；跗跖及趾黑色，爪黑褐色。

生 态 栖息在海拔低的丘陵或平原的居民区附近。常集小群活动，飞行速度快且灵活，有时与家燕混在一起。主要以鞘翅目、鳞翅目、膜翅目等昆虫为食。繁殖期为4—9月，多在山区村庄筑巢。巢多位于屋内，呈曲颈瓶状。窝卵数4～6枚，雌雄亲鸟轮孵，孵化期17天左右。雏鸟晚成性，26天左右可离巢。

地理分布 国内广泛分布。国外主要分布于欧亚大陆、非洲、印度以及东南亚。

居留型 夏候鸟。

雀形目 PASSERIFORMES

鹎科 Pycnonotidae

英文名　Light-vented Bulbul

别　名　白头翁、白头婆

白头鹎

Pycnonotus sinensis

鉴别特征　头顶黑色，具从眼后延伸至颈背的白色宽纹，形成白色枕环；体色大体为橄榄绿色。

形态特征　小型鸟类，体长170～220mm。额至头顶黑色而具光泽，头顶两侧自眼后至后枕白色，形成枕环。额、喉白色。颊、耳羽、颧纹黑褐色，耳羽后具白色或灰白色斑。上体橄榄灰色具黄绿色羽缘，尾和翅暗褐色具黄绿色羽缘。胸部灰褐色，下体其余部分灰白色，羽缘黄绿色。虹膜褐色；喙黑褐色；跗跖、趾及爪黑色。

生　态　常成群活动。多在山区、丘陵或平原的树林及灌丛、公园、阔叶林中栖息。集群在树上鸣叫。杂食性鸟类，秋冬两季主要以果树的果实、种子以及嫩芽、嫩叶为食，春夏两季主要取食昆虫。繁殖期为3—8月，营巢于灌木或阔叶、针叶林中。窝卵数通常3～5枚。

地理分布　国内除黑龙江、吉林、新疆、西藏外，均有分布。国外分布于朝鲜、韩国、日本、越南及泰国。

居留型　夏候鸟。

保护等级　河北省重点保护陆生野生动物。

褐柳莺

Phylloscopus fuscatus

柳莺科 Phylloscopidae

英文名　Dusky Warbler
别　名　柳串儿、褐色柳莺

鉴别特征　眉纹白黄相接；无翼斑；翅和尾暗褐色；上体几乎纯橄榄褐色；下体近白色。

形态特征　体长110～120mm。眉纹棕白色，贯眼纹黑褐色，颊和耳羽褐色。上体几乎纯橄榄褐色；翅暗褐色，无翼斑；外翈羽缘橄榄色。尾暗褐色。颏、喉白色，胸呈淡棕褐色，腹白色微沾皮黄色或灰色，胁棕褐色。翅下覆羽、腋羽和尾下覆羽棕白色。虹膜黑褐色；喙纤细，上喙深褐色，下喙偏黄色；跗跖较细，跗跖、趾及爪褐色。

生　　态　通常在低山阔叶林、稀疏而开阔的林缘、灌丛与草丛中活动，也见于农田、果园、村落旁的小块儿丛林。主要以昆虫及其他无脊椎动物为食。繁殖期为5—7月，营巢于林下、林缘或灌木丛中。每窝产卵4～6枚，卵为白色。

地理分布　国内分布于东北、中北部及青海南部、西藏东部、四川西北部，越冬在云南及西藏东南部、海南岛及台湾。国外繁殖于俄罗斯、蒙古国、朝鲜等地，越冬于印度、泰国、缅甸等地。

居 留 型　夏候鸟。

雀形目 PASSERIFORMES
柳莺科 Phylloscopidae

英文名 Yellow-streaked Warbler
别　名 柳串儿

棕眉柳莺
Phylloscopus armandii

鉴别特征　上体为沾绿的橄榄褐色；眉纹棕白色；贯眼纹暗褐色，自眼先伸至耳羽，飞羽和尾羽黑褐色；下体近白色，有绿黄色细纹。

形态特征　体长 110~130mm。眉纹棕白色；贯眼纹暗褐色，自眼先经眼向后延伸至耳羽；颊与耳羽棕褐色，颈侧黄褐色。头顶、颈、背、腰和尾上覆羽橄榄褐色，微沾绿色；额羽松散沾棕色；腰部缀绿黄色。飞羽和尾羽黑褐色，无翼斑，外翈羽缘橄榄褐色。下体近白色，微具绿黄色纵纹；胁稍沾橄榄褐色；尾下覆羽和腋羽皮黄色。虹膜暗褐色；喙褐色，基部黄褐色；跗跖及趾灰褐色或铅褐色。

生　态　栖息于中低山和山脚平原地带的针叶林、杨桦林以及溪流旁的灌丛中。主要以鞘翅目、鳞翅目、直翅目等昆虫成虫和幼虫为食，也吃其他无脊椎动物。繁殖期5—6月，营巢于林地矮树、灌木、草丛中。每窝产卵5枚左右，卵为白色。

地理分布　国内分布于辽宁、河北、山东及中东部至宁夏、湖北、四川、云南、贵州、青海东部、西藏东部。国外偶见于缅甸、老挝、泰国。

居留型　夏候鸟。

云南柳莺

Phylloscopus yunnanensis

鉴别特征　上体为偏黄的橄榄绿色；冠纹略宽橄榄灰色；眉纹较长淡黄色或白色；翅具一道明显和一道不清晰的翼斑；腰淡黄色；下体呈白色或黄白色。

形态特征　体长 80~100mm。头顶橄榄灰褐色，冠纹橄榄灰色，自前额向后延伸到枕部；眼下和眼周淡黄白色。眉纹淡黄色或白色，于眼后上方逐渐变宽。上体为偏黄的橄榄绿色。腰淡黄色。飞羽暗褐色，外翈羽缘灰橄榄色，内翈羽缘淡白色；中覆羽暗褐色，外侧 4 枚尖端淡橄榄灰色，形成不明显的翼斑；大覆羽暗褐色具灰橄榄色羽缘，外翈尖端淡黄白色形成明显翼斑。尾羽暗褐色，下体白色或黄白色。虹膜暗褐色；上喙黑色，下喙黄褐色；跗跖及趾褐色或灰褐色。

生　态　主要栖息于山地森林中，尤其是针叶林占优势的针阔混交林和混杂有一些高大松树的低矮次生阔叶林中较多。主要以鞘翅目、鳞翅目、直翅目等昆虫成虫和幼虫为食，也吃其他无脊椎动物。繁殖期为 5—7 月，窝卵数 4~6 枚，雌鸟孵化，孵化期 11~12 天。雏鸟晚成性，13 天左右可离巢。

地理分布　国内繁殖于中北部及中部地区，越冬于云南。国外分布于泰国、缅甸、越南等东南亚地区。

居留型　夏候鸟。

雀形目 PASSERIFORMES

柳莺科 Phylloscopidae

英文名 Palla's Leaf-warbler
别 名 柳串儿、树串儿、淡黄腰柳莺、
柠檬柳莺

黄腰柳莺

Phylloscopus proregulus

鉴别特征 头部具淡黄色顶冠纹，上体橄榄绿色，腰黄色，翅具两道浅色翼斑。

形态特征 体长 80～100mm。上体橄榄绿色，头部较深，向后渐淡。额稍黄绿色；中央冠纹淡黄绿色；眉纹显著，前半段柠檬黄色，后半段淡黄白色，自喙基伸到头后部；贯眼纹暗褐色延长至枕侧。颊、耳羽暗绿与绿黄色相杂。翅上覆羽与飞羽黑褐色，飞羽外翈羽缘黄绿色；内侧飞羽缀棕白色羽端；大覆羽和中覆羽尖端淡黄绿色，形成两道明显的翼斑。腰黄色；尾羽黑褐色，外翈羽缘黄绿色，内翈棕白色。下体苍白色，胁、尾下覆羽稍沾黄绿色。虹膜暗褐色；喙黑褐色，下喙基部淡黄色；跗跖及趾淡褐色，爪褐色。

生 态 栖息于针叶林、针阔混交林和稀疏的阔叶林中。常单独或成对活动，性活泼、行动敏捷。主要以昆虫为食，其中以双翅目蝇类为主，其次为鞘翅目、鳞翅目、膜翅目等昆虫。繁殖期为 5—7 月，营巢于树上或置于针叶林中的地面，每窝产卵 4～6 枚。雌性孵卵，孵化期10～11 天。

地理分布 国内各地均有分布。国外广泛分布于亚洲北部。

居留型 夏候鸟。

第五章 鸟纲

黄眉柳莺

Phylloscopus inornatus

雀形目 PASSERIFORMES

柳莺科 Phylloscopidae

英文名 Yellow-browed Warbler

别　名 柳串儿、槐串儿、树串儿

鉴别特征　眉纹淡黄绿色；上体橄榄绿色；翅具两道浅黄绿色翼斑；下体白色微沾黄绿色。

形态特征　体长90~110mm。上体橄榄绿色，头部色泽较深，头顶中央黄绿色冠纹部不明显；眉纹淡黄绿色；贯眼纹暗褐色延至枕侧；颊、耳羽黄色与绿褐色混杂。飞羽和翅上覆羽黑褐色，飞羽外翈羽缘黄绿色，内侧飞羽外翈黄绿色羽缘宽阔；除最外侧几枚飞羽外，其余羽端缀白色；中覆羽和大覆羽尖端淡黄色，形成两道浅黄绿色翼斑。尾羽黑褐色，外翈羽缘橄榄绿色，内翈棕白色。下体白色，胸、胁、尾下覆羽稍沾绿黄色。虹膜暗褐色；喙黑灰色，下喙基部淡黄色；跗跖及趾黄褐色，爪褐色。

生　态　栖息于山地和平原地带的森林中，包括针叶林、针阔混交林、柳树丛和林缘灌丛，以及果园、田野、村落、庭院等处，单独或成小群活动。主要以树上枝叶间的昆虫为食，也食蜘蛛等小型无脊椎动物。繁殖期为5—8月，营巢于树上茂密的枝杈间，窝卵数5~6枚，雌鸟孵化，孵化期10~12天。雏鸟晚成性，13天左右可离巢。

地理分布　国内广泛分布。国外繁殖于亚洲北部的俄罗斯、朝鲜、蒙古国等地，在印度、不丹、缅甸、泰国北部、中南半岛、马来半岛等地越冬。

居留型　旅鸟。

雀形目 PASSERIFORMES

柳莺科 Phylloscopidae

英文名 Arctic Warbler
别　名 柳串儿、柳叶儿、绿豆雀

极北柳莺

Phylloscopus borealis

鉴别特征　上体灰橄榄绿色；眉纹黄白色，无顶冠纹；翼斑黄白色或无翼斑；下体白色沾黄色。

形态特征　体长 110~130mm。头部具明显狭长的黄白色眉纹，无顶冠纹，贯眼纹黑褐色延伸至枕部；颊和耳羽淡黄绿色和黑褐色相杂。上体额至尾上覆羽橄榄绿色，腰羽稍淡。飞羽黑褐色，外翈具黄绿色羽缘，内翈具狭窄白色羽缘；大覆羽具黄白色端斑，形成一道不明显翼斑或无翼斑；尾羽暗褐色，外翈具灰橄榄绿色羽缘，内翈具灰白色羽缘，外侧几对尾羽明显。下体白色或偏淡黄色。虹膜暗褐色；上喙黑褐色，下喙黄褐色，端部深色；跗跖及趾肉色，爪角褐色。

生　态　主要栖息于针叶林、针阔混交林、稀疏的阔叶林及其林缘的灌丛地带，在林冠层或森林中下层活动。繁殖期间常单独成对活动，迁徙季则多成群，较活泼。食物完全为动物性食物，主要以昆虫为食，如蛾类、蝉、椿象、叶甲、蟓甲等，也食蜘蛛等小型无脊椎动物，偶尔也吃幼嫩树茎、草籽。繁殖期 6—8 月。营巢于针叶林及针阔混交林的地面上，也在树桩和倒木上筑巢，窝卵数多为 5~6 枚。

地理分布　国内除青藏高原以外，其他地区广泛分布。国外分布于欧亚大陆。

居　留　型　旅鸟。

171

冠纹柳莺

Phylloscopus claudiae

鉴别特征　头部眉纹及中央冠纹淡黄色；上体橄榄绿色；翅具两道黄色翼斑；下体白染灰色。

形态特征　体长 100~120mm。头顶暗绿色；中央冠纹和眉纹淡黄色；贯眼纹暗褐色，自鼻孔穿过眼向后延伸至枕部；颊和耳羽淡黄色和暗褐色相混杂。上体橄榄绿色；飞羽和翼上覆羽黑褐色，中覆羽和大覆羽具黄绿色端斑，形成两道明显的翼斑；尾羽暗褐色，最外侧两对内翈外缘白色。下体白色，胸部稍具黄色条纹。虹膜暗褐色；上喙黑褐色，下喙粉褐色；跗跖及趾角黄色。

生　态　栖息于山地针叶林、针阔混交林、常绿阔叶林和林缘灌丛地带，秋冬季节下移到低山或山脚平原地带。除繁殖季节成对或单只活动外，多见小群或与其他柳莺混群活动。主要以鞘翅目、鳞翅目、膜翅目等昆虫成虫和幼虫为食，如金龟甲、瓢甲、金花甲、蟓甲、蚂蚁、蜂、蝇等。繁殖期 5—7 月，窝卵数 4~5 枚，孵卵以雌鸟为主。

地理分布　国内分布于河北、山西、陕西、甘肃、宁夏、贵州、西藏、重庆、四川、云南、福建、海南，越冬或迁徙期间见于云南、湖北、湖南、广西、广东和香港等地。国外繁殖于巴基斯坦北部、喜马拉雅山脉、缅甸和印度。

居留型　夏候鸟。

雀形目 PASSERIFORMES

柳莺科 Phylloscopidae

英文名　Radde's Warbler
别　名　厚嘴树莺、大眉草串儿

巨嘴柳莺

Phylloscopus schwarzi

鉴别特征　翅暗褐色，无翼斑；贯眼纹暗褐色，眉纹棕白色；上体橄榄褐色；喙较厚，在鼻孔处的厚度3mm以上。

形态特征　体长110~140mm。眉纹及眼圈棕白色；贯眼纹暗褐色伸至耳羽上方；颊、耳羽棕色与褐色混杂。上体橄榄褐色。翅无翼斑，内侧飞羽橄榄褐色，外侧覆羽和飞羽均暗褐色。腰部沾黄褐色。尾上覆羽转为棕褐色，尾羽暗褐色，羽缘棕褐色。颏、喉近白色。腹部黄白色。胸、胁、腋羽及尾下覆羽棕黄色。虹膜褐色；喙黑褐色，下喙基部黄褐色；跗跖及趾黄褐色，爪褐色。

生　态　多在阔叶林和针阔混交林林缘地带及沟谷、山坡的灌丛中活动。主要以鞘翅目、鳞翅目、同翅目、膜翅目等昆虫为食，也吃少部分植物的果实。繁殖期5—7月，营巢于林缘地带的灌木或草丛中。每窝产卵5枚，呈乳白色。雌鸟孵化，孵化期13~14天。

地理分布　繁殖于东北亚；越冬于中国南方、缅甸及印度。国内除宁夏、青海、西藏以外，各地均有分布。国外分布于东南亚、俄罗斯、芬兰、法国等地。

居留型　旅鸟。

远东树莺

Horornis canturians

　　鉴别特征　　上体棕褐色；具显著的黄白色眉纹；贯眼纹黑褐色；无翼斑及中央冠纹；下体棕白色。

　　形态特征　　体型较大，体长 170 ~ 190mm。眉纹显著呈黄白色，自眼先沿眼上方延伸至枕部；贯眼纹黑褐色，自喙基穿过眼至颈侧。上体大多棕褐色；飞羽暗棕褐色，外翈羽缘颜色较淡；腰部和尾上覆羽色泽较淡；尾羽红褐色。颏、喉、腹部污白色，胸、胁和尾下覆羽皮黄色。虹膜褐色；上喙褐色，下喙淡灰褐色；跗跖及趾肉红色，爪淡褐色。

　　生　　态　　栖息于 1500m 以下的稀疏的阔叶林和灌丛中，常单独和成对活动。性胆怯，雄鸟叫声悦耳动听。主要以鞘翅目、双翅目等昆虫成虫和幼虫为食。繁殖期 5—7 月，营巢于灌丛和高草丛地面。窝卵数 3 ~ 4 枚，孵化期 14 ~ 16 天。雏鸟晚成性。

　　地理分布　　国内繁殖于甘肃、陕西、河北、四川、河南、山西南部、湖北、安徽、江苏及浙江，越冬于长江以南的华南、东南及海南岛。国外繁殖于东亚，越冬至印度东北部、菲律宾等东南亚地区。

　　居留型　　夏候鸟。

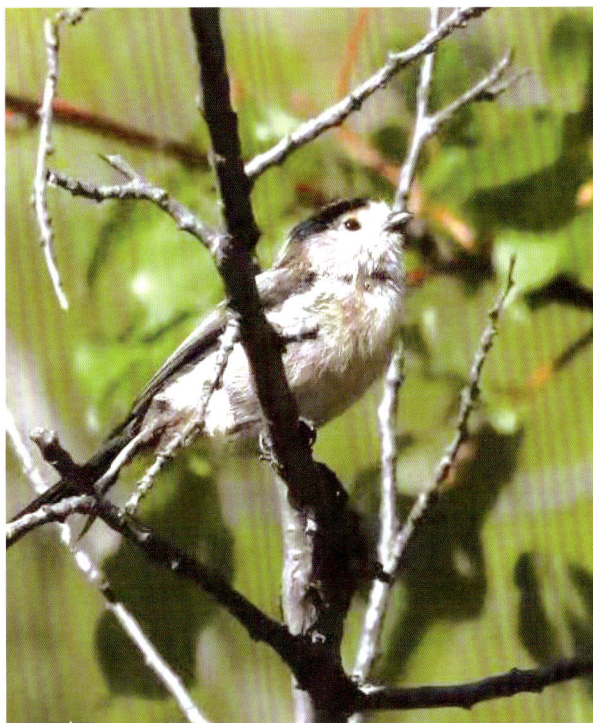

雀形目 PASSERIFORMES

长尾山雀科 Aegithalidae

英文名 Silver-throated Bushtit
别　名 洋红儿、十姐妹、银颏山雀、
　　　　长尾巴雀

银喉长尾山雀

Aegithalos glaucogularis

鉴别特征　头顶黑色，中央具黄白色纵纹；头侧和颈侧呈淡葡萄棕色；尾黑色；下体酒红色，喉部中央具暗灰色块斑；尾长超过头体长。

形态特征　体长约140mm。额、眼先、颊、耳羽、颈侧污白色，微缀酒红色。头顶至后枕黑色，头顶中央具黄白色纵纹；背、肩、腰灰蓝色，微缀酒红色；尾上覆羽和尾羽黑褐色，最外侧3对尾羽具楔形白斑；尾凸状，中央尾羽最长，依次递减。翅上覆羽和飞羽黑褐色，内侧飞羽具淡褐色羽缘。颈、喉污白色，喉部中央具暗灰色斑。下体白色，胸淡棕黄色；腹、胁及尾下覆羽沾淡葡萄红色。虹膜暗褐色；喙黑褐色，先端色淡；跗跖及趾铅黑色，爪淡褐色。

生　态　常见的森林鸟类，多栖息于山地针叶林或针阔混交林，冬季可迁至山脚、田野、平原。行动敏捷，成对或结小群活动。主要以落叶松鞘蛾、天蛾、尺蠖等昆虫为食，也捕食蜘蛛、蜗牛等其他无脊椎动物。繁殖期为4月下旬至5月中旬，窝卵数9~10枚，雌鸟孵化，孵化期13天。雏鸟晚成性，经过16天左右可离巢。

地理分布　国内见于东北、华北、西北及山东、江苏、安徽、浙江、湖北、湖南、河南、四川和云南等地。国外分布于亚欧大陆北部。

居留型　留鸟。

第五章　鸟纲

山鹛

Rhopophilus pekinensis

莺鹛科 Sylviidae

英文名 Chinese Hill Babbler
别　名 华北山莺、山莺、小背串、
　　　　北京山鹛、长尾巴狼

鉴别特征　上体沙褐色，有暗褐色纵纹；喉部、胸部和腹部为白色，胸侧、胁具栗色纵纹；尾较长。

形态特征　体长约 180mm。眼先和颊部黑色；耳羽浅沙褐色。前额、头顶、背至尾上覆羽沙褐色，具暗褐色纵纹。飞羽褐色，初级飞羽的外翈羽缘浅灰褐色；小翼羽外翈边缘浅土黄色；覆羽淡褐色。尾长，中央尾羽灰褐色，羽干纹黑褐色；外侧尾羽黑褐色，羽端和最外侧尾羽外翈羽缘灰白色。颏部沾黑色；喉部、胸部和腹部白色；胸侧、胁具栗褐色纵纹。尾下覆羽灰褐色。虹膜暗褐色；上喙角褐色，下喙浅黄色；跗跖及趾肉褐色，爪角褐色。

生　态　通常在山地、丘陵稀树灌丛、低矮树林及其林缘活动。性活跃，在树枝、灌丛间跳跃或作短距离飞行。主要以象甲、金龟子等昆虫成虫及幼虫为食，也吃部分植物的果实和种子。繁殖期 5—7 月，通常营巢于灌木或幼树的树杈上，窝卵数 4~5 枚。

地理分布　国内分布于东北、西北、华北地区。国外分布于韩国和朝鲜。
居留型　留鸟。
保护等级　河北省重点保护陆生野生动物。

雀形目 PASSERIFORMES

莺鹛科 Sylviidae

英文名 Vinous-throated Parrotbill
别 名 棕翅缘鸦雀、鸦雀

棕头鸦雀

Sinosuthora webbians

鉴别特征 小型鸟类；喙粗短；头和背部红棕色；上体后部棕褐色；喉部、胸部略带粉色；翅红棕色；尾暗褐色，较长呈凸尾状。

形态特征 体长 110~130mm。头部至上背红棕色，头侧、颈侧和肩羽颜色稍淡；下背至尾上覆羽橄榄褐色。尾较长，凸尾状，暗褐色。飞羽除第一枚外，外翈红棕色，内翈羽缘棕白色；翅上覆羽栗棕色沾褐色。颏、喉、胸部淡棕色。胸部稍沾玫瑰红色，并延伸到腹部，微具暗棕色细纹；腹部中央棕黄色；胁及尾下覆羽淡褐色。虹膜暗褐色；喙黑褐色，喙端黄褐色；跗跖及趾铅褐色，爪褐色。

生 态 通常栖息于山地阔叶林、针阔混交林、林缘及灌丛地带，冬季多到山脚、农田、旷野地带的幼树林、灌丛、草丛中活动。活泼好动，一般不做长距离飞行，在秋冬季常见到几十只的群体。主要以甲虫、椿象、鳞翅目等昆虫成虫及幼虫为食，也吃植物果实和种子。繁殖期 4—8 月，每年 1~3 窝，每窝产卵 4~5 枚。

地理分布 国内分布较广，遍布于东北、华北、东部沿海、长江以南、华南地区和西南地区。国外分布于俄罗斯远东、朝鲜、越南北部和缅甸东北部。

居 留 型 留鸟。

红胁绣眼鸟

Zosterops erythropleurus

英文名　Chestnut-flanked White-eye
别　名　褐色胁绣眼、红胁白目眶、
　　　　红胁粉眼、绣眼儿、白眼儿

鉴别特征　体型较小；眼圈白色；上体呈暗绿橄榄色；喉部黄绿色；胁栗红色。

形态特征　小型雀形目鸟类，体长 100~120mm。眼先黑色，眼周具一圈绒状白色短羽；眼下方具黑色细纹。额基、颊、耳羽、上体自头至尾上覆羽暗绿色；肩暗绿色。翅黑褐色，外翈多具暗绿色羽缘。尾羽暗褐色。颏、喉、颈侧和前胸鲜黄色；后胸和腹部中央乳白色；后胸两侧苍灰色；胁栗红色；腋羽黄白色；翅下覆羽白色；尾下覆羽鲜黄色。虹膜暗褐色；上喙褐色，下喙灰蓝色；跗跖和趾蓝褐色。

生　态　栖息于阔叶林、针阔混交林、针叶林等各种类型森林中，也活动于果园、林缘以及村寨和地边高大的树上。繁殖期以昆虫成虫及幼虫为食，主要包括鳞翅目、鞘翅目、半翅目、膜翅目、直翅目等，也吃蜘蛛、小螺等一些小型无脊椎动物；非繁殖期以植物果实和种子为食。繁殖期4—8月，窝卵数 4~5 枚。

地理分布　国内繁殖于东北、华北，越冬于南方地区，迁徙时经过东部和中部的大部分地区。国外分布于北至俄罗斯、东部至东南亚的大部分地区。

居留型　旅鸟。

保护等级　国家二级保护野生动物。

雀形目 PASSERIFORMES
绣眼鸟科 Zosteropidae

英文名 Japanese White-eye
别　名 日本绣眼鸟、绣眼儿、粉眼儿、白眼儿

暗绿绣眼鸟
Zosterops japonicus

　　鉴别特征　　体型较小；上体呈鲜亮橄榄绿色；眼圈白色；喉部黄绿色；胸及胁灰色；腹部白色。

　　形态特征　　小型雀形目鸟类，体长 90～120mm。眼先和眼下方黑色；眼周为白色绒状短羽；耳羽和颊黄绿色。上体橄榄绿色，头顶和尾上覆羽绿黄色。翅及外侧覆羽暗褐色；尾羽暗褐色，外侧羽缘草绿色。颏、喉和上胸柠檬黄色；下胸及胁苍灰色；腋羽淡黄白色；翅下覆羽白色；腹部中央近白色；尾下覆羽淡柠檬黄色。虹膜红褐色；喙黑色，下喙基部稍淡；跗跖及趾暗铅色。

　　生　态　　主要栖息于阔叶林和以阔叶树为主的针阔混交林及针叶林，也见于果园、林缘以及村寨和地边树林中。食性以昆虫为主，包括鳞翅目、鞘翅目、半翅目、膜翅目、直翅目等昆虫，也吃蜘蛛、小螺等一些小型无脊椎动物以及植物果实和种子。繁殖期 5—8 月，窝卵数 3～4 枚。

　　地理分布　　国内在华北至中部山区为夏候鸟，在华南及西南为留鸟，在海南为冬候鸟。国外分布于朝鲜、日本及东南亚各国。

　　居留型　　夏候鸟。

　　保护等级　　河北省重点保护陆生野生动物。

山噪鹛

Garrulax davidi

鉴别特征　喙先端稍向下弯曲；全身呈暗灰褐色；颏黑色。

形态特征　体长 220～270mm。上体包括翅和尾上覆羽暗灰褐色。头顶具暗色羽缘；眼先灰白色，羽端缀黑色；眉纹和耳羽淡褐色。颏黑色，喉、胸灰褐色，腹和尾下覆羽淡灰褐色。虹膜黑褐色；喙黄绿色，喙端褐色，先端稍向下弯曲；跗跖及趾暗灰色，爪角褐色。

生　态　主要栖息于山地灌丛和矮树林中，也见于山脚、路旁的灌丛。常成对或聚成小群活动，性机警、活跃，隐匿于灌丛中来回窜动。主要以昆虫为食，也吃植物果实和种子。繁殖期为 5—7 月，营巢于灌木丛中，窝卵数 3～5 枚。

地理分布　我国特有鸟类，分布于东北、华北及山东、陕西、河南、甘肃、宁夏、青海和四川等地。

居留型　留鸟。

保护等级　河北省重点保护陆生野生动物。

雀形目 PASSERIFORMES
旋木雀科 Certhiidae

英文名 Eurasian Treecreeper
别 名 爬树鸟、普通旋木雀

欧亚旋木雀
Certhia familiaris

鉴别特征 喙细长；头顶、后颈、背部及翼上覆羽棕褐色；眉纹灰白色；贯眼纹棕褐色；下体近白色。

形态特征 体长 120～140mm。眼先黑褐色；眉纹灰白色；贯眼纹棕褐色；颊部棕白色杂有暗褐色细纹；耳羽棕褐色。前额、头顶、后颈、背部棕褐色，具灰白色羽干纹；下背、腰、尾上覆羽棕红色。尾羽黑褐色，羽干及外翈羽缘淡棕色。飞羽及覆羽黑褐色，具棕白色羽端；内侧初级飞羽和次级飞羽中部具两道淡棕黄色带斑。下体白色，腹、胁、尾下覆羽沾灰色。虹膜呈深褐色；喙黑褐色，下喙灰白色；跗蹠及趾灰褐色。

生　态 栖息于阔叶林、针阔混交林和针叶林中。主要以昆虫、蜘蛛和其他节肢动物为食，冬天也食植物种子。繁殖期 4—6 月，营巢于枯木和老龄的针叶林、阔叶林中的树皮缝隙、裂隙、树洞中。窝卵数 4～6 枚，雌鸟孵化，孵化期 14～15 天。雏鸟晚成性，经 18 天可离巢。

地理分布 国内见于东北、华北至西南和西北的大多数地区。国外分布于欧亚大陆落叶林和针叶林地区。

居留型 留鸟。

普通鸭

Sitta europaea

鸭科 Sittidae

英文名 Eurasian Nuthatch

别　名 茶腹鸭、欧亚鸭、林鸭、
穿树皮、贴树皮

鉴别特征　头顶至上体蓝灰色；贯眼纹黑色；眼下方、喉及下体近白色；腹部淡皮黄色；胁略带红色。

形态特征　体长约 140mm。雄鸟贯眼纹黑色，自喙基沿眼后方及枕延伸至上肩部；眼下方、颈侧白色；额和贯眼纹上方稍显白色；上体蓝灰色；飞羽黑褐色，基部具白斑；中央尾羽石板灰蓝色，外侧两对尾羽黑色，具白色次端斑。颏、喉、上胸白色；下胸、腹污黄白色；胁栗色；尾下覆羽白色具栗色羽缘。雌鸟胁和尾下覆羽羽缘为淡栗色。虹膜褐色；喙蓝黑色，喙基和下喙蓝白色；跗跖及趾肉褐色。

生　　态　山林中常见的鸟类，主要栖息于森林，喜居高大的乔木、针阔混交林和阔叶林中，也出现于村落附近的树林、灌丛中。多单个或小群活动，性活泼，动作轻捷，善于沿树上下攀缘或螺旋形沿树干攀爬。食物以昆虫为主，其中包括金花虫、天牛、金龟子、叶蜂、螟蛾、蜜蜂、食蚜蝇、瓢虫等，也食一些其他无脊椎动物和植物种子、草籽等。繁殖期 4—6 月，营巢于树洞中，窝卵数 8～9 枚。雌鸟孵化，孵化期 17 天。雏鸟晚成性，经 18～19 天可离巢。

地理分布　国内见于东北及河北、山西、北京、陕西、甘肃、四川、新疆、西藏、台湾等地。国外分布于欧亚大陆、日本、地中海和非洲西北部，往南到达印度、缅甸、泰国和越南。

居留型　留鸟。

雀形目 PASSERIFORMES

鸦科 Sittidae

英文名 Chinese Nuthatch
别 名 松树儿、贴树皮、桦木炭儿

黑头鸦

Sitta villosa

鉴别特征 头顶雄鸟黑色、雌鸟黑褐色；眉纹近白色；贯眼纹黑色；上体石板灰蓝色；下体雄鸟灰棕色、雌鸟棕黄色。

形态特征 体长约120mm。雄鸟眉纹宽阔，近白色，从额基至头后；贯眼纹黑色延伸至枕部；耳羽、颊部白色；头顶至颈亮黑色。上体石板灰蓝色；飞羽暗褐色，翅上覆羽微缀灰蓝色。中央尾羽浅灰蓝色，外侧尾羽黑褐色具灰褐色羽端；最外侧2对尾羽外翈中部白色，内翈端部有窄白色缘。颏、喉白色；下体灰棕色，尾下覆羽棕黄色。雌鸟头顶黑褐色；上体较雄鸟淡；下体淡棕黄色。虹膜褐色；喙铅黑色，下喙基部石板色；跗跖及趾铅褐色。

生 态 生活于低山至亚高山的针叶林或混交林带。常成对或成家族群活动，有时单独或与其他鸟混群。沿着树干直线向上、向下攀缘，或沿树干作螺旋形攀爬。主要以昆虫为食，如鞘翅目、鳞翅目等。繁殖期4—7月，营巢于针叶林及针阔混交林的树洞中，窝卵数5~6枚，雌鸟孵化，孵化期15~17天。雏鸟晚成性，17~18天可离巢。

地理分布 国内分布于吉林、辽宁、河北、北京、山西、陕西、宁夏、甘肃等地。国外见于朝鲜、乌苏里流域及库页岛。

居 留 型 留鸟。

保护等级 河北省重点保护陆生野生动物。

红翅旋壁雀

Tichodroma muraria

鉴别特征　翅上具明显的烟红色斑纹；飞羽黑色，外侧羽端白色，外侧初级飞羽具两排白色点斑。

形态特征　体长 120~170mm，体重 17~19g。雄鸟眼周围微白色，眼先灰黑色；额、头顶至后枕灰色沾棕色，背、肩灰色，腰和尾下覆羽深灰色；翅上小覆羽、中覆羽胭红色，初级覆羽和外侧大覆羽外翈胭红色；飞羽黑色，羽端稍白色，除最外侧 3 枚飞羽外，其余外翈基部红色，第二枚至五枚初级飞羽内翈具两个白色圆斑，第六枚具一个圆形白斑；尾羽黑色，基部沾粉红色，中央尾羽具灰褐色端斑；颏、喉白色，其余下体深灰色，翅下覆羽灰黑色稍沾红色。雌鸟额、头顶和后颈深灰色；背、腰灰色微沾棕黄色；尾上覆羽深灰色。颊、颏、喉黑色，下体灰黑色。虹膜暗褐色；喙、跗跖及趾黑色。

生　态　栖息于山区多岩石的悬崖峭壁、岩壁和陡坡上，少见于平原。除繁殖期成对外，多单独活动。常沿岩壁活动、攀缘、觅食或短距离飞行，飞行呈波浪状。主要以鞘翅目、膜翅目等昆虫成虫和幼虫为食，也吃蜘蛛等其他无脊椎动物。繁殖期 4—7 月，营巢于崖缝中，每窝产卵 4~5 枚，孵卵由雌雄亲鸟共同承担，孵化期 20 天。

地理分布　国内分布于新疆、西藏、青海、甘肃、宁夏、内蒙古、四川、黑龙江、吉林、辽宁、河北、北京、河南、陕西、湖北、江西、安徽、江苏、云南、福建、广东等地。国外分布于欧洲、西南亚地区。

居留型　留鸟。

雀形目 PASSERIFORMES

鹪鹩科 Troglodytidae

英文名 Eurasian Wren
别　名 耗子雀、驴粪球

鹪鹩

Troglodytes troglodytes

鉴别特征　背羽栗褐色，具黑色横斑；腹棕白色，具显著的黑色横斑；尾短小，常向上翘起。

形态特征　小型鸟类，体长 90～110mm。眉纹黄白色不甚明显；颊有棕白色斑点；耳羽灰黑色。背部栗褐色具密集的黑色细横纹；腰和尾上覆羽棕红色具黑色横斑。翅上覆羽棕色具黑色横纹，肩夹杂有白色斑点；飞羽黑褐色，外侧数枚外翈具黑白相间的横斑。颏、喉、颈侧和胸部具烟棕褐色杂黑色斑点；腹棕白色具黑色横斑；尾下覆羽棕褐色杂以黑色横斑和白色端斑。虹膜暗褐色；喙黑褐色；跗跖及趾黑褐色，爪灰褐色。

生　态　栖息于阔叶林、针阔混交林、灌丛等阴暗潮湿的环境中。一般单独活动，胆小而活泼，常隐蔽在灌木丛中快速跳动。主要以膜翅目、直翅目、鞘翅目、鳞翅目、双翅目、半翅目等昆虫成虫和幼虫为食，也吃蜘蛛等其他无脊椎动物和植物性食物。繁殖期 5—7 月，营巢于树洞、岩洞、建筑物、岸边洞隙里。窝卵数 5～7 枚，雌鸟孵化，孵化期 13～14 天。雏鸟晚成性，16～17 天后离巢。

地理分布　国内分布于北方大部分地区，越冬区最南端到达广东和东南沿海地区。国外广泛分布于欧亚大陆、南美、北美及北非。

居留型　留鸟。

褐河乌

Cinclus pallasii

鉴别特征　通体黑褐色或咖啡黑色；眼圈白色，常被周围黑褐色羽遮盖；站立时尾多翘起。

形态特征　体型略大，体长 190～240mm。眼圈白色，常为周围的黑褐色羽毛所遮盖。身体几乎纯黑褐色或咖啡黑色。背和尾上覆羽具棕色羽缘。翅上覆羽深咖啡色，羽缘较淡；初级飞羽外翈具咖啡褐色狭缘；内翈基部淡灰褐色。尾较短，黑褐色；腹部中央和尾下覆羽浅黑色。虹膜褐色；喙黑色；跗跖、趾及爪黑褐色。

生　　态　山区水域鸟类，栖息于河谷、溪流地带。单独或成对活动，善于潜水。常站立在河边或水中的石头上，尾向上翘起，头和尾不停上下摆动，多紧贴水面沿溪飞行。主要以鞘翅目、鳞翅目、直翅目、鞘翅目、蜻蜓目等昆虫的成虫及幼虫为食，也吃虾、小型软体动物和小鱼等，偶尔取食一些植物的种子和叶子。繁殖期 4—6 月，营巢于河边石头缝、树根下，窝卵数 4～5 枚，雌鸟孵化，孵化期 14～15 天。雏鸟晚成性，22 天左右离巢。

地理分布　国内分布于天山西部、东北、华北、华东、华中、华南、西南以及台湾等广大地区。国外分布于俄罗斯、中亚、南亚及东亚、喜马拉雅山脉、印度北部。

居　留　型　留鸟。

雀形目 PASSERIFORMES

椋鸟科 Sturnidae

英文名 White-cheeked Starling
别　名 高粱头、竹雀、假画眉、哈拉燕

灰椋鸟

Spodiopsar cineraceus

鉴别特征　头黑色，头侧具白色斑块；体羽大多灰褐色；喙和脚橙红色。

形态特征　体长200~240mm。雄鸟额、头顶、头侧、后颈和颈侧黑色微具光泽，额和头顶前部杂有白色；眼先、眼周、颊和耳羽灰白色杂有黑色；肩、背、腰灰褐色；翅小翼羽、中覆羽、大覆羽和飞羽黑褐色，飞羽外翈具灰白色羽缘；尾上覆羽白色，中央尾羽灰褐色，外侧尾羽黑褐色，内翈先端白色；颏白色，喉、上胸灰黑色具不明显的灰白色矛状条纹；下胸、胁和腹部淡灰褐色；翅下覆羽白色，腋羽灰黑色杂有白色羽端；腹中部和尾下覆羽白色。雌鸟前额杂有白色，头顶至后颈黑褐色；颏、喉淡棕灰色，上胸黑褐色具棕褐色羽干纹。虹膜褐色；喙橙红色，尖端黑色；跗跖和趾橙黄色。

生　态　主要栖息于低山、丘陵和开阔平原地带的疏林草甸、河谷阔叶林，散生有老龄树的林缘灌丛和次生阔叶林，也见于农田、路边和居民点附近的小块树林中，除繁殖季节外，常聚成大群活动。主要以昆虫为食，也吃少量植物果实和种子。繁殖期5—7月，常在树洞中营巢。窝卵数5~7枚，雌鸟孵化为主，孵化期12~13天。雏鸟晚成性。

地理分布　国内见于黑龙江以南至辽宁、河北、内蒙古以及黄河流域一带，迁徙及越冬时普遍见于东部至华南广大地区。国外分布于西伯利亚、日本、越南北部及缅甸北部、菲律宾。

居留型　夏候鸟。

北椋鸟

Agropsar sturninus

椋鸟科 Sturnidae

英文名 Daurian Starling
别　名 燕八哥、小椋鸟

鉴别特征　雄鸟下背部紫黑色；翅黑绿色并具醒目的白色翼斑；颈背具黑色斑块。雌鸟上体烟灰色；颈背具褐色点斑；翼及尾黑色。

形态特征　体长 160～190mm。雄鸟头顶至上背暗灰色，枕部具紫黑色块斑。下背、腰、翅小覆羽、内侧肩羽紫黑色富有光泽；大覆羽和初级覆羽黑色具绿色光泽，中覆羽和大覆羽羽端棕白色；初级飞羽黑褐色；次级和三级飞羽金属绿色；三级飞羽具棕白色羽端；尾上覆羽棕白色；尾羽黑色，具金属光泽；尾下覆羽棕白色；头侧面、下体灰白色。雌鸟上体无紫色光泽，枕部无紫黑色斑块，翅无绿色光泽，体羽较暗淡，头顶浅灰色，上体土褐色，下体灰白色。虹膜暗褐色；喙黑褐色；跗跖及趾角褐色，爪黑褐色。

生　态　栖息于低山丘陵和平原地区的阔叶林、林缘疏林、灌丛、农田、草地、村镇等环境中。繁殖期间成对或单独活动，迁徙时常集成大群。主要以鞘翅目、直翅目、鳞翅目等昆虫为食，也吃植物果实和种子。繁殖期 5—6 月，营巢于树洞或废弃建筑物的洞穴中。窝卵数 4～6 枚，以雌鸟孵化为主，孵化期 12～13 天。

地理分布　国内分布于东北、华北及陕西、宁夏、甘肃、河南、山东、安徽、湖北、江苏、四川、云南、广东、香港、海南和台湾等地。国外分布于柬埔寨、印度、印度尼西亚、日本、朝鲜、韩国、老挝、马来西亚、蒙古国、缅甸、新加坡、泰国、越南。

居留型　夏候鸟。

保护等级　河北省重点保护陆生野生动物。

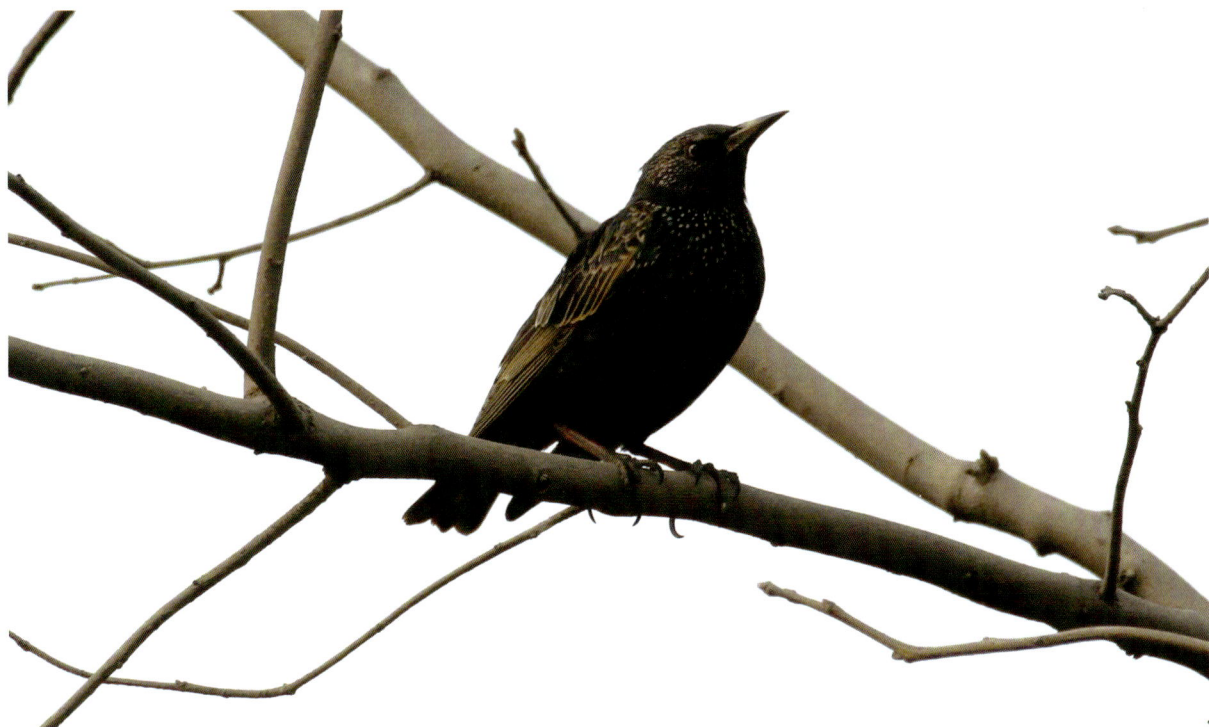

雀形目 PASSERIFORMES

椋鸟科 Sturnidae

英文名 Common Starling

别　名 亚洲椋鸟、欧洲椋鸟、黑斑

紫翅椋鸟

Sturnus vulgaris

鉴别特征　通体黑褐色，具紫色和绿色金属光泽，密布白色斑点；翅具棕褐色羽缘；喙黄色。

形态特征　体长 200~240mm。通体黑褐色，密布白色斑点。头部、喉及前颈部闪辉亮的铜绿色金属光泽；背、肩、腰及尾上覆羽为闪紫铜色金属光泽，具黄白色的羽端。翅上中覆羽、大覆羽飞羽黑褐色，具棕褐色羽缘。腹部为沾绿色的铜黑色。虹膜黑褐色；喙黄色；跗跖及趾肉红色，爪褐色。

生　态　栖息于低山、丘陵、平原等的树丛中，也见于村落附近的果园、耕地、开阔多树的村庄内。多聚小群活动，迁徙时集大群，或与其他椋鸟混群。杂食性，以昆虫和植物果实或种子为食。繁殖期 5—7 月，营巢于天然树洞、人工建筑缝隙或人工巢中，窝卵数 4~7 枚，雌雄亲鸟共同孵化，孵化期 12~13 天。雏鸟晚成性，经过 22~23 天可离巢。

地理分布　国内分布于东北、华北、西北及西藏、四川、山东、湖北、湖南、安徽、江苏、上海、浙江、福建、广东、广西、香港、台湾等地。国外分布于欧洲、北非，往东到中亚、西亚、贝加尔湖、蒙古国西部，往南到喜马拉雅山区。

居留型　旅鸟。

白眉地鸫

Geokichla sibirica

雀形目 PASSERIFORMES

鸫科 Turdidae

英文名 Siberian Thrush
别　名 白眉穿草鸡、地穿草鸡

鉴别特征 雄鸟呈蓝灰色，具有明显的白色眉纹，腹部白色。雌鸟背部呈橄榄褐色，额棕褐色，有褐色斑纹，下体皮黄白色，胸部和胁有褐色横斑。

形态特征 体长 210～240mm。雄鸟眉纹白色；耳羽黑褐色；上体深蓝灰色。飞羽黑褐色；翅上覆羽蓝灰色；尾羽具白色端斑，中央尾羽有不明显的蓝灰色横斑；外侧尾羽黑褐色；颏污黄色，喉、上胸暗灰色；下胸及腹侧白色具蓝褐色端斑；腹中部以后污白色。雌鸟眼先黑褐色；眉纹、颊和耳羽皮黄色；头顶至尾上覆羽橄榄褐色；飞羽黑褐色；尾黑褐色，有暗色横纹；外侧尾羽有白色端斑；颏、喉污白色略带皮黄色；喉下部、胸、颈侧皮黄色；腹部白色。虹膜暗褐色；喙黑色，下喙基部黄褐色；跗跖及趾橙黄色，爪褐色。

生　态 主要栖息于针叶林、阔叶林及针阔混交林中，以甲虫、金龟子等昆虫成虫和幼虫为食，也吃少量植物果实和种子。繁殖期5—7月，营巢于针叶林或针阔混交林中林下灌木较发达的河流沿岸树林中，每窝产卵4～5枚。

地理分布 国内繁殖于东北地区及河北北部，迁徙期经过东部沿海及四川、云贵高原。国外繁殖于西伯利亚、东到太平洋沿岸包括俄罗斯、蒙古国、日本，越冬于印度及东南亚各国。

居留型 旅鸟。

雀形目 PASSERIFORMES

鸫科 Turdidae

英文名 White's Thursh
别 名 虎斑山鸫、虎鸫、顿鸫、虎皮穿草鸡

虎斑地鸫

Zoothera aurea

鉴别特征 体型最大的鸫；上体橄榄赭褐色，满布黑色鳞状斑；次级飞羽具显著的白斑；除颏、喉和腹中部外，有黑色鳞状斑。

形态特征 体型较大，体长可达300mm。眼先棕白色，微具黑色端斑；眼周棕白色；耳羽后缘有黑色块斑；额至尾上覆羽橄榄赭褐色，具棕白色羽干纹、黑色端斑和棕黄色次端斑。飞羽黑褐色，次级飞羽内翈基部白色。中央尾羽橄榄褐色，外侧尾羽逐渐变为黑褐色，具白色端斑，向外侧逐渐扩大。颏、喉棕白色，微具黑色端斑；胸、上腹和胁白色，有黑色端斑和浅棕色次端斑；翅下覆羽黑色，羽端白色；腋羽黑色，羽基白色；下腹中央和尾下覆羽浅棕白色。虹膜暗褐色；喙褐色，下喙基部肉黄色；跗跖及趾肉色。

生 态 主要栖息于针叶林、阔叶林及针阔混交林中，尤以溪流、河谷旁的密林中常见。主要以昆虫等无脊椎动物为食，也吃植物的果实和种子。繁殖期为5—8月，每窝产卵4~5枚，雌鸟孵化，孵化期11~12天。雏鸟晚成性，12~13天后可离巢。

地理分布 国内分布于大部分地区。国外分布于西伯利亚至俄罗斯远东、朝鲜、日本、巴基斯坦至印度、东南亚各国至新几内亚和澳大利亚。

居 留 型 旅鸟。

乌鸫

Turdus mandarinus

雀形目 PASSERIFORMES

鸫科 Turdidae

英文名 Eurasian Blackbird
别 名 黑鸫、中国黑鸫、乌鸪

鉴别特征 中型鸟类；全身通体黑色；眼圈和喙周橙黄色；脚黑褐色。

形态特征 体长 260~280mm。眼圈橙黄色；上体包括翅和尾羽均黑色；下体稍淡黑褐色；颈缀棕色羽缘；喉沾棕色微具黑褐色纵纹。虹膜褐色；喙橙黄色或黄色；跗跖、趾及爪黑褐色。

生　态 主要栖息于次生林、阔叶林、针阔混交林和针叶林等各种不同类型的森林中，疏林、农田旁、公园、居民点附近也较常见。主要以昆虫成虫和幼虫为食，也吃植物果实和种子。繁殖期 3—8 月，营巢于村寨附近、房前屋后和田园中乔木主干分支处。窝卵数 5~6 枚，雌鸟孵卵，孵化期 14~15 天。雏鸟晚成性，14 天后可离巢。

地理分布 国内分布于西部、西南部、南部和东南部，近年来河北也能够见到。国外分布于欧洲、北非、中东、高加索、中亚和西南亚。

居留型 夏候鸟。

雀形目 PASSERIFORMES

鸫科 Turdidae

英文名 Eyebrowed Thrush
别 名 白眉穿草鸡、白眉白腹鸫

白眉鸫

Turdus obscurus

鉴别特征 雄鸟具有显著的白色眉纹，眼下部有白斑；头部和颈部呈灰褐色；胸部为橙黄色。雌鸟头部和上体为橄榄绿色；喉部白色，具褐色条纹。

形态特征 体长 190～230mm。雄鸟眼先为黑褐色；眉纹白色；眼下部有白斑；耳羽灰褐色具白色细羽干纹；头侧和颈侧灰色沾褐色；头顶和颈部灰褐色，上体呈橄榄褐色；飞羽和覆羽内翈黑褐色，外翈淡橄榄褐色；尾羽暗褐色；颏白色，喉基白色，羽端灰褐色有黑色斑点；胸和胁橙黄色，腹部白色；尾下覆羽白色，羽基边缘缀橄榄褐色。雌鸟头部和上体橄榄绿色，颏、喉白色具有褐色条纹，胸部和胁橙黄色，腋羽和翼下覆羽为浅橙黄色并沾有灰色。虹膜暗褐色；上喙褐色，下喙黄褐色；跗跖及趾雄性红褐色，雌性黄绿色，爪褐色。

生 态 主要栖息于针阔混交林、针叶林，也常见于人工林、阔叶林、果园和农田等地带。主要以昆虫成虫和幼虫为食，也吃植物的果实与种子。繁殖期 5—7 月，营巢于林下小树、高的灌木枝权上。每年繁殖 1 窝，每窝产卵 4～6 枚。

地理分布 国内除新疆、西藏外，各地均有分布。国外繁殖于俄罗斯西伯利亚、远东、朝鲜，越冬于日本、东南亚各国等地。

居留型 旅鸟。

白腹鸫

Turdus pallidus

鉴别特征　中等体型；头部灰褐色或深褐色；无眉纹；尾黑褐色，外侧尾羽具白色端斑；下体淡灰白色。

形态特征　体长 210~240mm。雄鸟眼缘污白色，眼先黑褐色；无眉纹；头部、颈侧、后颈灰褐色，背、肩、腰至尾上覆羽橄榄褐色；翅上覆羽赭石色，中覆羽具污白色端斑；初级飞羽灰褐色，外翈羽缘灰色；次级和三级飞羽外翈橄榄褐色，内翈黑褐色；尾暗橄榄褐色，外侧几对尾羽具宽阔的白色端斑；喉污白色具灰褐色细纹；喉侧、胸和胁灰色；腹中部至尾下覆羽污白色；尾下覆羽基部或羽缘呈橄榄灰褐色；腋羽和翅下覆羽灰色。雌鸟头为深褐色，喉白色，侧面微具灰色；尾羽、飞羽均褐色。虹膜褐色；上喙褐色，下喙黄色，喙端浅褐色；跗跖及趾黄色。

生　态　通常在低山森林的下层灌木间活动。主要以昆虫为食，也吃植物的果实与种子。繁殖期 5—7 月，营巢于溪流附近的混交林林下小树或灌木枝杈上，每窝产卵 4~6 枚，雌鸟孵化，孵化期 12~14 天。

地理分布　国内繁殖于东北地区，越冬于长江以南地区。国外繁殖于俄罗斯西伯利亚东南部、远东滨海、哈林岛和朝鲜，越冬于日本。

居 留 型　旅鸟。

雀形目 PASSERIFORMES
鸫科　Turdidae

英文名　Naumann's Thrush
别　名　红尾鸫、斑鸫、斑点鸫

红尾斑鸫

Turdus naumanni

　　鉴别特征　眉纹棕白色；上体灰褐色；颏、喉、胸和胁具栗色斑点；喉侧具黑色斑点；尾基部和外侧棕红色。

　　形态特征　中等体型，体长203~250mm。眼先黑色；眉纹宽大，棕白色；耳羽褐色。额、头部、枕部、颈部至尾上覆羽橄榄褐色；头至颈部具黑褐色羽干纹；上体具栗红色纵纹；尾上覆羽栗红色。翅黑褐色，大覆羽外翈羽缘棕白色，飞羽外翈羽缘棕白色。中央一对尾羽暗橄榄褐色，基部栗红色，外侧尾羽外翈黑褐色，内翈大都栗红色；最外侧一对几乎呈栗红色。下体部棕白色，颏、喉、胸和胁具栗红色斑点；喉侧具黑色斑点；腋羽和翼下覆羽棕栗色，具白色羽缘；腹部白色；尾下覆羽棕红色，羽端白色。虹膜暗褐色；喙黑褐色，下喙基部较淡；跗跖及趾浅褐色。

　　生　　态　主要栖息在针叶林和多树木的草原低地。以昆虫为主，包括蝗虫、金针虫、地老虎、玉米螟幼虫等，也进食部分浆果。繁殖期5—6月，营巢于树干水平枝杈、树桩和地上，偶尔也在悬崖边筑巢，窝卵数4~6枚，雌鸟孵化，孵化期为13~15天。

　　地理分布　国内在北方大多是旅鸟，在长江以南为冬候鸟。国外繁殖于西伯利亚中部和东部，往东到达太平洋海岸；迁徙或越冬于蒙古国、朝鲜、巴基斯坦、印度。

　　居 留 型　旅鸟。

斑鸫

Turdus eunomus

英文名 Dusky Thrush

别　名 红尾鸫、红尾穿草鸡、斑点鸫

鉴别特征　头、颈黑褐色；背部、腰部棕褐色；眉纹白色；翅黑褐色；下体白色；喉、颈侧、胸和胁具黑色斑点。

形态特征　体型中等，体长 200～240mm。眼下微白色，眼先和耳羽黑褐色；具有宽大的白色眉纹；额、头顶、后颈、枕黑褐色，微具灰白色羽缘；上背及肩部黑色，具棕栗色羽缘；下背和尾上覆羽为棕红色。飞羽及翅上覆羽黑褐色，多数飞羽缀棕栗色，形成明显的翼斑。尾羽黑褐色，羽基略沾棕栗色。颏、喉呈棕白色或淡皮黄色，喉、颈侧、胸和胁具黑褐色斑点。腹部白色，尾下覆羽棕褐色具有白色羽端。虹膜暗褐色；喙黑褐色，下喙基部较淡；跗跖及趾浅褐色。

生　态　栖息于疏林、林缘、灌丛以及农田、村镇等环境。集成小群活动。主要以昆虫为食，也吃植物的果实与种子。繁殖期 5—8 月。营巢于树干的水平枝杈上、树桩，每窝产卵 4～7 枚，雌鸟孵化，孵化期为 13～15 天。

地理分布　国内在北方大多是旅鸟，在长江以南为冬候鸟。国外繁殖于西伯利亚北部，往东到达堪察加半岛；迁徙时经过库页岛、朝鲜、日本、蒙古国，少数到达缅甸、印度、尼泊尔、巴基斯坦，偶尔到达西欧。

居留型　旅鸟。

雀形目 PASSERIFORMES

鹟科 Muscicapidae

英文名 Siberian Blue Robin

别 名 蓝靛干杠儿、蓝靛杠、蓝尾巴根子、青鸲

蓝歌鸲

Larvivora cyane

鉴别特征 小型鸟类；雄性背部为亮蓝色，腹部为白色；雌鸟背部为褐色，腰和尾上覆羽暗蓝色。

形态特征 体长 120~140mm。雄鸟眼先、头侧和颊部绒黑色；耳羽近黑色；颈侧、上体及内侧覆羽、飞羽深蓝色；颊后有一黑纹沿颈侧延伸至胸侧；外侧飞羽黑褐色；尾黑褐色，羽缘蓝色；下体颏、喉、胸至尾下覆羽纯白色。雌鸟眼周棕白色；上体橄榄褐色，腰和尾上覆羽缀蓝色；尾羽黑褐色，外翈多缀蓝色；颏、喉、上胸白色缀黄棕色；胸皮黄色，羽端稍褐色；胸侧面和胁褐色；腹白色。虹膜暗褐色；喙黑色；跗跖和趾肉色。

生 态 栖息于山地针叶林、针阔混交林、阔叶林、疏林灌丛及其林缘地带，特别是河谷沿岸和林中路旁森林较常见。地栖性，多在地面行走和跳跃。奔走时，尾上下抖动。主要以叶蜂、象鼻虫、金花虫、叩头虫、蚂蚁以及其他一些昆虫成虫和幼虫为食。5月初开始营巢，每窝产卵 5~6 枚，由雌鸟孵卵，雄鸟在巢附近警戒，孵化期 12~13 天。

地理分布 国内繁殖于内蒙古、东北地区，迁徙时经过中东部大部分地区，在浙江、福建、广东、香港一带越冬。国外分布于俄罗斯、中亚和东亚，越冬于东南亚，迁徙经过印度、尼泊尔等地。

居 留 型 旅鸟。

红喉歌鸲

Calliope calliope

鹟科 **Muscicapidae**

英文名 Siberian Rubythroat
别　名 红点颏、红脖雀、白点颏、红颏、红脖

鉴别特征　体羽大多纯橄榄褐色；雄鸟颏、喉赤红色；雌鸟颏、喉灰白色。

形态特征　体长约 160mm。雄鸟眼先、颊部黑色；眉纹和颧纹白色；体羽大多纯橄榄褐色，额和头顶色较暗沾棕褐；翅覆羽和飞羽暗棕褐色，外翈羽缘棕色；尾上覆羽褐色，稍显黄棕色；颏、喉赤红色，周围黑色；胸部至腹部颜色较浅，胸部沾灰色，腹部沾浅棕色，尾下覆羽白色。雌鸟颏、喉灰白色，具部明显的棕白色眉纹和颊纹；胸褐色。虹膜暗褐色；喙黑褐色，基部较淡；跗跖及趾角褐色。

生　态　主要栖息于丘陵和平原地带的树林中，喜欢在繁茂的草丛、芦苇丛间、沼泽地或靠近溪流等地跳跃，善于在地面快速奔跑。主要以昆虫为食，也吃植物的果实。鸣叫声婉转动听，还善于模仿一些昆虫的鸣叫声。繁殖期 5—7 月，多营巢于次生林的林缘或较密的灌丛的地上。每窝产卵 4~6 枚，雌鸟孵化，孵化期 14 天。雏鸟晚成性，大约经过 13 天离巢。

地理分布　国内繁殖于东北、河北北部、青海东北部至甘肃南部及四川，越冬于南方、台湾及海南岛。国外分布于西伯利亚，往东到达蒙古国、俄罗斯远东、朝鲜、日本；越冬于南亚和东南亚的印度、菲律宾等地。

居留型　旅鸟。

保护等级　国家二级保护野生动物。

雀形目 PASSERIFORMES

鹟科 Muscicapidae

英文名 White-bellied Redstart
别 名 短翅鸲

白腹短翅鸲

Luscinia phoneicuroides

鉴别特征 小型鸟类；雄鸟上体蓝色，翅灰黑色两块明显白色翼斑；雌鸟上体灰褐色，下体羽色较浅。

形态特征 体长 160~190mm。雄鸟额、头部至尾上覆羽暗铅灰蓝色；翅较短，黑褐色，具灰蓝色羽缘；小翼羽黑色具宽的白色端斑；中央尾羽蓝黑色，其余尾羽基部栗色、端部蓝黑色；颏、喉和胸暗铅灰蓝色；腹白色；胁灰蓝色，后部黄褐色；尾下覆羽灰褐色，羽端白色。雌鸟上体灰褐色；翅和尾暗褐色，羽缘淡棕色；腰、尾上覆羽和尾羽沾棕色；下体淡黄褐色；胁褐色；腹中部白色。虹膜暗褐色；喙黑色或黑褐色；跗跖及趾肉褐色。

生 态 栖息于山地森林和林缘灌丛，秋冬季节到沟谷松林、针阔混交林、常绿阔叶林及林缘灌丛中活动。主要以鞘翅目、鳞翅目等昆虫为食，秋冬季也食少量植物果实和种子。繁殖期6—8月，巢多营于灌木低枝上、高草丛和灌丛中，窝卵数2~4枚，雌鸟孵化，雏鸟晚成性。

地理分布 国内主要分布于华北、华中、西南与青海东部、甘肃南部及西部、宁夏、西藏东南部。国外分布于巴基斯坦、克什米尔、印度、尼泊尔、孟加拉国、老挝、越南等地。

居 留 型 留鸟。

蓝喉歌鸲

Luscinia svecica

雀形目 PASSERIFORMES

鹟科 Muscicapidae

英文名 Bluethroat

别 名 蓝点颏、蓝喉鸲、蓝脖子雀、蓝靛杠

鉴别特征 背面橄榄褐色，尾基栗红色；雄鸟颏、喉辉蓝色，中间具栗色斑；雌鸟颏、喉棕白色，胸部具黑褐色带斑。

形态特征 小型鸟类，体长 140~160mm。雄鸟眉纹皮黄色或黄白色，眼先黑褐色，颊和耳羽橄榄褐色；额、头顶、背部、肩、翅上覆羽橄榄褐色；腰淡棕色，尾上覆羽栗红色；飞羽暗褐色，羽缘较淡；尾羽基部栗红色，端部黑褐色；中央一对尾羽黑褐色；颏、喉灰蓝色，喉中部有一栗色圆斑，喉蓝色之后有黑色、白色、栗色胸带；其余下体白色，胁和尾下覆羽微沾棕色。雌鸟眉纹和颧纹白色；颏、喉部棕白色，喉和上胸两侧具黑褐色胸带，与侧面的纵带相接；其余下体污白色。虹膜暗褐色；喙黑色，基部角褐色；跗跖及趾肉褐色。

生 态 栖息于山地森林、灌丛、林缘疏林、溪流沿岸和草地等环境中。单独或成对活动，迁徙期间聚成小群。食物主要是昆虫成虫和幼虫，有时也食植物种子。繁殖期5—7月，营巢于灌丛中、地上凹坑内以及树根和河岸洞穴中，窝卵数 4~7 枚，雌鸟孵化，孵化期 14 天左右。雏鸟晚成性，经过 14~15 天可离巢。

地理分布 国内分布于大部分地区。国外分布于欧洲中北部，往东经中亚、西伯利亚到堪察加半岛，越冬于亚洲南部、非洲北部。

居 留 型 旅鸟。

保护等级 国家二级保护野生动物。

雌

雄

雀形目 PASSERIFORMES

鹟科 Muscicapidae

英文名 Orange-flanked Bluetail
别 名 蓝点冈子、蓝尾巴根子、蓝尾杰、
蓝尾欧鸲、青鹡

红胁蓝尾鸲

Tarsiger cyanurus

鉴别特征 雄鸟上体蓝灰色，眉纹白色，胁橙红色。雌鸟上体橄榄褐色，尾灰蓝色。

形态特征 小型鸟类，体长约 150mm。雄鸟眉纹白色微沾棕色；眼先和颊部黑褐色；耳羽暗灰色；额至下背以及翅内侧覆羽蓝灰色；翅其余覆羽褐色；飞羽暗褐色，内侧飞羽外翈具蓝色羽缘，外侧飞羽具棕褐色羽缘；中央尾羽黑褐色沾蓝色，外侧尾羽暗褐色，仅外翈稍沾蓝色；颏、喉和胸白色；胸侧蓝灰色；胁橙红色；腹至尾下覆羽白色。雌鸟额和眼先白色沾棕色；眼周微具淡棕色；上体及翅上覆羽橄榄褐色；尾上覆羽灰蓝色；胸部显橄榄褐色，胸侧无灰蓝色。虹膜褐色；喙黑色；跗跖和趾淡紫褐色，爪角褐色。

生 态 繁殖期间多见于海拔 1000m 以上的山地树林和灌丛中，其他季节见于低山丘陵和山脚平原地带。主要以昆虫为食，有时也吃植物的种子和果实。4月开始繁殖，窝卵数 5～6 枚，雌鸟孵化，孵化期 14～15 天。雏鸟晚成性，经 13 天左右离巢。

地理分布 国内繁殖于东北和西南地区，越冬期主要分布于长江流域和长江以南广大地区。国外分布于东欧，往东经西伯利亚远东地区到太平洋，南至喜马拉雅等地；越冬于泰国、中南半岛和印度。

居 留 型 旅鸟。

雌

雄

北红尾鸲

Phoenicurus auroreus

鹟科　Muscicapidae

英文名　Daurian Redstart
别　名　灰顶茶鸲、红尾溜、花红燕、
　　　　火燕、火红燕

　　鉴别特征　　雄鸟头至颈部灰白色；翅黑色，具有明显的白色翼斑；颏、喉、颈侧均黑色。雌性除尾羽棕黄色外，其余部分以灰褐色为主。

　　形态特征　　小型鸟类，体长约150mm。雄鸟头顶至后颈灰白色；额基、头侧、颈侧、颏、喉、上胸、背部黑色；翅上覆羽和飞羽黑褐色，次级飞羽和三级飞羽基部呈白色，形成明显的白色翼斑；腰、尾上覆羽和尾棕红色；中央一对尾羽和最外侧一对尾羽外翈黑色；胸、腹及尾部覆羽棕红色。雌鸟眼圈微白色；额、头、颈、背、肩橄榄褐色；腰、尾羽、尾上覆羽棕黄色，中央尾羽暗褐色；翅暗褐色具白斑；下体黄褐色，胸沾棕色，腹中部近白色。虹膜暗褐色；喙黑色；跗跖及趾黑色，爪黑褐色。

　　生　态　　主要栖息于山地、森林、河谷、灌丛以及田野、村镇。行动敏捷，喜欢在灌丛间来回跳跃。主要以昆虫成虫及幼虫为食。繁殖期4—7月，营巢于树洞、岩洞、树根下、土坎坑穴中。窝卵数6~7枚，雌鸟孵化，孵化期13天。雏鸟晚成性，经过14天左右可离巢。

　　地理分布　　国内广泛分布于各地。国外分布于印度、日本、韩国、朝鲜、老挝、蒙古国、缅甸、俄罗斯、泰国和越南。

　　居留型　　夏候鸟。

雌

雄

鹟科 Muscicapidae

英文名 Plumbeous Water Redstart
别　名 红尾溪鸲、蓝石青儿、溪红尾鸲、
　　　 石燕、铅色红尾鸲

红尾水鸲

Rhyacornis fuliginosa

　　鉴别特征　雄鸟整体呈蓝灰色，翅黑褐色，尾部橙红色。雌鸟通体褐色；翅黑褐色，具两道白色点状斑；尾覆羽白色。

　　形态特征　小型鸟类，体长约140mm。雄鸟额基、眼先呈黑色或蓝黑色；通体呈灰蓝色，头顶、颈部颜色较深；翅黑褐色；尾部红棕色，尾上覆羽和尾下覆羽栗色。雌鸟整体灰褐色，眼圈、眼先呈暗棕黄色；翅黑褐色，具棕黄色羽缘，次级覆羽具白色羽端，形成两排黄白色翼斑；尾覆羽白色；尾羽暗褐色，基部白色，向外侧黑褐色端逐渐减小，至最外侧一对尾羽几乎全为白色；下体白色，具淡灰色斑纹。虹膜褐色；喙黑色；雄鸟跗跖及趾黑色，雌鸟跗跖及趾暗褐色；爪黑色。

　　生　态　主要栖息于山谷溪涧、多石的林间或林缘地带的溪流沿岸，有时也见于平原河川或池塘堤岸间，常常站立在水边或水中的石头上。叫声清脆，边飞边叫。食物主要为昆虫，偶尔也吃植物的果实和种子。繁殖期3—7月，营巢于河流和溪流的岸边的土洞穴、树洞、岩石缝隙、土坎下凹陷处。窝卵数4~5枚，雌鸟孵化。

　　地理分布　国内分布于绝大部分地区。国外分布于阿富汗东部、巴基斯坦、克什米尔、尼泊尔、锡金、不丹、印度、孟加拉国、缅甸、越南、泰国等地。

　　居留型　留鸟。

第五章　鸟纲

203

紫啸鸫

Myophonus caeruleus

鹟科 Muscicapidae

英文名 Blue Whistling Thrush

别　名 乌精、鸣鸡

鉴别特征　中等体型。全身暗紫蓝色，羽末端具淡紫色滴状斑；翅上中覆羽具紫白色端斑，喙黑色。

形态特征　体长280～350mm。除额基和眼先黑色外，体羽均呈暗紫蓝色，羽末端具淡紫色滴状斑。翅黑褐色，翅上覆羽外翈深紫蓝色，内翈黑褐色；中覆羽具紫白色端斑；飞羽缀紫蓝色。尾羽内翈黑褐色，外翈暗紫蓝色。虹膜黑褐色；喙黑色；跗跖及趾黑色。

生　　态　通常在灌丛中活动，主要以昆虫为食，也吃少部分植物的果实和种子。繁殖期4—7月，营巢于溪边岩石或岩缝间，也在岩洞、树洞或建筑物上营巢。每窝产卵3～5枚。雌雄亲鸟轮孵，雏鸟晚成性，雌雄共同育雏。

地理分布　国内分布于华东、华南、华北和西南等地。国外分布于中亚、阿富汗、印度和东南亚。

居 留 型　夏候鸟。

河北小五台山 国家级自然保护区陆生脊椎动物

雌

雄

雄

雀形目 PASSERIFORMES

鹟科　Muscicapidae

英文名　Siberian Stonechat
别　名　野鹟、石栖鸟、谷尾鸟、黑喉鸲

黑喉石䳭

Saxicola maurus

　　鉴别特征　雄鸟头部和喉部黑色，颈及翅上具白斑。雌鸟褐色，喉部淡白色，翅上具白斑。
　　形态特征　体长约 140mm。雄鸟头部黑色，颈部有白斑；上体背黑褐色，腰部深灰色，尾上覆羽白色；飞羽和翅覆羽黑褐色，内侧覆羽及三级飞羽基部白色，形成明显的翼斑；尾羽黑色；颏、喉黑色，胸红棕色，至腹部颜色渐浅。雌鸟整体褐色；额基和眉纹淡棕褐色；头、颈、背及肩黑褐色，羽缘淡棕褐色；腰棕褐色，尾上覆羽白色；尾羽、翅黑褐色；翅覆羽羽端淡棕褐色，内侧覆羽及内侧飞羽的基部白色，形成翼斑；喉部近白色，胸浅栗色。虹膜深褐色；喙黑色；跗跖及趾黑色。
　　生　　态　栖息范围广，喜欢开阔的生境，常栖于田间灌丛、草地沼泽及农作物的梢端或电线上。以直翅目、鞘翅目、膜翅目等昆虫为食。繁殖期 4—7 月，营巢于土坎、岩坡石缝、土洞、树洞或地上凹坑，窝卵数 5~8 枚，雌鸟孵化，孵化期 12 天。雏鸟晚成性，经过 12~13 天可离巢。
　　地理分布　国内各地均有分布。国外广泛分布于欧洲、亚洲、非洲。
　　居留型　旅鸟。

穗鵖

Oenanthe oenanthe

鉴别特征 小型鸟类。雄鸟上体大多灰色，头侧黑色，眉纹白色。雌鸟上体灰褐色，头侧深棕色，眉纹皮黄色。

形态特征 小型鸟类，体长 140~160mm。雄鸟额基白色；眉纹白色，自额基沿眼上方延伸到枕侧。眼先、头侧、耳羽黑色；额、头顶至腰灰色；翅上覆羽和飞羽黑色；尾上覆羽和尾羽白色，尾羽羽端黑色；中央一对尾羽黑色，基部白色；下体白色；喉、胸微稍缀棕色；翅下覆羽黑褐色，羽缘白色。雌鸟眼先和头侧黑褐色；眉纹皮黄色；上体大多灰褐色；翅黑褐色具皮黄色羽缘；下体白色沾棕色；虹膜黑棕色，喙、跗跖、趾黑色。

生 态 栖息于干旱草原、荒漠和半荒漠地区，尤其喜欢有稀疏植物的、多砾石的开阔草原地带，也栖息于亚高山草甸草原和森林草原。常单独或成对活动。主要以昆虫为食，也吃少量植物果实与种子。繁殖期 5—8 月，营巢于草原洞中、悬崖岩石洞或岩石间，窝卵数 4~7 枚，雌鸟孵化，孵化期 14 天左右。雏鸟晚成性，经过 14~15 天可离巢。

地理分布 国内分布于内蒙古、河北西北部、山西北部、新疆北部等地。国外分布几乎遍及欧洲、非洲、亚洲北部和西南部以及北美东北部。

居留型 夏候鸟。

雀形目 PASSERIFORMES
鹟科 Muscicapidae

英文名 Pied Wheatear
别 名 黑喉白顶䳡、白朵朵、白头

白顶䳡

Oenanthe pleschanka

鉴别特征 雄鸟头顶至后颈白色，头侧、背、翅、颏和喉黑色，下体白色。雌鸟上体土褐色，腰和尾上覆羽白色，颏、喉黑褐色，胸皮黄色。

形态特征 小型鸟类，体长 140~170mm。雄鸟眼先、耳羽、头侧黑色；前额、头顶、枕、后颈白色；背、肩黑色；腰和尾上覆羽白色；尾白色具黑色端斑，中央一对和最外一对尾羽端斑较大；翅黑褐色；颏、喉和上胸黑色；腋羽黑色；翅下覆羽、下胸、腹和尾下覆羽白色。雌鸟颊棕白色；头顶至后颈灰褐色；背部土褐色；腰和尾上覆羽白色；翅暗褐色；颏、喉黑色，羽端浅灰棕褐色；胸皮黄色，其余下体淡葡萄酒色。虹膜暗褐色；喙、跗跖及趾黑色。

生 态 主要栖息于贫瘠而多砾石的荒漠和半荒漠地带以及村镇附近。主要以昆虫等无脊椎动物为食，也少量取食植物的果实和种子。繁殖期为每年5—7月，窝卵数4~6枚，雌雄亲鸟轮孵，雏鸟晚成性。

地理分布 国内分布于华北、西北及辽宁、河南、四川等地。国外繁殖于欧洲南部，往南到地中海，往东到中亚，一直到贝加尔湖南部；冬季前往阿拉伯半岛和非洲。

居 留 型 留鸟。

蓝矶鸫

Monticola solitarius

鉴别特征 雄鸟上体蓝灰色，喉部至上胸蓝色，下胸至尾下覆羽栗红色。雌鸟上体灰褐色；背部有黑褐色横斑；喉中部白色；下体棕白色，具有黑褐色鳞状斑。

形态特征 体长 200～300mm。雄鸟头部至尾上覆羽的整个上体以及颏、喉、上胸均呈辉亮的蓝灰色；下背至尾上覆羽具棕白色端斑和黑褐色次端斑；尾羽黑褐色，外翈羽缘蓝色；飞羽黑褐色，翅上小覆羽、中覆羽蓝色；其余覆羽黑褐色，端斑棕白色；下体胸部以下栗红色。雌鸟眼先、眼周及耳羽黑褐色，杂有棕白色纵纹；额到背部灰褐色，具黑褐色横斑；下背至尾上覆羽灰蓝色，具黑褐色次端斑；颏、喉浅棕色微具黑褐色羽缘，形成鳞状斑；喉中部白色；头侧、颈侧和其余下体棕白色，有黑褐色鳞状斑；腋羽、翅下覆羽、尾下覆羽淡棕色，具黑褐色斑纹。虹膜暗褐色；喙、跗跖、趾黑褐色。

生 态 栖息于山溪、湖泊等水域附近的岩石、山地以及多岩石的低山峡谷。主要以昆虫为食，以鞘翅目昆虫为主。繁殖期为每年的4月下旬，每窝产卵3～6枚，雌鸟孵化，孵化期12～13天。雏鸟晚成性，经过17～18天可离巢。

地理分布 国内大部分地区均有分布。国外分布于欧洲南部，从地中海往北到法国南部、瑞士、奥地利，往南到突尼斯，往东到达中亚天山和喜马拉雅山区。

居 留 型 留鸟。

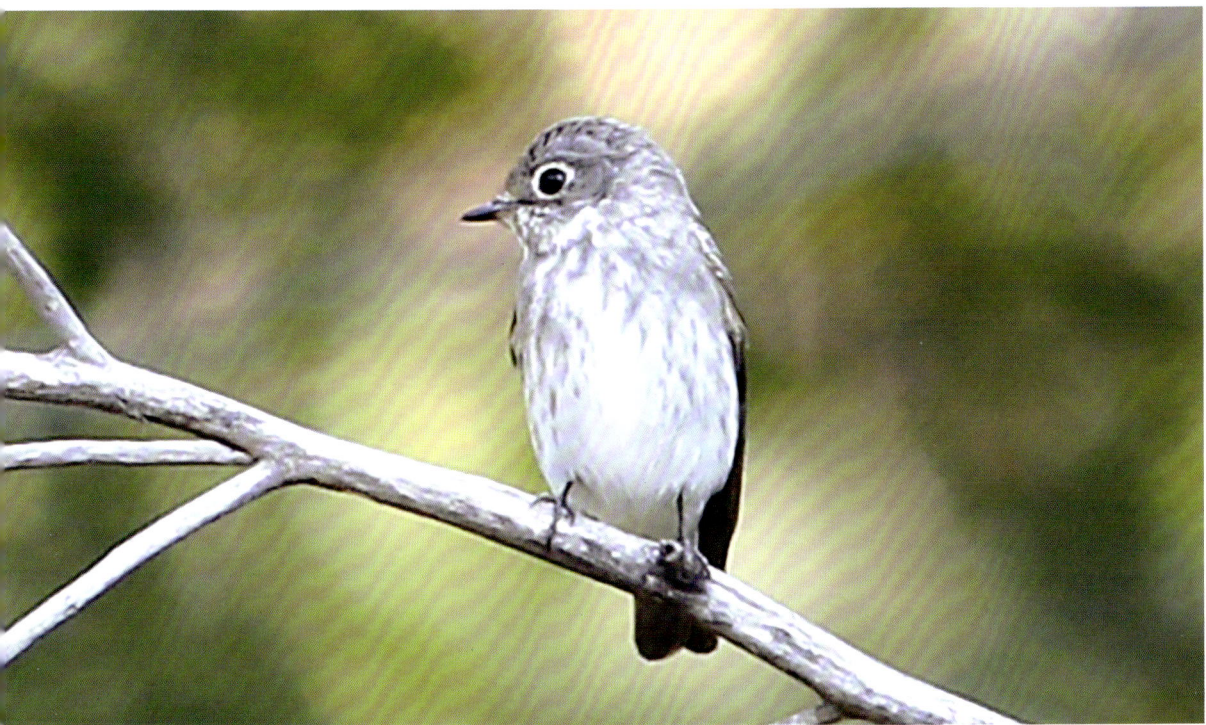

雀形目 PASSERIFORMES
鹟科　Muscicapidae

英文名　Grey-streaked Flycatcher
别　名　灰斑鹟、斑胸鹟

灰纹鹟
Muscicapa griseisticta

鉴别特征　眼圈白色；上体灰褐色；翅长几达尾端，具白色翼斑；胸、腹及两胁具灰褐色点斑或纵纹。

形态特征　小型鸟类，体长 130～150mm。额基和两侧白色，眼周白色，颊暗灰褐色，颧纹黑褐色。上体从头至尾灰褐色，头顶羽毛中央较暗，背部暗色羽轴纹不明显。翅和尾羽暗褐色，大覆羽羽端和三级飞羽羽缘淡棕白色，形成明显的翼斑。下体白色，胸、腹和两胁有灰褐色点斑或纵纹。虹膜暗褐色；喙黑色，下喙基部较淡；跗跖及趾黑褐色。

生　态　栖息于山区针叶林的树冠中下部侧枝间，在开阔森林的林缘、城市公园的溪流附近也有活动。主要以昆虫成虫及幼虫为食。6 月初产卵，窝卵数为 4～6 枚，雌鸟孵化。雏鸟晚成性，经过 15～16 天离巢。

地理分布　国内繁殖于内蒙古、黑龙江、吉林、辽宁，迁徙时经过东部大部分沿海地区。国外繁殖于东北亚，迁徙时经过我国沿海大部分地区，越冬于我国台湾、菲律宾、苏拉威西岛及新几内亚。

居 留 型　旅鸟。

乌鹟

Muscicapa sibirica

雀形目 PASSERIFORMES

鹟科 Muscicapidae

英文名 Dark-sided Flycatcher

别 名 斑鹟、西伯利亚鹟

鉴别特征 喉部白色，眼圈白色，下体白色，胸、肋部具有烟灰色杂斑。

形态特征 小型鸟类，体长 120～140mm。眼先灰白色，眼圈白色。头、颈及上体灰褐色，头部中央有暗灰褐色斑。飞羽黑褐色，初级飞羽内翈羽缘棕褐色；大覆羽和三级飞羽羽缘棕白色。尾羽黑褐色。颏、喉污白色，胸、肋和腹侧杂烟褐色纵纹。翅下覆羽和腋羽近棕白色，腹部和尾下覆羽白色。虹膜深褐色；喙黑褐色，下喙基部色较淡；跗跖、趾、爪黑色。

生 态 栖息于针叶林和针阔混交林，通常在树冠层活动。主要以昆虫成虫和幼虫为食，也吃少量的植物的种子。繁殖期 5—7 月，营巢于针叶林或针阔混交林，尤其喜在靠近水源的松树上营巢。窝卵数 4～5 枚，雌鸟孵化。雏鸟晚成性，经 14～15 天可离巢。

地理分布 国内分布于东北、华北、西北、西南华东以及广东、海南、香港、澳门、台湾等地。国外分布于阿富汗、孟加拉国、文莱、柬埔寨、印度、印度尼西亚、日本、哈萨克斯坦、朝鲜、韩国、老挝、马来西亚、缅甸、尼泊尔、巴基斯坦、菲律宾、俄罗斯、新加坡、泰国、越南。

居 留 型 旅鸟。

雀形目 PASSERIFORMES

鹟科 Muscicapidae

英文名 Asian Brown Flycatcher
别　名 小斑鹟、宽嘴鹟、灰鹟

北灰鹟

Muscicapa dauurica

鉴别特征　眼圈污白色，背部灰褐色，翅上有棕白色翼斑，下体白色。

形态特征　小型鸟类，体长 120～140mm。眼先和眼圈污白色；上体灰褐色，头顶中央沾灰黑色；尾羽和飞羽黑褐色；翅上大覆羽、三级飞羽外翈具棕白色羽端，形成明显的翼斑；下体白色；仅胸和胁灰褐色。虹膜暗褐色；喙黑褐色，下喙基部淡黄色；跗跖、趾、爪黑色。

生　态　栖息于针叶林、针阔混交林、阔叶林中，多在开阔的枝头活动。主要以昆虫成虫和幼虫为食，也食蜘蛛等小型无脊椎动物和植物性食物。繁殖期5—7月，通常营巢于森林中的乔木枝杈上，窝卵数 4～6 枚，孵化由雌鸟承担，孵化期 11～12 天。

地理分布　国内繁殖于东北，迁徙时经过中东部大部分地区，越冬于华南至香港、台湾。国外繁殖于俄罗斯、朝鲜、日本，越冬于印度、缅甸、泰国、菲律宾、印度尼西亚，也有部分繁殖于喜马拉雅地区。

居留型　旅鸟。

白眉姬鹟

Ficedula zanthopygia

鉴别特征　　雄鸟上体大多黑色，眉纹白色，腰鲜黄色，翅上具白斑，下体鲜黄色。雌鸟上体大部橄榄绿色，腰鲜黄色，翅上具白斑，下体淡黄绿色。

形态特征　　小型鸟类，体长 110~140mm。雄鸟上体包括头、颈、颈侧、背、尾上覆羽、尾、翅均为黑色；眉纹白色；腰鲜黄色；翅中覆羽和大覆羽白色；下体除尾下覆羽白色外，均为鲜黄色；颏、喉至腹部颜色渐淡。雌鸟眼先和眼周污白色；头顶至上背灰橄榄色，下背橄榄绿色；翅橄榄褐色；飞羽暗褐色，内侧中覆羽和大覆羽污白色或白色；尾上覆羽和尾黑色；颏、喉、胸白色具灰色羽缘；下胸、上腹和两胁橄榄灰黄色；下腹浅黄白色。虹膜暗褐色；喙黑色，下喙铅蓝色；跗跖及趾铅黑色。

生　态　　栖息于低山、丘陵和山脚地带的阔叶林和针阔混交林中。常单独或成对活动，多在树冠下层低枝处活动。食物主要为鞘翅目昆虫成虫和幼虫。繁殖期 5—7 月，营巢多利用天然树洞、啄木鸟废弃的巢洞、柴垛缝隙和人工巢。窝卵数 5~6 枚，雌鸟孵化为主，孵化期 13 天。雏鸟晚成性，经过 12~15 天可离巢。

地理分布　　国内分布于黑龙江、吉林、辽宁、河北、山西、山东、河南、安徽、江苏、江西、湖南、陕西、福建、四川、贵州、广东、广西、云南、海南等地。国外分布于俄罗斯、朝鲜、蒙古国、日本、马来西亚、印度尼西亚和苏门答腊等地。

居留型　　夏候鸟。

雀形目 PASSERIFORMES

鹟科 **Muscicapidae**

英文名 Green-backed Flycatcher

别　名 绿背黄眉儿

绿背姬鹟

Ficedula elisae

鉴别特征　雄鸟背部绿色，腰黄色，翅具白色翼斑，眉纹黄色，下体多为橘黄色。雌鸟上体橄榄灰色，尾棕色，下体浅褐沾黄色。

形态特征　小型鸟类，体长 120~140mm。雄鸟眼先、眼圈和眉纹柠檬黄色；颊和耳覆羽黄绿色；上体额至背、肩橄榄黄绿色；腰和尾上覆羽柠檬黄色；翅上覆羽黑褐色，羽缘灰色；中、大覆羽羽端污白色；飞羽黑褐色，初级飞羽和外侧次级飞羽外翈羽缘灰绿色，外侧三级飞羽外翈羽缘污白色；尾羽黑褐色；颏、喉至尾下覆羽柠檬黄色，胁缀橄榄绿色。雌鸟眼先、眼圈和眉纹灰白色；上体额至背橄榄灰绿色，腰和尾上覆羽暗绿黄色；下体淡黄白色；喉和胸侧具橄榄灰褐色鳞状斑；胸缀柠檬黄色；尾下覆羽污黄白色。虹膜暗褐色；喙黑色；跗跖及趾黑褐色。

生　　态　栖息于山地阔叶林、针阔混交林和林缘地带，多在树冠层枝叶间活动，在树的顶层及树间捕食昆虫，也飞到空中捕食飞行性昆虫。主要以鞘翅目、鳞翅目、直翅目、膜翅目等昆虫成虫和幼虫为食。繁殖期 5—7 月，营巢于天然和废弃树洞，有时也在缝隙和树枝堆中筑巢，窝卵数通常为 3~5 枚。

地理分布　国内见于华北及河南、陕西、宁夏、江西、上海、广东、广西等地。国外分布于马来西亚、泰国和越南。

居 留 型　夏候鸟。

鸲姬鹟

Ficedula mugimaki

鉴别特征 雄鸟上体灰黑色，眉纹白色，翅上具明显的白色翼斑，喉、胸及腹侧栗橙色。雌鸟上体褐色，无眉纹，翅上翼斑较小，下体似雄鸟但颜色淡。

形态特征 小型鸟类，体长 110~130mm。雄鸟眉纹白色，位于眼后上方；头至尾整个上体灰黑色；翅黑褐色，次级覆羽白色；尾黑褐色，外侧尾羽基部白色；颈、喉、胸和上腹亮栗橙色；下腹白色；腋羽和翅下覆羽黄色；胁黄橙色；尾下覆羽白色沾皮黄色。雌鸟眼先棕白色；上体橄榄褐色；翅上翼斑较小，尾羽无白色；下体较雄鸟色淡。虹膜暗褐色；喙黑色；跗跖及趾茶褐色。

生 态 栖息于山地森林和平原的小树林、林缘及林间空地。以鞘翅目、鳞翅目、直翅目、膜翅目等昆虫成虫和幼虫为食。繁殖期 5—7 月，通常营巢于针叶树紧靠主干的侧枝枝杈间，窝卵数 4~8 枚。

地理分布 国内繁殖于东北地区，迁徙经东部沿海大部分地区，越冬于广西、广东和海南。国外繁殖于亚洲北部，东到日本和朝鲜；冬季南迁至菲律宾、苏拉威西岛及大巽他群岛。

居 留 型 旅鸟。

雀形目 PASSERIFORMES

鹟科 Muscicapidae

英文名 Taiga Flycatcher
别 名 黄点颏、白点颏、红喉鹟

红喉姬鹟

Ficedula parva

鉴别特征 眼周棕白色；上体灰褐色；尾羽黑褐色，基部白色。雄鸟颏、喉橙黄色。雌鸟颏、喉白色。

形态特征 小型鸟类，体长 110~130mm。雄鸟眼周棕白色；眼先、耳羽灰褐色，稍杂棕白色细纹；额、头部至腰部灰褐色；尾上覆羽黑色；翅上覆羽和飞羽暗褐色，羽缘黄褐色；尾羽黑褐色，除中央一对外，基部白色；颏、喉橙黄色；胸、胁、腋羽灰棕色；腹中央、尾下覆羽白色。雌鸟颏、喉白色；胸部沾棕黄褐色。虹膜暗褐色；喙黑色，跗跖及趾黑褐色。

生 态 栖息于针叶林、针阔混交林、阔叶林以及灌丛中，在林缘疏林、次生林、庭院、农田附近林地常见。性活泼，常停留在树冠顶枝上，伺机捕捉昆虫，也可在地上取食。食物以鞘翅目、鳞翅目、双翅目昆虫成虫和幼虫为主。繁殖期5—7月，通常营巢于森林中沿河的老龄树洞或啄木鸟废弃的树洞，窝卵数多为5~6枚，卵为黄色或淡绿色。

地理分布 国内除西藏外，各地均有分布。国外分布于欧洲东部、亚洲中部等地。
居留型 旅鸟。

太平鸟

Bombycilla garrulus

鉴别特征 具羽冠；初级飞羽羽端外侧黄色，次级飞羽羽端具蜡样红色斑点，三级飞羽和外侧覆羽的羽端白色形成翼斑；尾羽羽端黄色。

形态特征 体长 160～210mm。头顶具有明显的羽冠，贯眼纹黑色从喙基经眼至枕部。全身灰褐色；初级飞羽黑褐色，外翈羽端黄色；次级飞羽棕褐色，羽干向外延伸突出形成蜡滴状红色斑；三级飞羽和外侧覆羽羽端白色。腰和尾上覆羽灰色；尾羽暗灰褐色，先端黄色。颏、喉黑色；翅下覆羽、腋羽灰白色；胸浅灰栗色或灰棕色；腹灰色，向后转为黄白色；尾下覆羽栗红色。虹膜暗红色；喙黑色，基部蓝灰色；跗跖、趾及爪黑色。

生 态 栖息于高大的针叶林、针阔混交林和阔叶林带，喜聚成大群活动于高大乔木的顶端。杂食性，以植物性食物为主，喜取食各种植物的种子和果实，繁殖期以取食昆虫为主。繁殖期 5—7 月，窝卵数 4～7 枚，雌鸟孵化，孵化期 14 天。

地理分布 国内分布于黑龙江、辽宁、吉林、内蒙古、河北、山东、河南、江苏等地，偶见于甘肃、新疆、四川、福建、香港。国外广布于欧亚大陆北部以及北美洲西北部，越冬南迁。

居留型 旅鸟。

保护等级 河北省重点保护陆生野生动物。

河北小五台山 国家级自然保护区陆生脊椎动物

雀形目 PASSERIFORMES
太平鸟科 Bombycillidae

英文名 Japanese Waxwing
别 名 十二红、绯连雀、朱连雀

小太平鸟
Bombycilla japonica

　　鉴别特征　具羽冠；黑色贯眼纹绕过羽冠延伸至头后；次级飞羽端部无蜡样附着，羽尖绯红；颏、喉黑色；尾端红色。

　　形态特征　体长 160~200m。头侧和头顶栗褐色，头顶具簇状羽冠；贯眼纹黑色，延伸至头后形成黑色带斑；颊淡栗色，耳羽和颈葡萄灰色，眼下方、下喙基部有白斑。背和肩葡萄灰褐色。初级飞羽黑褐色，外翈羽缘蓝灰色，3~8 枚外翈具白色点状端斑，内翈羽缘浅棕色；次级飞羽灰褐色，外翈羽缘蓝灰色，具红色点状端斑，内翈棕黑色；翼上覆羽灰褐色，大覆羽灰棕色，外翈先端红色，相互连接成红色带斑。腰和尾上覆羽淡灰褐色；尾羽灰褐色，具黑色次端斑和红色端斑。颏、喉黑色；胸棕灰色；腹灰白色缀有黄绿色，胁淡栗灰色。尾下覆羽淡栗红色，羽端红褐色。虹膜红褐色；喙黑色；跗跖、趾及爪黑褐色。

　　生　态　栖息于低山、丘陵和平原地区的针叶林、阔叶林中。迁徙及越冬期间成小群，或与太平鸟混群在针叶林及高大的阔叶林上觅食，除饮水外，很少下地。主要以植物果实及种子为食，兼食昆虫。6 月开始繁殖，多营巢于针叶林间，窝卵数 4~6 枚，孵化期 14 天左右。

　　地理分布　国内主要分布于黑龙江、辽宁、吉林、河北、山东、江苏、浙江等地。国外分布于欧洲北部、亚洲北部、中部及东部，加拿大西部和美国西北部。

　　居 留 型　冬候鸟。

　　保护等级　河北省重点保护陆生野生动物。

棕眉山岩鹨

Prunella montanella

雀形目 PASSERIFORMES
岩鹨科 Prunellidae

英文名 Siberian Accentor
别　名 篱笆雀

鉴别特征　眉纹宽阔，皮黄色，延续到头后；喉部皮黄色；胸部赭黄色，具黑色斑点；背部栗褐色。

形态特征　体长130～160mm。额、头顶、枕部黑褐色；眉纹宽皮黄色，自额基延伸至后头侧面；眼先、眼周、颊、耳羽黑色。后颈、背、肩栗褐色具黑褐色纵纹；翅上覆羽黑褐色；中覆羽和大覆羽尖端黄白色或棕色，形成两道明显的翼斑；飞羽黑褐色，外翈羽缘淡红褐色。腰和尾上覆羽灰褐色或橄榄褐色，尾黑褐色。颏、喉、胸赭黄色；胸部羽基黑褐色微呈鳞状斑；胸侧和胁赭黄色，具栗褐色细纹；腹中部和尾下覆羽黄色。虹膜栗褐色；喙黑褐色，下喙基部黄褐色；跗跖及趾黄褐色，爪褐色。

生　态　栖息于低山丘陵和山脚平原地带的林缘、河谷、灌丛、农田等各种生境中。主要以各种昆虫为食，也吃草籽、植物果实等植物性食物。繁殖期6—7月，营巢于小树上、灌木丛或地上，窝卵数4～6枚，卵蓝色。

地理分布　国内主要分布于东北、河北、北京、内蒙古、山东、河南、陕西、宁夏、青海、甘肃等地。国外分布于俄罗斯，繁殖于西伯利亚泰加林地带。

居留型　冬候鸟。

雀形目 PASSERIFORMES
雀科 Ploceidae

英文名 Russet Sparrow
别　名 家雀

山麻雀

Passer cinnamomeus

鉴别特征　雄鸟顶冠及上体栗红色，上背具黑色纵纹，喉黑色，颊部灰白色。雌鸟色泽暗淡，上体棕色，下体浅灰白色。

形态特征　体长 130～150mm。雄鸟眉纹细小，白色或灰白色；眼先、眼后黑色；颊、耳羽、头侧面白色；上体从额、头顶至腰部栗红色，上背具黑色纵纹，下背土黄色；飞羽黑色，羽缘栗黄色，初级飞羽外翈基部有二道棕白色横斑；翅上小覆羽栗红色，中覆羽黑栗色，中央具楔状栗色斑，两侧具白色端斑，大覆羽黑栗色，羽缘栗红色；尾上覆羽黄褐色，尾羽灰褐色，羽缘土黄色，中央尾羽边缘稍红；颏、喉部中央黑色，下体余部灰白色，覆腿羽栗色。雌鸟头部及上体橄榄褐色或棕褐色；眼先和贯眼纹褐色，向后延伸至颈侧；眉纹黄白色或土黄色；颊、喉部皮黄色；下体余部浅灰白色。虹膜深褐色，喙黑色，跗跖及趾黄褐色。

生　态　栖息于海拔 1500m 以下的低山丘陵和山脚平原地带的各类森林和灌丛中，多活动于林缘、灌丛和草丛中。繁殖期间单独或成对活动，非繁殖期多聚成小群。杂食性，主要以农作物、野生植物果实和种子以及昆虫为食。繁殖期 4—8 月，营巢于各种洞穴中，窝卵数 4～6 枚，雌雄亲鸟轮孵，孵化期 12 天左右。雏鸟晚成性，经过 16 天可离巢。

地理分布　国内见于河北、山西、陕西、甘肃、宁夏以南的大部分地区。国外主要分布于俄罗斯、尼泊尔、不丹、印度、巴基斯坦、阿富汗、老挝、缅甸、泰国、越南、日本、韩国、朝鲜。

居留型　留鸟。

麻雀

Passer montanus

雀形目 PASSERIFORMES

雀科　Ploceidae

英文名　Eurasian Tree Sparrow

别　名　树麻雀、家雀、禾雀、家巧儿、老家贼

鉴别特征　头侧和喉部具黑斑；头部栗色；上体棕褐色，具黑褐色条纹；翅上有两道黄白色横斑。

形态特征　体长 130～150mm。眼先、眼下缘黑色；颊、耳羽和颈侧污白色，耳羽后具黑色块斑；额至后颈暗栗褐色；上体和肩棕褐色，具黑色条纹。飞羽黑褐色，羽缘棕褐色；翅上小覆羽栗褐色，中覆羽和大覆羽黑褐色，具栗棕色羽缘，羽端黄白色，形成显著的翼斑。下背至尾羽呈暗沙褐色；尾暗褐色，羽缘较淡。颏和喉黑色；胸和腹灰白色沾有褐色；胁、腋羽淡黄褐色；尾下覆羽淡褐色，具深色羽轴纹。虹膜暗红褐色；喙黑色；跗跖及趾黄褐色。

生　　态　最常见的鸟类，多结群在人类居住地区活动。食性较杂，夏季主要以昆虫为食；秋冬季和初春则主要以各种农作物和杂草种子为食。繁殖期 3—8 月，每年繁殖 2～3 窝，多营巢于村庄、城镇等人类居住的房屋、桥梁等建筑物檐下、洞穴，也在树枝间、树洞等筑巢。每窝产卵 4～6 枚，雌雄亲鸟轮孵，孵化期 12 天左右。雏鸟晚成性，经过 15～16 天可离巢。

地理分布　分布于全世界各地。

居留型　留鸟。

雀形目 PASSERIFORMES

鹡鸰科 Motacillidae

英文名 Forest Wagtail

别　名 刮刮油、林鹡鸰、树鹡鸰

山鹡鸰

Dendronanthus indicus

鉴别特征 眉纹黄白色；上体为褐绿色，胸部有两道淡黑色横纹；翅具两道明显的黄白色横纹；停栖时尾左右轻轻摆动。

形态特征 体型中等，体长 150~180mm。眉纹黄白色，自喙基延伸至颈侧；贯眼纹褐色；颊部浅黄白色，具褐绿色斑点。上体大多褐绿色，翅黑褐色；翅上大、中覆羽先端黄白色；外侧飞羽基部和内侧飞羽的外翈中部横贯黄白色斑，形成两道黄白色翼斑。尾上覆羽污褐色；尾羽黑褐色，中央一对暗褐色缀以橄榄绿色；最外侧一对白色，仅内翈基部有黑褐色斑；外侧第 2 对尾羽具楔形白斑。下体白色，胸部有两道黑色横纹，后胸的一道有时不完整。虹膜深褐色；喙角质褐色，上喙颜色较深；跗跖及趾肉色。

生　态 单独或成对活动。栖息在开阔树林、林缘、河畔的空地或草丛中。喜欢在林中活动，飞行轨迹呈波浪状，歇息时尾上下摆动。主要以蝗虫、蝶、蛾及其幼虫等昆虫为食，偶尔也捕食小蜗牛等。繁殖期 5—7 月，多在大树的水平侧枝上筑巢。窝卵数多为 5 枚，孵化期 9 天。雏鸟晚成性，经过 13 天左右可离巢。

地理分布 国内除西藏外，均有分布。国外分布于印度、俄罗斯东南部、印度尼西亚及菲律宾。

居留型 夏候鸟。

第五章 鸟纲

黄鹡鸰

Motacilla tschutschensis

雀形目 PASSERIFORMES

鹡鸰科 Motacillidae

英文名 Eastern Yellow Wagtail
别　名 黄马兰花、黄颤儿

鉴别特征　上体橄榄绿色；下体鲜黄色；翅黑褐色，具两道黄白色翼斑；最外侧 2 对尾羽大多白色；颏白色。

形态特征　体型中等，体长 150～180mm。眉纹黄色、白色或无眉纹；颊、额头顶至颈部暗灰色或深灰色；上体主要为橄榄绿色，腰部沾黄色。飞羽和翅上覆羽黑褐色，三级飞羽羽缘和先端黄白色，大、中覆羽端淡黄色，形成两道黄白色翼斑。尾上覆羽微具暗纵纹；中央尾羽黑褐色缀黄绿色羽缘；最外侧两对尾羽几全白色。颏白色，下体鲜黄色。虹膜褐色；喙黑色，下喙基部黄色；跗跖及趾暗褐色，爪黑色。

生　态　栖息于山地、稻田、草地、林缘、沼泽边缘、湖畔等地。常成对或成群活动，停栖和行走时尾上下摆动，飞行轨迹呈波浪状，边飞边发出"唧、唧"的鸣声。主要以昆虫和植物种子为食。繁殖期为 5—7 月，常于河边石坡潮湿的草丛筑巢。窝卵数 5～6 枚，雌鸟孵化，孵化期 14 天，约经过 14 天可离巢。

地理分布　国内广泛分布。国外分布于欧亚大陆和北美洲。

居留型　旅鸟。

雀形目 PASSERIFORMES

鹡鸰科 Motacillidae

英文名 Yellow-headed Wagtail
别 名 黄头雀、金香炉儿

黄头鹡鸰

Motacilla citreola

鉴别特征 头部及下体辉黄色；上体黑色或深灰色；翅暗褐色，具白色斑纹；尾黑褐色；两对外侧尾羽白色。

形态特征 体长 150～190mm。雄鸟头部鲜黄色；背深灰色，有时后颈有狭窄的黑色领环；翅黑褐色；翅上大覆羽、中覆羽和内侧飞羽具宽的白色羽缘；尾羽和尾上覆羽黑褐色；外侧两对尾羽具大型楔状白斑；下体鲜黄色。雌鸟头侧、额辉黄色，头顶黄色，羽端杂有灰色，上体黑灰色，下体黄色。虹膜黑褐色；喙黑色；跗跖及趾乌黑色，爪黑色。

生 态 栖息于湖畔、河边、农田、草地、沼泽等各类生境中。主要以鳞翅目、鞘翅目、膜翅目等昆虫为食，偶尔也吃植物性食物。繁殖期 5－7 月，营巢于草丛，窝卵数 4~5 枚。

地理分布 国内分布遍及各地。国外见于俄罗斯、蒙古国、印度、伊朗、阿富汗、缅甸及中亚等地。

居 留 型 旅鸟。

灰鹡鸰

Motacilla cinerea

雀形目 PASSERIFORMES

鹡鸰科 Motacillidae

英文名 Grey Wagtail
别　名 黄腹灰鹡鸰、黄鸰、灰鸰、马兰花儿

鉴别特征　头部和背部为深灰色；腰黄绿色；尾上覆羽黄色；眉纹及颧纹白色。雄鸟颔部和喉部夏季为黑色，冬季为白色；雌鸟冬夏均为白色。

形态特征　体型中等，体长 160～190mm。雄鸟眉纹和颧纹为白色，贯眼纹灰黑色，自上喙基部至眼先后达耳羽；上体头部至背部深灰色，腰黄色；飞羽和翅上覆羽黑褐色，初级飞羽除第 1～3 对外，内翈具白色羽缘；次级飞羽基部白色，形成翼斑；三级飞羽外翈具宽阔的黄白色羽缘；尾上覆羽橄榄黄色，中央尾羽褐色，最外侧尾羽白色；颔、喉冬季白色，夏季黑色；下体鲜黄色。雌鸟颔、喉冬夏均为白色，体羽不如雄鸟鲜艳。虹膜褐色；喙黑褐色；跗跖及趾粉灰色、爪角褐色。

生　态　栖息于溪流、河谷、池畔等近水岸边以及附近山区、草地和农田，常停栖在电线杆、树杈、岩石等突出物体上。常单独或成对活动，尾上下摆动，飞行轨迹呈波浪式状。主要以蝗虫、甲虫、松毛虫等为食，兼食蜘蛛等其他小型无脊椎动物。繁殖期为 5—7 月，多营巢于河流两岸。窝卵数 4～6 枚，雌鸟孵化，孵化期 12 天。雏鸟晚成性，经 14 天可离巢。

地理分布　国内广泛分布。国外分布于欧亚大陆、非洲、印度、印度尼西亚、菲律宾及澳大利亚。

居留型　夏候鸟。

雀形目 PASSERIFORMES

鹡鸰科 Motacillidae

英文名 White Wagtail
别　名 白脸鹡鸰、白面鸟、白颊鹡鸰、
　　　　白马兰花儿、眼纹鹡鸰、点水雀

白鹡鸰

Motacilla alba

鉴别特征　额、头侧、颈侧纯白色；上体黑灰色；下体除胸部具黑斑外，均白色；翼及尾黑白相间。

形态特征　体长 160～200mm。雄性额部、头顶前部、头侧、颈侧白色；上体余部黑色或背部灰色；飞羽黑色，外翈具白色羽缘；翅上小覆羽黑色，大、中覆羽大部分白色；尾上覆羽内翈黑色，缀以白色羽缘；尾羽黑色，仅外翈基部具白色羽缘；最外侧两对尾羽除内翈基部具黑色羽缘外，均白色；颏、喉白色，胸黑色，其余下体白色。雌鸟上体淡黑色，常沾灰色；翅上白斑不显著。虹膜黑褐色；喙、跗跖及趾黑色；爪黑褐色。

生　　态　栖息于河流、湖泊、水库、水塘等水域岸边以及沼泽等湿地，有时还出现在水域附近的居民点和公园。主要以昆虫为食，包括鞘翅目、鳞翅目、膜翅目、直翅目等，偶尔也吃植物种子、浆果等植物性食物。繁殖期 4—7 月，营巢于水边岩洞、缝隙、河边土坎及河岸、灌丛和草丛。窝卵数 5～6 枚，雌雄亲鸟轮孵，孵化期 12 天。雏鸟晚成性，14 天左右即可离巢。

地理分布　国内各地均有分布。国外分布区几乎包含了赤道以北的整个亚欧大陆及非洲北部。

居　留　型　夏候鸟。

田鹨

Anthus richardi

雀形目 PASSERIFORMES

鹡鸰科 Motacillidae

英文名 Paddyfield Pipit

别　名 大花鹨、花鹨

鉴别特征　上体棕黄色，有暗褐色纵纹；胸部具显著的黑褐色纵纹；飞行时呈波浪状。

形态特征　体长 150~190mm。眼先白色，羽端黑褐色；眉纹棕白色。上体主要为黄褐色或棕黄色，头顶、肩和背具暗褐色纵纹，后颈和腰纵纹不显著或无纵纹。飞羽暗褐色，具棕白色羽缘；三级飞羽具淡棕色羽缘；翅上中覆羽、大覆羽具棕白色羽缘。尾上覆羽棕色，尾羽暗褐色且具黄褐色羽缘，中央尾羽羽缘较宽，最外侧尾羽大都白色或全为白色。下体白色或皮黄白色。喉两侧有暗褐色纵纹，胸具显著的黑褐色纵纹。虹膜褐色；喙角褐色，下喙基部较淡；跗跖及趾角褐色。

生　态　栖息于树林或附近的草地，多集群活动。主要以昆虫为食，如鞘翅目、直翅目、膜翅目、鳞翅目等昆虫成虫和幼虫。繁殖期 5—7 月，营巢于河边和湖边草地上或水域附近农田。窝卵数 4~6 枚，雌鸟孵化，孵化期 13 天左右。

地理分布　国内除西藏外，广泛分布于各地。国外分布于印度至缅甸等东南亚国家。

居留型　夏候鸟。

河北小五台山 国家级自然保护区陆生脊椎动物

226

雀形目 PASSERIFORMES

鹡鸰科 Motacillidae

英文名 Olive-backed Pipit

别　名 木鹨、麦加蓝儿、树鲁

树鹨

Anthus hodgsoni

鉴别特征　眉纹棕白色；头具有黑褐色纵纹；上体橄榄褐绿色，缀稀疏的黑褐色斑纹；胸及两胁具浓密的黑色纵纹。

形态特征　体长 150～160mm。眼先黄白色或棕色；眉纹自喙基起棕黄色，后转为白色或棕白色；贯眼纹黑褐色。上体橄榄绿色或绿褐色；头顶具细密的黑褐色纵纹，至背部纵纹逐渐稀疏；下背、腰至尾上覆羽橄榄绿色。翅黑褐色，具橄榄黄绿色羽缘；中覆羽和大覆羽具白色或棕白色端斑。尾羽黑褐色，具橄榄绿色羽缘，最外侧一对具大型楔状白斑。颏、喉白色，喉侧有黑褐色颧纹，胸棕白色，其余下体白色，胸和胁具黑色纵纹。虹膜暗红褐色；喙黑褐色，喙基淡褐色，下喙基部肉色；跗跖和趾浅肉色，爪淡褐色。

生　态　栖息于针叶林、针阔混交林和阔叶林等山地森林和疏林灌丛中，迁徙期和冬季多在低山、丘陵和山脚平原的林缘、河谷、村镇、草地等生境中活动。主要以蝗虫、象鼻虫、虻、金花虫、甲虫、蚂蚁、椿象等昆虫为食，也吃蜘蛛、蜗牛等小型无脊椎动物以及谷粒、杂草种子等植物性食物。繁殖期6—7月，营巢于林缘、林间路边、林间空地的凹坑内。窝卵数4～6枚，雌鸟孵化，孵化期14天左右。

地理分布　国内在北方繁殖，在长江流域以南越冬。国外广泛于欧亚大陆。

居留型　夏候鸟。

粉红胸鹨

Anthus roseatus

鉴别特征 眉纹粉红色；头顶和背具明显的黑褐色纵纹；翅上具两道灰白色翼斑；小翼羽呈柠檬黄色；胸及胁具浓密的黑色点斑或纵纹。

形态特征 中等体型，体长 140 ~ 170mm。眉纹粉红色；头侧暗灰色，自颏至胸部淡酒红色。上体橄榄灰色；头顶和背具明显的黑褐色纵纹。翅暗褐色，具橄榄绿色羽缘；小翼羽呈柠檬黄色，中、大覆羽端灰白色。尾羽黑褐色，具橄榄绿色羽缘；最外侧一对尾羽端部具大型的楔状白斑。下体棕白色；胸和胁具深色纵纹；腋羽柠檬黄色。虹膜暗褐色；喙黑褐色，上喙较细长，先端具缺刻，下喙基部角褐色；跗跖及趾褐色，后趾爪较长。

生 态 栖息于山地、林缘、灌木丛、草原、河谷地带，夏季常在亚高山草甸、灌丛地带活动。繁殖期以鞘翅目、膜翅目、鳞翅目等昆虫为食，非繁殖期主要以各种杂草种子等植物性食物为食。繁殖期 6—7 月，营巢于地上草丛、石穴中，或灌木旁的凹坑内。窝卵数 3~5 枚，雌鸟孵化，孵化期 13 天。

地理分布 国内分布于喜马拉雅山—横断山脉—岷山—秦岭—淮河以北，以及云南、福建、海南、四川、贵州、西藏等地。国外分布于欧亚大陆及非洲北部，包括整个欧洲、北回归线以北的非洲地区、阿拉伯半岛。

居 留 型 夏候鸟。

雌

雄

雀形目 PASSERIFORMES

燕雀科 Fringillidae

英文名 Brambling

别　名 虎皮雀、虎皮鸟、虎皮

燕雀

Fringilla montifringilla

鉴别特征　雄鸟头到背黑色；腰白色；颏、喉、胸橙黄色；腹部和尾下覆羽白色；胁浅棕色，有黑色斑点；翅和尾黑色，翅上有白斑。雌鸟羽色较浅。

形态特征　体长140~170mm。雄鸟头顶、头侧、颈到上背黑色，闪蓝色金属光泽；背部具黄褐色羽缘；下背、腰和尾上覆羽白色，羽缘黑褐色；翅黑色，羽缘淡黄色；尾羽黑褐色，微呈叉状，镶以黄白色窄边；颏、喉、胸及胁橙棕色，胁部有黑色小斑点；腹部和尾下覆羽白色，微沾淡棕色；腋羽和翼下覆羽淡棕色。雌鸟与雄鸟相似，羽色不如雄鸟鲜艳，黑色部分为褐色。虹膜暗褐色；喙基角黄色，喙尖黑褐色；跗跖及趾暗褐色，爪角褐色。

生　态　繁殖期间栖息于阔叶林、针阔混交林等各类森林中，成对活动。非繁殖期栖息于山地、农田、旷野、平原杂木林等地，多聚群活动。主要以杂草种子、果实等植物性食物为食，繁殖期间主要以昆虫为食，如蝇类、蛾类等。繁殖期5—7月，营巢于桦树、杉树、松树等树紧靠主干的分枝处，每窝产卵5~7枚。

地理分布　国内除青藏高原和海南岛外，均有分布。国外繁殖于欧洲北部、俄罗斯北部经西伯利亚到太平洋沿岸，越冬于欧洲南部、地中海、北非、意大利、希腊、小亚细亚、中东、印度、朝鲜、日本、库页岛。

居留型　旅鸟。

锡嘴雀

Coccothraustes coccothraustes

英文名 Hawfinch

别 名 老西子、老醋儿、铁嘴蜡子、
锡嘴

鉴别特征 喙粗大铅蓝色，喙基黑色；后颈灰色；翅上有白色翼斑，外侧覆羽及飞羽黑色；尾羽黑褐色，先端白色。雌鸟羽色比雄鸟暗淡。

形态特征 体长 160~200mm。雄鸟喙基、眼先、颏和喉中部黑色；脸颊余部棕黄色；额棕白色；头顶至后颈棕褐色；后颈灰色形成一条宽带，延伸至喉侧；上体背、肩棕褐色，腰淡皮黄色，尾上覆羽棕色；翅上小覆羽黑褐色，中覆羽灰白色，大覆羽、初级飞羽和次级飞羽黑色，端部具蓝绿色光泽；三级飞羽棕褐色；中央尾羽基部黑色，后段暗栗色，羽端白色；其他尾羽黑色，羽端白色；胸、腹、胁和覆腿羽葡萄红色，尾下覆羽白色。雌鸟和雄鸟相似，但羽色较淡；额至头顶乌灰色，枕至后颈浅棕褐色。虹膜浅灰黄色；喙铅蓝色，下喙基部近白色；跗跖及趾肉色或褐色，爪黄褐色。

生 态 迁徙季节见于林区、农田和村庄周围的树上。繁殖期单独或成对活动，非繁殖期聚群。主要以植物果实、种子为食，也吃昆虫。繁殖期 5—7 月，营巢于阔叶树枝叶茂密的侧枝上。窝卵数 4~5 枚，雌鸟孵化，孵化期 14 天。雏鸟晚成性，经 11~14 天可离巢。

地理分布 国内分布于黑龙江、吉林、辽宁、内蒙古、河北、山东至长江中下游和东南沿海，以及香港和台湾等地，西至四川、贵州、青海、甘肃、宁夏等地。国外分布于欧亚大陆和非洲西北部。

居留型 旅鸟。

保护等级 河北省重点保护陆生野生动物。

雌

雄

雀形目 PASSERIFORMES

燕雀科 Fringillidae

英文名 Chinese Grosbeak
别　名 蜡嘴、小桑嘴、铜嘴蜡子

黑尾蜡嘴雀

Eophona migratoria

鉴别特征　喙粗大、强厚，呈黄色；头部黑色（雄鸟）或灰褐色（雌鸟）；翅黑色，初级飞羽具白色羽端；翅下覆羽和腋羽暗色。

形态特征　体长 170~210mm。雄鸟整个头部、颈侧、颏、喉黑色，具蓝色金属光泽；后颈、背、肩灰褐色；腰和尾上覆羽淡灰色；翅上覆羽和飞羽黑色且具蓝紫色金属光泽，初级覆羽和飞羽具白色端斑；下喉、胸、腹和胁灰褐色沾棕黄色，下腹至尾下覆羽白色。雌鸟头部和上体灰褐色，背、肩微沾黄褐色，腰和中央两对尾羽淡褐色；翅上覆羽和三级飞羽灰褐色，羽端稍暗；初级覆羽黑色、羽端白色，飞羽黑褐色，初级飞羽和外侧次级飞羽端斑白色；下体淡灰褐色，胁和腹沾橙黄色，尾下覆羽污灰白色。虹膜淡红褐色；喙粗大，黄色，喙基、喙尖和会合线蓝黑色；附跖及趾黄褐色，爪褐色。

生　态　栖息于低山和山脚平原地带的阔叶林、针阔混交林、次生林和人工林中以及果园、河谷、农田。繁殖期间单独或成对活动，非繁殖期集成大群。主要以种子、果实、草籽、嫩叶、嫩芽等植物性食物为食，也吃昆虫。繁殖期5—7月，窝卵数4~5枚。雏鸟晚成性，雌雄亲鸟共同育雏，经11天可离巢。

地理分布　国内于东北至华北繁殖，在西南、华南沿海及台湾越冬。国外分布于日本、韩国、朝鲜、老挝、缅甸、泰国和越南。

居留型　旅鸟。

保护等级　河北省重点保护陆生野生动物。

黑头蜡嘴雀

Eophona personata

鉴别特征　喙粗大，圆锥形，呈黄色；全身羽毛灰褐色；头部、尾部黑色；腰白色（雄鸟）或灰褐色（雌鸟）；初级飞羽无白色羽端，羽中段具白斑。

形态特征　体长 170～200mm。喙基四周、前额、头顶和眼周辉蓝黑色；耳羽棕灰色；头侧、颈侧及上体浅灰色沾淡褐色，腰白色（雄鸟）或灰褐色（雌鸟）；尾上覆羽浅灰色；最长尾上覆羽和尾羽深黑色，闪金属光泽；翅上覆羽黑色，具黑铜色光泽；初级飞羽深黑色，第 2～7 枚外翈近中部有白色横斑，第 2～4 枚内翈具相对应的白斑；喉、胸和胁浅灰色沾淡褐色；腋羽、翼下覆羽、腹、尾下覆羽白色。虹膜深红色；喙蜡黄色；跗跖及趾肉褐色，爪角褐色。

生　态　聚群栖息于平原和丘陵的溪边灌丛、草丛和次生林，也见于山区的灌丛、阔叶林及针阔混交林。杂食性，繁殖期以昆虫为食，非繁殖期以植物的种子、果实、嫩芽为食。5—7 月，在我国东北地区繁殖，营巢于茂密的原始针阔混交林中的松树、椴树等乔木枝杈上。窝卵数 4～5 枚，雌雄亲鸟共同孵卵。

地理分布　国内分布于除新疆、青海、西藏、海南以外的各地。国外分布于欧亚大陆、非洲北部，如俄罗斯远东、朝鲜、日本、阿拉伯半岛等地。

居留型　旅鸟。

保护等级　河北省重点保护陆生野生动物。

雌

雄

雀形目 PASSERIFORMES

燕雀科 Fringillidae

英文名 Common Rosefinch
别　名 红麻料（雄）、青麻料（雌）

普通朱雀

Carpodacus erythrinus

鉴别特征　雄鸟头顶、喉、腰和胸红色；背和肩部褐色，羽缘朱红色；翅和尾黑褐色，羽缘沾红色。雌鸟上体灰褐色；下体白色，具黑褐色纵纹。

形态特征　体长 130～160mm。雄鸟额、头顶、枕暗朱红色；耳羽褐色，杂以粉红色；后颈、背、肩暗褐色，具不明显的暗褐色羽干纵纹，并缀暗朱红色；腰和尾上覆羽玫瑰红色；飞羽黑褐色，羽缘土红色；尾羽黑褐色，羽缘有轻微红色；颊、颈、喉暗朱红色；下胸到腹部颜色变淡；下腹部和尾下覆羽灰白色，有轻微粉红色；腋羽和翼下覆羽灰色。雌性头部橄榄褐色具暗色条纹；眼先灰白色；耳羽暗褐色沾绿色；颊淡赭石色；背部黄绿灰色；下背、腰和尾上覆羽橄榄黄色；翅上覆羽暗褐色，羽缘淡皮黄色，形成两道翼斑；飞羽暗褐色，羽缘皮黄色；尾羽暗褐色；颏和喉黄白色具褐色纹；上胸黄白色具暗色轴纹；胁淡橄榄褐色具暗色条纹；腹、尾下覆羽白色。虹膜暗褐色；喙角褐色，下喙较淡；跗跖及趾黑褐色，爪角褐色。

生　态　栖息于山区的针阔混交林、阔叶林、灌木丛中。繁殖期常单独或成对活动，非繁殖期则多呈小群活动和觅食。食物为植物种子、浆果、嫩叶等，也以部分昆虫为食。繁殖期5—7月，筑巢于灌丛和小树杈上。窝卵数 4～5 枚，雌鸟孵化，孵化期 13～14 天。雏鸟晚成性，经过 15～17 天可离巢。

地理分布　国内分布于除海南和台湾以外的各地。国外广泛分布于欧亚大陆中北部。

居留型　旅鸟。

雌

雄

红眉朱雀

Carpodacus pulcherrimus

燕雀科 Fringillidae

英文名 Beautiful Rosefinch
别 名 红眉儿

鉴别特征 上体褐色，眉纹、脸颊、胸及腰淡紫粉色，尾下覆羽白色，翅具两道玫瑰红色翼斑。

形态特征 体长 140~150mm。雄鸟前额、眉纹、颊、耳羽下半部玫瑰粉红色，具暗色羽轴纹；眼先、眼后和耳羽灰褐色；头顶、枕、后颈、背、肩和翅上覆羽褐色，具黑褐色羽干纹，羽缘沾玫瑰粉红色；背、肩沾红色，纵纹较粗著，腰玫瑰粉红色；尾上覆羽褐色沾玫瑰红色；尾暗褐色，外翈羽缘玫瑰红色；翅黑褐色，翅上覆羽羽端玫瑰红色，形成两道翼斑；颏、喉、胸、腹、胁和尾下覆羽玫瑰粉红色；腋和翼下覆羽较淡。雌鸟上体灰褐色，具黑褐色纵纹；下体淡黄色，具黑褐色纵纹；眉纹黄褐色，不明显。虹膜红褐色；喙角褐色，下喙较淡；跗跖及趾肉色。

生 态 主要栖息于海拔 1500m 以上山区的针叶林、针阔混交林中，冬季降至山麓与河谷活动。繁殖期主要以昆虫为食，非繁殖期主要以草籽为食，也吃果实、浆果、嫩芽和农作物种子等植物性食物。繁殖期 5—8 月。窝卵数 3~6 枚，由雌性孵卵。雏鸟晚成性。

地理分布 国内各地均有分布。国外分布于不丹、蒙古国、印度、尼泊尔和巴基斯坦。
居 留 型 留鸟。

雌 雄

雀形目 PASSERIFORMES

燕雀科 Fringillidae

英文名 Long-tailed Rosefinch
别 名 落叶红、粉红雀、粉红长尾雀

长尾雀

Carpodacus sibiricus

鉴别特征 喙短粗，尾较翅长。雄鸟额、颏和眼后为暗红色，翅具白色翼斑，外侧尾羽白色。雌鸟无红色；头灰褐色，具暗色斑纹；翼斑宽白；腰部橙褐色。

形态特征 体长150～180mm。雄鸟额、眼先深玫瑰红色；眉纹白色；耳羽和颊珠白色沾红色；头顶至背部、肩部灰褐色，具黑褐色纵纹；腰、尾上覆羽棕褐色，缀暗玫瑰红色；飞羽黑褐色，羽端白色；中覆羽、大覆羽具宽阔的白色端斑；尾羽黑褐色，羽缘灰白色，最外侧3对具大型楔状白斑，颏暗红色；喉和前颈棕白色沾红色；胸、胁玫瑰红色，基部近黑色；下腹白色沾红色，体侧鲜玫瑰红色，腋羽和翼下覆羽白色；尾下覆羽淡红色。雌鸟额、眼先、前颈暗褐色；耳羽淡褐色；头顶、后头灰褐色具暗色纵纹；上背灰褐色，有黑褐色纵纹；下背和腰棕黄色；尾上覆羽灰褐色，微沾红色；尾羽黑褐色，羽缘缀灰白色；最外侧两对黑褐色；第三对具长楔形白斑，直达羽端；下体多灰白色，微沾棕色；颏至上腹杂黑色纵纹。虹膜褐色；喙角褐色，下喙较淡；跗跖及趾褐色。

生 态 栖息于山区的阔叶林、灌丛中。食物主要为杂草种子，也吃浆果和嫩叶，繁殖期也吃昆虫。繁殖期5—7月，筑巢于灌木丛中和林缘小树，由枯叶、草根、蜘蛛丝等组成。每窝产卵3～5枚，卵为椭圆形，粉绿色，具有黑色斑块。雌雄亲鸟轮孵，孵化期14～15天。雏鸟晚成性。

地理分布 国内分布于东北、华北、西北以及河南、山东、四川、云南、西藏等地。国外分布于俄罗斯、蒙古国、日本、朝鲜。

居 留 型 冬候鸟。

北朱雀

Carpodacus roseus

燕雀科 Fringillidae

英文名 Pallas's Rosefinch
别　名 靠山红

鉴别特征　雄鸟前额、头前部和喉银白色，头顶其余部分和后颈粉红色，腰和尾上覆粉红色，翅有两道横斑，下体粉红色。雌鸟头顶和头侧灰褐色；背部灰褐色，杂以粉红色；下体棕白色，杂以较明显粉红色。

形态特征　体长 150～170mm。雄鸟额、头顶、颏及喉银白色，羽缘粉红色，形成鳞状斑；眼先、耳羽、颊粉红色；上背、肩及内侧翅上覆羽粉红色，具黑褐色纵纹；下背、腰及尾上覆羽粉红色；飞羽暗褐色，羽缘暗红色；尾羽黑褐色，具红色狭缘；下体粉红色；腹部白色；翼下覆羽、腋羽、尾下覆羽白色染粉红色。雌鸟额、头顶至背部棕褐色，羽缘沾红色，具暗褐色纵纹；腰和尾上覆羽具羽缘红色；尾羽和飞羽暗褐色，羽缘粉红色；颏、喉、胸和胁红色，具暗褐色细纹；腹部和尾下覆羽白色，尾下覆羽有褐色纵纹。虹膜暗褐色；上喙灰褐色，下喙淡褐色；跗跖及趾灰褐色，爪角褐色。

生　态　栖息于山地针叶混交林、阔叶林、旷野稀疏林地及灌丛中。多聚群活动，在草地、农田觅食，食物为各种野生植物的果实、种子和幼芽，也食谷物等。

地理分布　国内分布于黑龙江、辽宁、吉林、内蒙古、宁夏、甘肃、河北、陕西、山西、山东、河南、江苏等地。国外分布于西伯利亚东部和中部及俄罗斯、蒙古国、朝鲜和日本。

居 留 型　冬候鸟。

保护等级　国家二级保护野生动物。

雀形目 PASSERIFORMES

燕雀科 Fringillidae

英文名 Grey-capped Greenfinch
别　名 金翅儿、绿雀、黄金翅、黄绿雀

金翅雀

Chloris sinica

鉴别特征　雄鸟眼先和眼周黑色，额、眉纹、颊黄色；腰金黄色，翅和尾基具金黄色块斑，下体黄色。雌鸟体色较暗淡，头顶有暗色纵纹。

形态特征　体长 120~140mm。雄鸟额、眉纹和颊黄色；眼先和眼周黑色；头顶、后颈暗灰色，微沾黄绿色；背部、肩和内侧翅上覆羽橄榄褐色；腰部金黄色；尾上覆羽黄灰色；飞羽黑褐色，初级飞羽基部具黄色块斑，羽端灰白色；其他飞羽羽缘和羽端灰白色；中央尾羽黑褐色，基部沾黄色，羽缘和羽端灰白色；外侧尾羽上部黑褐色，基部黄色，外翈羽缘灰白色；颏、喉和上胸橄榄黄色；下胸至腹中央黄色微沾棕色，下腹灰白色；尾下覆羽、翼下覆羽和腋羽黄色。雌鸟头顶、枕部灰褐色有暗色羽轴纹；下体淡土褐色，黄色较少。虹膜褐色；喙黄褐色；跗跖及趾淡棕黄色，爪褐色。

生　　态　栖息于低山、山脚、丘陵、平原以及果园、路旁、村镇等处的树上。常成群活动。以植物性食物为主，食物大部分是杂草、树木种子，也食谷物等，夏季大量捕食昆虫。繁殖期 3—8 月，筑巢于低山丘陵和山脚地带小型针叶树、阔叶树树冠。每窝产卵 4~6 枚，雌鸟孵化，孵化期 13 天左右。雏鸟晚成性，经 15 天左右可离巢。

地理分布　国内除新疆、西藏、海南外均有分布。国外分布于库页岛、堪察加半岛、朝鲜和日本。
居 留 型　留鸟。

237

白腰朱顶雀

Acanthis flammea

雀形目 PASSERIFORMES

燕雀科 Fringillidae

英文名 Common Redpoll

别　名 朱顶雀、普通朱顶雀、苏雀、朱点、苏子鸟、朱顶红

鉴别特征　雄鸟额和头顶朱红色，眉纹污白色，上体具黑褐色羽干纹，腰灰白色沾粉红色，翅有两条白色翼斑，喉、胸粉红色，下体白色。雌性无粉红色。

形态特征　体长 120~140mm。雄鸟眉纹污白色沾褐色；眼部黑色，耳羽和颊淡褐红色；前额、头顶朱红色；上体灰褐色，具黑色纵纹；腰灰白色，具黑褐色条纹；初级飞羽黑褐色，尖端发白；三级飞羽外翈先端白色，形成两条白色翼斑；尾羽暗褐色，内翈具白色斑；颏黑；腹部白色，微具粉色；胁具黑褐色宽条纹；尾下覆羽、翼下覆羽和腋羽白色。雌鸟喉、胸和腰无红色，颏和上胸中部黑色，下体余部白色，体侧具黑色条纹。虹膜褐色；喙黄褐色，喙端黑褐色；跗跖及趾黑褐色。

生　态　除繁殖期多成对活动外，平时常成小群活动，迁徙期间结大群。栖息于山区树林，也在针阔混交林活动。食物以植物性食物为主，如草籽、谷物种子、植物嫩枝叶等，也食昆虫。繁殖期为 5—7 月，窝卵数 4~6 枚，雌鸟孵化，孵化期 10~11 天。雏鸟晚成性，经 12~14 天离巢。

地理分布　国内分布于宁夏、新疆及东北、华北、华东等地区。国外繁殖于北极苔原、欧洲北部、加拿大和北美，越冬于欧洲中南部、地中海、蒙古国、朝鲜、美国东北部、日本。

居　留　型　冬候鸟。

雌

雄

雀形目 PASSERIFORMES
燕雀科 Fringillidae
英文名　Red Crossbill
别　名　交喙鸟、青交嘴、交嘴雀、红交嘴

红交嘴雀
Loxia curvirostra

　　鉴别特征　上下喙先端交叉。雄鸟通体朱红色，头侧暗褐色，上体较暗，腰鲜红色，翅和尾近黑色。雌鸟上体大多黄绿色，头侧灰色。

　　形态特征　体长 150～170mm。雄鸟眼先、眼周及耳羽暗褐色；喙基至耳羽有朱红色斑；头顶、背部、肩及颈侧朱红色；腰亮朱红色；翅上覆羽暗褐色，羽端浅褐色；飞羽黑褐色，羽缘黄褐色；尾上覆羽及尾羽黑褐色，具红褐色边缘；颏和下腹污白色，其余部分淡朱红色；翅下覆羽和腋羽灰白色，具浅红褐色羽缘；尾下覆羽中央褐色，边缘粉红色。雌鸟眼先、眼周、耳羽、颊至颈侧灰色；头顶、后颈、背、腰暗黄绿色；尾上覆羽及尾羽黑褐色，羽缘黄绿色；颏及下腹灰白色；喉、胸、上腹及胁淡褐色，羽端黄绿色；尾下覆羽中央栗褐色，边缘白色。虹膜黑褐色；喙黑褐色，上下喙先端交叉；跗跖及趾黑褐色。

　　生　态　栖息在寒温针叶带的各种林型中，常见于山区松树、平原阔叶林。迁徙时结群活动。食物主要为落叶松、云杉、赤松的种子，也食榆果类、草籽等。繁殖期 3—8 月，筑巢于针叶林或针叶树为主的针阔混交林。每窝卵为 3～6 枚，雌鸟孵化，孵化期 17 天。雏鸟晚成性，经 18 天可离巢。

　　地理分布　国内分布于东北、西北及河北、北京、河南、山东、江苏、四川、云南、西藏等地。国外见于北美洲、欧洲北部、土耳其及非洲西北部和喜马拉雅山西部、蒙古国、朝鲜、日本等地。

　　居留型　旅鸟。

　　保护等级　国家二级保护野生动物。

黄雀

Spinus spinus

鉴别特征　雄鸟头顶、额、喉黑色，翼斑、腰和尾基鲜黄色，下体暗淡黄色，胁有黑褐色斑纹。雌鸟头顶、额、喉无黑色，具褐色斑纹。

形态特征　体长110～120mm。雄鸟额、头顶黑色；眼先灰色；贯眼纹短，呈黑色；耳羽暗绿色；眉纹黄色，延伸至颈侧；颊黄色；后颈、背部黄绿色，背部有褐色羽干纹；腰亮黄色；翅上覆羽褐色，羽端亮黄色；尾上覆羽褐色，具亮黄色宽缘；中央一对尾羽黑褐色，带亮黄色羽缘；其余尾羽基部亮黄色，端部黑褐色；颏和喉中央黑色，羽端沾黄色；胸亮黄色；胁及尾下覆羽灰白色，羽干纹黑褐色；腹灰白色，微沾黄色。雌鸟额、头顶、头侧、后颈褐色且沾绿色，具黑褐色羽干纹；腰部绿黄色，具黑色羽干纹；下体淡黄绿色，胸部、胁具较粗的褐色羽干纹。虹膜暗褐色；喙暗铅灰色；跗跖及趾暗褐色，爪黑褐色。

生　态　栖息环境广泛，常结群栖息于山区针阔混交林和针叶林中。在繁殖期间成对活动，迁徙季节成群。主要食物为植物种子和浆果，也吃蚜虫和其他昆虫。繁殖期5—7月，巢隐蔽，多筑在茂密松树上。每窝产卵4～6枚，雌鸟孵化，孵化期13天左右。雏鸟晚成性，经13～15天离巢。

地理分布　国内分布于黑龙江、辽宁、吉林、内蒙古、河北、河南、山东、江苏、浙江、福建、广东、台湾及四川等地。国外繁殖于欧洲、亚洲北部，偶尔在日本北部繁殖；越冬于欧洲南部、地中海、北非、小亚细亚南部、伊朗南部等。

居 留 型　旅鸟。

保护等级　河北省重点保护陆生野生动物。

雀形目 PASSERIFORMES

鹀科 Emberizidae

英文名 Pine Bunting
别 名 白发鹀、白冠雀、松树鹀

白头鹀

Emberiza leucocephalos

鉴别特征 具小型羽冠。雄鸟头顶中央至枕具白色纵纹，耳羽中间白色边缘黑色，自喙基经眼下至耳羽有白色带斑，喉部具半月形白斑。雌鸟较雄鸟色暗淡，头顶、头侧及喉无白斑。

形态特征 体长 160~180mm。雄鸟额、头侧黑色，头顶中央至枕有白色纵纹；眉纹土黄色；自喙基经眼下至耳羽有白色带斑，周围有狭窄的黑圈；后颈和背栗色，具黑褐色羽干纹；腰及尾上覆羽栗色，羽缘土黄色；翅上中覆羽、大覆羽及三级飞羽黑褐色，具棕红色羽缘；尾羽黑褐色，中央尾羽具红褐色羽缘，外侧 2 对尾羽内翈具楔形白斑。颏褐黄色，喉部中央有白斑；上胸有一圈褐色点斑，胸及上腹褐黄色；胁白色具栗色纹；腋羽白色；下体余部白色；尾下覆羽白色具暗褐色羽干纹。雌鸟上体较淡；下体栗色不如雄鸟鲜亮；头顶、头侧及喉胸间无白斑。虹膜黑褐色；上喙黑褐色，下喙较淡；跗跖及趾肉色，爪黑褐色。

生 态 栖息于林缘、林间空地和砍伐过的针叶林或混交林。繁殖期间常单独或成对活动，非繁殖期间多成群活动在有稀疏林木的田间、地头和林缘灌丛与草丛中。食物以植物性食物为主，且多是杂草种子；繁殖期以直翅目、半翅目等昆虫成虫和幼虫饲喂雏鸟。繁殖期 5—8 月，营巢于靠近幼树或灌木脚下的枯草地上凹处。窝卵数 4~5 枚，雌鸟孵化，孵化期 14 天左右。

地理分布 国内分布于黑龙江、辽宁、吉林、内蒙古、河北、河南、陕西、宁夏、甘肃、青海、新疆和江苏等地。国外分布于俄罗斯、蒙古国、朝鲜、库页岛、中亚、克什米尔、印度和尼泊尔等地区。

居 留 型 旅鸟。

灰眉岩鹀

Emberiza godlewskii

鹀科 Emberizidae

英文名 Godlewski's Bunting

别　名 戈氏岩鹀、灰眉子、灰眉雀、山麻雀

鉴别特征　眉纹、颊、颈侧、耳羽蓝灰色；贯眼纹栗色；背栗红色，有黑色中央纹；腰和尾上覆羽栗色。

形态特征　体长 150～160mm。雄鸟眼先和贯眼纹栗色；头顶中央至颈蓝灰色，两侧具栗色纵带；眉纹、颊和颈侧蓝灰色；耳羽蓝灰上缘具栗色带；上背沙褐色；肩栗红色，具黑色纵纹；下背至尾上覆羽栗红色；翅黑褐色，羽缘淡棕色；中覆羽尖端乳白色；尾羽黑褐色，中央尾羽沙褐色，羽缘淡棕色，最外侧 2 对尾羽具楔状白斑；颏、喉和上胸蓝灰色；下体余部淡棕色；腋羽和翼下覆羽灰白色；腹部中央浅棕红色。雌鸟头顶黑色纵纹较多，头顶两侧的栗色较宽，后颈淡灰褐色，下体的羽色较淡。虹膜暗褐色；喙黑褐色，下喙基部色较淡；跗跖及趾淡肉色。

生　态　常活动于山坡草地、灌丛、岩石草丛间。繁殖期间常站在灌木或幼树顶端、突出的岩石上鸣叫，鸣声洪亮、婉转、悦耳且富有变化。主要以草籽、果实、种子和农作物等植物性食物为食，也吃昆虫成虫和幼虫。繁殖期为 5—7 月，营巢于草丛或灌丛中地上浅坑、土埂、石缝中。窝卵数 3～5 枚，雌鸟孵化，孵化期 11～12 天。雏鸟晚成性，经 12 天左右可离巢。

地理分布　国内分布于辽宁、内蒙古、河北、北京、山西、湖北、陕西、宁夏、甘肃、青海、西藏、四川、贵州、云南等地。国外分布于欧洲南部、非洲西北部、西伯利亚、中亚、中东、南亚地区。

居　留　型　留鸟。

雀形目 PASSERIFORMES

鹀科 Emberizidae

英文名 Meadow Bunting

别　名 山雀、山眉子、大白眉、三道眉、山麻雀

三道眉草鹀

Emberiza cioides

鉴别特征　头顶栗色；眉纹和颊白色；背部栗色，具黑褐色纵纹；颏和喉灰色；胸部有栗色带；下体大部分为红褐色。

形态特征　体长150～180mm。雄鸟眉纹、颊部白色；上体从头顶至尾上覆羽、耳羽栗红色；背部具黑褐色纵纹；翅暗褐色，初级飞羽外缘灰白色；次级飞羽羽缘淡红褐色；翅上小覆羽、初级飞羽灰褐色；中覆羽、大覆羽栗红色，羽干纹黑褐色；中央一对尾羽棕红色，具黑色羽干纹；其余尾羽黑色，羽缘栗红色；最外侧2对尾羽有楔状白斑；颏、喉及颈侧灰色；胸部栗色，杂白斑；腹部及尾下覆羽白色沾棕红色。雌鸟羽色较淡；眉纹和颊纹土白色；头顶、后颈、背棕褐色，具黑色纵纹；下体大部分沾土黄色；胸部栗色不明显。虹膜暗褐色；喙黑色，下喙较浅；跗跖及趾肉褐色。

生　态　夏季多见于中、低山及丘陵的疏林、灌丛中；冬季抵达山脚或山谷及平原、田野等地。繁殖期成对、冬季聚群活动。食物大部分为昆虫及杂草种子：冬季以各种种子为食，夏季主要捕食昆虫。繁殖期5—7月。营巢于林缘、林下、路边、地旁灌丛或草丛中。窝卵数4～5枚，雌鸟孵化，孵化期12～13天。雏鸟晚成性，经11～12天可离巢。

地理分布　国内广泛分布，北至黑龙江、内蒙古，西至新疆，南至广东，西南至四川、云南、广西，东至浙江、福建都有分布。国外分布于西伯利亚、中亚、蒙古国、朝鲜、日本等地。

居留型　留鸟。

栗耳鹀

Emberiza fucata

雀形目 PASSERIFORMES

鹀科 Emberizidae

英文名 Chestnut-eared Bunting

别　名 赤胸鹀、赤脸雀、高粱颏儿、灰头雀

鉴别特征　头灰色，具黑色羽干纹；颊具明显栗色块斑；喉部有"U"字形黑斑；上胸具栗色横斑带；下体灰白色。

形态特征　体长150~160mm。雄鸟额、头顶、颈侧及后颈灰色，具黑色纵纹；眼先和眉纹污白色；颊、耳羽栗色。上背栗褐色，具黑色纵纹；肩羽栗色；下背和腰淡栗色；小覆羽栗色，中、大覆羽和最内侧次级飞羽黑色，羽缘褐栗色；初级飞羽和次级飞羽褐色，羽缘淡栗色；尾上覆羽黄褐色，具黑色纵纹；尾黑褐色，最外侧一对尾羽内翈具白色楔形斑，外翈白色；颏、喉和胸皮黄白色；喉部有"U"字形黑斑；上胸具栗色横斑；腹黄白色；腋羽和翼下覆羽白色。雌鸟上体浓褐色，具皮黄栗色羽缘；胸部栗色横带斑不显著，黑色斑小而不明显。虹膜褐色；喙黑褐色，下喙基部肉色；跗跖及趾肉色。

生　态　栖息于低山区或半山区的河谷沿岸草甸、湿草甸或草甸夹杂的灌丛中，迁徙和越冬多在平原低地的灌丛、小树和高草上活动，也常见于村边的苗圃、农田。繁殖期成对活动，迁徙时常与其他鹀类混群，在越冬时单独活动。非繁殖期主要以各种杂草草籽、谷物和树木种子为食；繁殖期多吃昆虫成虫及幼虫。繁殖期5—7月。窝卵数4~6枚，雌鸟孵化，孵卵期12~13天。雏鸟晚成性，经过9~11天可离巢。

地理分布　国内除新疆、青海、西藏外，各地均有分布。国外分布于蒙古国、俄罗斯、朝鲜、日本、阿富汗、巴基斯坦、克什米尔、尼泊尔、印度和缅甸。

居 留 型　夏候鸟。

雀形目 PASSERIFORMES

鹀科 Emberizidae

英文名 Little Bunting

别 名 红脸鹀、花椒子儿、高粱头、铁脸儿、虎头儿

小鹀

Emberiza pusilla

鉴别特征 雄鸟头顶中央栗红色，侧面具黑色侧冠纹；上体沙褐色，具黑褐色纵纹；颏、喉白色（冬季）或栗红色（夏季）。雌鸟羽色较淡，头顶红褐色，具黑色纵纹。

形态特征 体长120~140mm。雄鸟头顶、头侧栗红色；头顶两侧具黑色纵纹，自喙基延伸至枕部；肩、背沙褐色，有黑褐色纵纹，羽缘栗红色；腰和尾上覆羽灰褐色，纵纹不显著；小覆羽土褐色；中、大覆羽黑褐色，羽端棕白色；小翼羽、初级覆羽、飞羽暗褐色；尾羽褐色，羽缘略显土白色；最外侧2对尾羽具楔状白斑；颏、喉白色（冬季）或栗红色（夏季）；胸、胁土黄色，具黑色纵纹；下体余部白色。雌鸟羽色较淡；头顶中央红褐色，杂黑色纵纹，头顶两侧纵纹黑褐色。虹膜暗褐色；上喙黑褐色，下喙灰褐色；跗跖及趾肉褐色。

生 态 除繁殖期间成对或单独活动外，其他季节多成小群分散活动。在草丛间穿梭或在灌木低枝间跳跃，有时也栖于小树低枝上。主要以草籽、种子、果实等植物性食物为食，也吃鞘翅目、膜翅目、半翅目、鳞翅目昆虫等动物性食物。繁殖期6—7月。营巢于地上草丛或灌丛中。窝卵数4~6枚，雌雄亲鸟共同孵化，孵化期11~12天。

地理分布 国内各地均有分布。国外分布于欧洲北部及亚洲多数地区。

居 留 型 旅鸟。

黄眉鹀

Emberiza chrysophrys

雀形目 PASSERIFORMES

鹀科　Emberizidae

英文名　Yellow-browed Bunting

别　名　金眉子、黄三道、五道眉儿、大眉子

鉴别特征　头部黑色，眉纹鲜黄色，中央冠纹白色，翅上有 2 道白色翼斑，下体白色，胸、胁具暗色纵纹。

形态特征　体长 140～160mm。雄鸟额、头顶、头侧和枕部黑色；中央冠纹白色，自额延伸至枕部；眉纹鲜黄色，在耳羽后转为白色；喙基至颈侧具白色纵带；上体棕褐色；后颈具栗褐色细纹；背肩部具黑褐色纵纹；后背、腰和尾上覆羽缀栗红色。尾羽黑褐色；中央尾羽褐色，外翈栗色；外侧两对尾羽有白色楔状斑。翅上中、大覆羽褐色，羽端白色；小翼羽暗褐色，翼缘棕色；飞羽褐色，初级飞羽外缘灰白色。颏、颧纹黑色；胸侧和胁栗褐色，具暗褐色条纹；胸、腹中央、翅下覆羽、腋羽和尾下覆羽白色。雌鸟体型略小，头部褐色，头侧、耳羽淡褐色，下体纵纹稀少。虹膜暗褐色；喙褐色，下喙基部黄褐色；跗跖及趾肉褐色。

生　态　栖息于低山丘陵和平原地带的针阔混交林和阔叶林中，尤其在林间路边和溪流沿岸常见，也出现在有稀疏树木的灌丛草地和农田地边。一般单独活动或聚成小群，或与其他鹀类混杂活动。杂食性，主要取食草籽、谷物等农作物及少量的昆虫。繁殖期 6—7 月，营巢于树上，窝卵数一般 4 枚。

地理分布　国内分布于东北、华北，西至陕西、四川、贵州、广西，南至香港、澳门，东至东南沿海地区及台湾均有分布。国外分布于日本、韩国、朝鲜、蒙古国、俄罗斯、老挝等地，偶见于荷兰、乌克兰、英国。

居留型　旅鸟。

雀形目 PASSERIFORMES

鹀科　Emberizidae

英文名　Rustic Bunting
别　名　花眉子、白眉儿、田雀、花九儿

田鹀

Emberiza rustica

鉴别特征　雄鸟头黑色；眉纹白色；枕部有白斑；翅具两道白色翼斑；上体栗红色，具黑褐色纵纹；下体白色，具栗红色胸带。雌鸟羽色较淡，头部棕褐色，具褐色纵纹。

形态特征　体长 140～180mm。雄鸟眉纹白色；颧纹棕白色延伸至颈侧；额、头顶和头侧、后颈黑色；枕部具白斑；背、肩、腰和尾上覆羽栗红色；背中央有黑褐色纵纹，羽缘土黄色；翅上小覆羽栗褐色；中、大覆羽黑褐色，羽缘栗红色，羽端白色；飞羽角褐色，羽缘栗黄色；尾羽黑褐色；中央尾羽栗褐色；外侧两对尾羽具楔状白斑；颏、喉、颈侧及腹部近白色，颏、喉侧有褐色点斑；胸部具栗红色横斑；胁栗色；尾下覆羽白色。雌鸟羽色较暗淡，头部棕褐色，枕部有显著浅色斑；颊黄褐色；胸部栗色横斑，杂以较多的白色。虹膜暗褐色；上喙和喙尖角褐色，下喙肉色；跗跖及趾肉色。

生　态　栖息于杂木林、人工林、灌木丛和沼泽草甸中，也见于低山区和山脚下及开阔田野中。迁徙期与其他鹀类集结成大群活动。植食性为主，喜食谷物和各种野生杂草种子，也吃昆虫。繁殖期5—7月。窝卵数多为 4～5 枚，雌鸟孵化，孵化期 12～13 天。雏鸟晚成性，经 14 天左右可离巢。

地理分布　国内黑龙江、辽宁、吉林、内蒙古、新疆、宁夏、甘肃、河北、陕西、河南、山东、安徽、湖北、湖南、四川、江苏、浙江、福建等均有分布。国外分布于欧洲、西伯利亚到太平洋沿岸；越冬于中亚、蒙古国、朝鲜、日本，偶至伊朗、土耳其、法国、意大利。

居留型　旅鸟。

黄喉鹀

Emberiza elegans

雀形目 PASSERIFORMES

鹀科　Emberizidae

英文名　Yellow-throated Bunting

别　名　黄豆瓣、黑月子、黄眉子、黄凤儿

鉴别特征　雄鸟头、冠羽、颏和上胸黑色，眉纹黄色，枕、喉辉黄色，翅具两道白色翼斑。雌鸟头、羽冠、上体暗红褐色，背具黑褐色纵纹，下体淡红褐色。

形态特征　体长 140～150mm。雄性头顶、冠羽、头侧黑色，耳羽上方有白色带；眉纹前段黄白色，后段鲜黄色；后颈和颈侧灰色；枕部黄色；上背和肩栗红色；下背至尾上覆羽褐灰色。翅暗褐色，羽缘淡栗红色；小覆羽灰色；中、大覆羽具白色羽端；尾羽黑色具灰白色羽缘；中央尾羽灰褐色；最外侧一对尾羽白色，外侧第 2 对内翈有一长的楔形白斑；颏黑色；喉黄色，下喉有窄白带；上胸部有三角形黑斑；体侧和胁具栗褐色条纹；胸侧、腋羽、翼下覆羽、尾下覆羽苍白色。雌鸟羽色较暗淡，黑色部分转为暗红褐色，上胸无黑色斑块，下体淡红褐色。虹膜暗褐色；喙黑色，下喙基部较浅；跗跖及趾肉色。

生　态　栖息于山区阔叶林、草甸、灌丛地带，迁徙期间多聚成小群沿林间公路和河谷等开阔地带活动。性活泼。繁殖期主要以昆虫成虫及幼虫、蠕虫为食，非繁殖期以植物种子、谷物为食。繁殖期 5—7 月。窝卵数 3～6 枚，雌雄亲鸟轮孵，孵化期 11～12 天。雏鸟晚成性，10～12 天可离巢。

地理分布　国内除青海、西藏、海南外，各地均有分布。国外分布于俄罗斯、日本及朝鲜。

居留型　旅鸟。

雀形目 PASSERIFORMES

鹀科 Emberizidae

英文名 Yellow-breasted Bunting
别　名 黄胆、禾花鹀、禾花雀、黄豆瓣、铜背儿

黄胸鹀

Emberiza aureola

鉴别特征　雄鸟头部黑色，上体栗褐色，翅上具白斑，下体鲜黄色，胸部具栗褐色横带，尾下覆羽白色。雌鸟上体栗褐色，具黑褐色纵纹；眉纹皮黄色；胸部无横带。

形态特征　体长 140~150mm。雄鸟头部黑色，头侧杂有黄色；上体栗褐色；背部具不明显的黑色纵纹；翅上小覆羽栗褐色，中覆羽白色，大覆羽端部白色；初级覆羽和初级飞羽、次级飞羽暗褐色，外缘黄褐色；尾黑褐色，最外侧一对的内翈具白斑，外侧第2对近羽端处有小白斑。胸部具栗褐色横带；翅下覆羽及腋羽白色；胁有棕褐色纵纹；下体余部黄色；尾下覆羽白色。雌鸟羽色较暗淡，眉纹皮黄色，额、头顶栗褐色，具淡皮黄色纵纹及黑褐色羽干纹；背和肩黄褐色，具黑褐色纵纹；肩至尾上覆羽栗色，具黑褐色羽干纹；颏和喉近白色；胸部无横带；其余下体黄色，胁具黑褐色细纹。虹膜褐色；上喙黑褐色，下喙较淡；跗跖及趾暗肉褐色。

生　态　见于低海拔的丘陵地区和开阔平原地带的灌丛、草甸、草地和林缘地带，尤其是水源附近的稀疏林地。迁徙期间和冬季，常集成大群活动。繁殖期主要以昆虫成虫和幼虫为食，也吃部分小型无脊椎动物和草籽、种子和果实等植物性食物；迁徙期间主要以农作物为食，也吃部分草籽和植物果实与种子。繁殖期5—7月，窝卵数4~5枚，雌雄亲鸟共同孵化，孵化期13天左右。雏鸟晚成性，经13~14天可离巢。

地理分布　国内除西藏、海南外，各地均有分布。国外广布于欧亚大陆北半部。
居 留 型　旅鸟。
保护等级　国家一级保护野生动物。

栗鹀

Emberiza rutila

雀形目 PASSERIFORMES

鹀科 Emberizidae

英文名 Chestnut Bunting

别　名 紫背儿、红金钟、大红袍

鉴别特征　雄鸟头部、颈、上体及喉栗红色，翅、尾黑褐色，胸、腹部黄色。雌鸟上体橄榄褐色，具黑褐色纵纹；腰和尾上覆羽栗色；颏、喉浅黄色。

形态特征　体长 140 ~ 150mm。雄鸟头、颈、上体栗红色；飞羽黑褐色，羽缘淡绿黄色，内侧次级飞羽表面栗红色；尾羽暗褐色，具青绿色羽缘，外侧两对尾羽外翈具小型的白色端斑；颏、喉、上胸栗红色；体侧和胁橄榄绿色，具暗褐色纵纹；其余下体黄色。雌鸟头顶栗黄褐色，具黑褐色纵纹；头侧灰黄色；颧纹黑色，耳羽上缘有狭细黑纹；上背和肩羽栗褐色，具黑褐色纵纹；下背和腰淡栗红色；翅黑褐色；尾羽淡褐色；下体黄色，胸部具暗色轴纹；体侧和胁灰绿色，具黑褐色纵纹。虹膜褐色；上喙棕褐色，下喙淡褐色；跗跖及趾淡肉褐色，爪褐色。

生　态　见于低山、丘陵、耕地、旷野、山坡等地带的阔叶林、灌丛、灌草丛和草甸中。性大胆，多聚成小群活动。食物以杂草种子、谷物、树木嫩芽、枝叶等植物性食物为主，繁殖期捕食昆虫成虫和幼虫。繁殖期 6—8 月，营巢于地上或干草丛中，窝卵数多为 4 ~ 5 枚。

地理分布　国内分布于除新疆、西藏、青海、海南外的各地。国外分布于俄罗斯、印度、孟加拉国、尼泊尔、巴基斯坦、日本、朝鲜、韩国、老挝、蒙古国、缅甸、泰国和越南。

居留型　旅鸟。

雀形目 PASSERIFORMES

鹀科 Emberizidae

英文名 Black-faced Bunting

别　名 青头楞、青头鬼儿、蓬鹀、
青头雀、黑脸鹀

灰头鹀

Emberiza spodocephala

鉴别特征　雄鸟喙基、眼先、颊灰黑色；上体橄榄褐色，具黑褐色条纹；胸黄色。雌鸟头和上体灰褐色，具黑褐色细纹；眉纹土黄色；胸和胁有黑色纵纹。

形态特征　体长140~150mm。雄鸟喙基、眼先、颊近黑色；头、颈、颏、喉和胸灰色而微沾黄绿色；上背、肩橄榄绿色，具黑色纵纹和棕色羽缘；下背、腰、尾上覆羽橄榄褐色；翅暗褐色羽缘棕白色；中、大覆羽羽缘白色；尾羽黑褐色，中央尾羽具黄褐色羽缘，最外侧一对尾羽几乎白色，外侧第2对内翈具大型白色楔状斑；胸、腹淡黄色，尾下覆羽黄白色；胸侧和胁淡褐色具黑褐色纵纹。雌鸟头顶、后颈、背部浅棕褐色，具黑褐色纵纹，颊灰褐色；眼先、眼周和眉纹土黄色；喉和上胸微沾橄榄绿色；体侧和胁棕褐色具黑褐色条纹；下腹和尾下覆羽黄白色。虹膜褐色；喙暗褐色，下喙除喙端外色浅；跗跖及趾淡黄色。

生　态　栖息于山谷河岸或平原沼泽地的疏林或灌木丛中。繁殖期成对或单独活动，其他季节常成小群活动。杂食性，早春和晚秋及冬季以杂草种子、植物果实和各种谷物为食；繁殖期几乎全部以昆虫成虫和幼虫育雏。繁殖期5—7月，营巢于河谷、耕地、村落、林间公路两边的次生林、灌丛、草丛。窝卵数多为4~5枚，雌雄亲鸟轮孵，孵化期12~13天。雏鸟晚成性，9~10天可离巢。

地理分布　国内除西藏外，各地均有分布。国外分布于西伯利亚，往南可达印度、老挝、缅甸、尼泊尔、泰国、越南。

居留型　旅鸟。

苇鹀

Emberiza pallasi

　　鉴别特征　头顶、头侧、颏、喉、上胸中央黑色；后颈有白色领环；肩、背黑色，羽缘黄白色。

　　形态特征　体长 130~140mm。雄鸟头顶、颊和耳羽黑色，头顶羽缘黄色；后颈具白色领环；肩部、背部黑色，羽缘黄白色；腰和尾上覆羽灰色，羽缘黄白色，具黑褐色羽干纹；翅上覆羽黑褐色；小翼羽暗褐色，羽缘灰白色；飞羽暗褐色具赤褐色外缘；尾羽黑褐色具褐白色羽缘，中央一对尾羽羽缘黄白色，最外侧一对尾羽具楔状白斑；颏、喉和上胸中央黑色；下体其余部分白色，胁具不显著的赤褐色羽干纹；腋羽、翼下覆羽白色。雌鸟头沙褐色，上体棕栗色较浓，胁有较显著的褐色条纹。虹膜暗褐色；上喙黑褐色，下喙黄褐色；跗跖及趾肉色，爪黑色。

　　生　态　栖息于沼泽、溪流灌丛和芦苇丛、荒地的稀疏小树上。常成小群活动。性情活泼，胆大，在草丛或灌丛中边飞边叫。食物主要是昆虫成虫及幼虫、芦苇种子、杂草种子及少量谷物。繁殖期 6—7 月，营巢于地上草丛或灌木低枝上，窝卵数 4~5 枚。

　　地理分布　国内分布于东北、华北及新疆、宁夏、甘肃、陕西、河南、湖北、湖南、安徽、山东、江苏、福建、香港、台湾。国外分布于俄罗斯、中亚、蒙古国、朝鲜等地。

　　居留型　旅鸟。

第六章

哺乳纲

东北刺猬

Erinaceus amurensis

鉴别特征　体粗短而肥胖；背部和体侧满布棘刺；尾短；耳不超过周围棘刺；头顶棘刺或多或少，分为两簇。

形态特征　体型较大，肥而粗壮。体重360~750g，体长215~275mm，尾长20~26mm。头宽，吻尖，眼小，耳短且不超过周围棘长；头顶棘刺中央有一狭窄的裸出带；体背覆以硬棘刺，棘刺尖多为棕色或浅棕色；身体余部除吻端和四肢足垫裸露外，均被细而硬的毛；四肢短壮，各具五指（趾），爪发达；尾短，不及后足长。齿式：3.1.3.3/2.1.2.3=36。

生　态　常出没于农田、果林、草地等处，巢筑于石缝、灌木丛、墙根等隐蔽处，冬眠期从10月底至次年3月。夜间活动，性迟钝，行动缓慢，遇到危险时蜷缩成团。食性甚杂，常吃各种昆虫，兼食鼠类、蛙、蜥蜴、幼鸟等小型动物，偶尔也吃植物碎屑或瓜果等农作物。

地理分布　国内分布于黑龙江、辽宁、吉林、内蒙古、河北、山东、河南、山西等地。国外分布于俄罗斯和朝鲜。

保护等级　河北省重点保护陆生野生动物。

食虫目 EULIPOTYPHLA

鼩鼱科 Soricidae

英文名 Lesser White-toothed Shrew

别 名 鼩鼱、普通鼩鼱、小麝鼩、北小麝鼩、小尖嘴耗子

北小麝鼩

Crocidura suaveolens

鉴别特征 体型似小家鼠，但鼻吻尖长。背毛呈灰棕色，毛基暗灰色，毛尖灰棕色。

形态特征 背毛灰棕色，微闪光泽；毛基暗灰色，毛尖灰棕色。吻鼻尖长，呈象鼻状，吻侧有长须。眼小，耳壳正常。尾较短，其上长有稀疏但明显的长毛。四肢较纤细。被毛细软。颅骨狭而扁，吻部长，从吻端至脑颅逐渐由窄变宽。上颌第 1 齿强而弯曲，状如镰刀，具一明显的后尖。齿式：3.1.1.3/1.1.1.3=28。

生 态 分布较广泛，栖息于中温带森林、平原、丘陵和山地，多见于农田、菜地、灌草丛、林缘及湖边等处。主要以土壤昆虫为食，也吃一些植物的花、果实和种子等。冬季不蛰伏。巢建在草丛土坑中，有时在鼠洞中，隐蔽性极好。通常不打洞，只是利用啮齿动物或鼹鼠铺设的暗道自由出没；可通行的通道洞宽极窄，只需 2cm 左右。

地理分布 国内分布于黑龙江、辽宁、吉林、河北、山东、山西、内蒙古、宁夏、陕西、河南、安徽、江苏、浙江、江西等地。国外见于俄罗斯、朝鲜、日本。

保护等级 河北省重点保护陆生野生动物。

麝鼹

Scaptochirus moschatus

鼹科　Talpidae

英文名　Short-face Mole
别　名　鼹鼠、地里排子、瞎耗子

鉴别特征　吻短，尖如锥；眼退化；爪扁平强大而锐利；全身被以棕色且有金属光泽的细密柔毛。

形态特征　体形粗壮，呈圆筒形。头小，吻尖，颈不明显，眼退化，耳壳缺失。尾短，多短于后足长度；前肢强健，掌宽大而外翻，指端具长而扁平的利爪。全身被细柔致密的毛，闪金属光泽。尾毛稀疏。四足背面毛细短，几乎裸露。背毛毛基深灰色，毛尖灰棕色，腹部毛色较背毛稍淡。上颌门齿小，其中以第一上门齿略大，3 对门齿排列紧密成一弧形；上犬齿十分发达，齿尖较其他各齿显著高出。齿式：3.1.3.3/3.1.3.3＝40。

生　态　营地下穴居生活。听觉、嗅觉灵敏。在地面爬行速度快。掘土能力强，能挖掘复杂的洞道。挖掘的洞道深度依季节、温度和水位的高低而有变化，也因土质而异。巢一般位于距地面 70～200cm 深处。巢中铺以草和树叶，由巢向外有四通八达的洞道。主要以蝼蛄、叩头虫、金龟子、步行虫等土壤昆虫为食，也食蚰蜒、马陆、蚯蚓等无脊椎动物，同时食少量植物性食物。具贮食行为，主要靠贮存的食物度过食物缺乏的季节。春季繁殖，至夏末结束。孕期 30 天左右，一年产 2～3 胎。

地理分布　我国特有种。分布于黑龙江、辽宁、内蒙古、山东、河北、山西、宁夏、甘肃、陕西等地区。

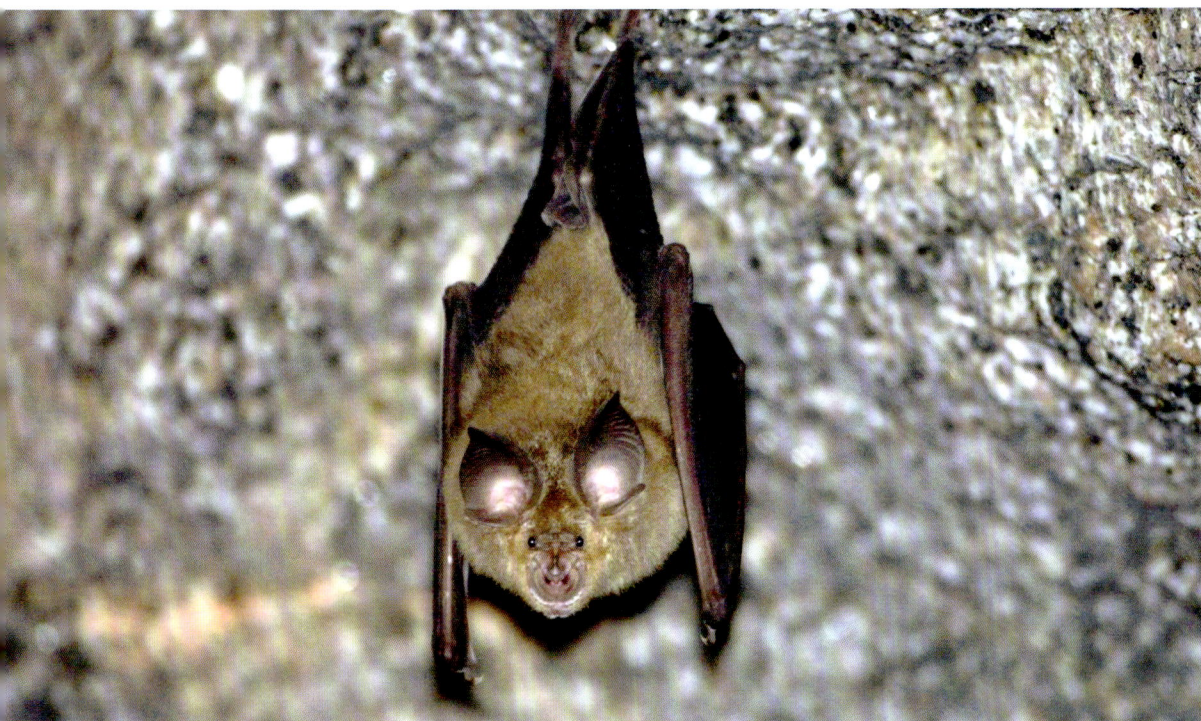

翼手目 CHIROPTERA

菊头蝠科 Rhinolophidae

英文名 Greater Horseshoe Bat
别　名 菊头蝠、蝙蝠

马铁菊头蝠

Rhinolophus ferrumequinum

鉴别特征　体型较大，耳大且宽阔，耳尖显著，全身被有细密柔软的毛，背毛淡棕色，腹毛灰棕色。

形态特征　体长约 60mm，前臂长 50～60mm。吻鼻部有复杂的叶状突起，形成特殊的鼻叶，蹄状叶宽，其附叶小而不明显；联接叶低，侧面观后突与鞍状叶顶端几相等，呈弧形；顶叶顶端尖而狭长。耳壳较大。全身被细密柔软的毛。背毛淡褐色，毛基较浅，毛尖渐深。腹毛灰棕色。翼膜和骨间膜为黑褐色。尾退化。齿式：1.1.2.3/2.1.3.3=32。

生　　态　多栖息于海拔较高的山洞、岩隙或高山溶洞。群栖性，栖息时后足倒挂于岩石缝隙间，常与其他蝠类共同生活。昼伏夜出，喜食鳞翅目及鞘翅目昆虫。11月冬眠，翌年4月出蛰。6月上旬产仔，每胎1仔。

地理分布　国内分布于吉林、辽宁、山东、甘肃、山西、陕西、河北、北京、河南、江苏、上海、浙江、安徽、江西、贵州、四川、云南、福建、广西等地。国外见于欧亚大陆。

第六章　哺乳纲

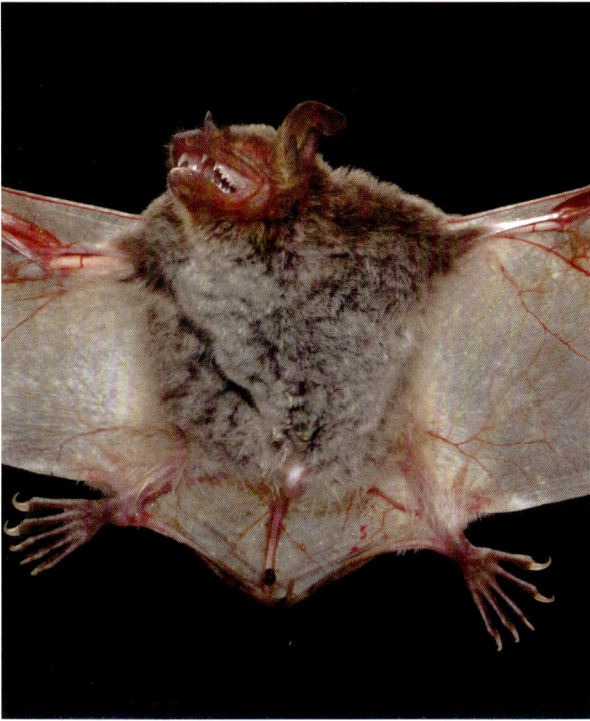

大足鼠耳蝠

Myotis pilosus

蝙蝠科　Vespertilionidae

英文名　Rickett's Big-footed Myotis

鉴别特征　体型中等，肥壮；身体被毛短而浓密；背部深褐色；腹毛灰白色；后足异常发达。

形态特征　体长约69mm，前臂长约57mm，体重约21g。吻部不很突出，口须发达；耳大适中，基部较宽，端部较钝；耳屏短而窄，其长不及耳长一半。拇指具爪。后足大，与胫几等长，爪强且弯，足背生有硬毛。翼膜着于胫基部。距长，超过股间膜后缘的2/3。尾较长，末端突出于膜外。体被绒状短毛，背毛呈沙灰色或灰褐色，腹部灰白色。

生　态　主要以宽鳍鱲、鲫鱼、洛氏鱥等鱼类为食。11月进入繁殖期，翌年6月产仔，每胎1仔。冬季休眠。多栖息在岩洞内，常集小群居住，与其他蝠类同居一洞。

地理分布　我国特有种，分布于山东、河北、山西、河南、湖北、安徽、江苏、浙江、福建、江西、湖南、广东、广西、四川、云南、海南、香港等地。

河北小五台山 国家级自然保护区陆生脊椎动物

翼手目 CHIROPTERA

蝙蝠科 Vespertilionidae

英文名 Japanese Pipistrelle
别 名 日本伏翼、东亚家蝠、伏翼、家蝠

东亚伏翼

Pipistrellus abramus

鉴别特征 体型小；耳郭近似三角形；耳屏弧形，尖端较圆钝；背毛灰黑色、棕褐色；腹部颜色更淡，呈灰褐色。

形态特征 体长 38~60mm，前臂长 27~36mm，尾长 33~41mm，体重 4.4~7.2g。耳短而宽，外缘基部上方有凸突；耳屏狭长，超过耳壳长一半，内缘凹，外缘凸；背毛烟褐色和黑褐色；腹毛色略淡，呈灰褐色。齿式：2.1.2.3/3.1.2.3=34。

生 态 种群数量较大，多栖息于建筑物中，喜捕食蚊蝇等小型昆虫。冬眠期较长，常在11 月至次年 3 月冬眠。在 6—7 月间产仔，每胎 2~3 仔。

地理分布 国内的华北、东北、华东、华南均有分布。国外广泛分布于东亚地区。

狼

Canis lupus

食肉目 CARNIVORA

犬科 Canidae

英文名 Wolf

别　名 灰狼、土狼、青狼、张三、普通狼

鉴别特征　外形似犬；耳通常直立；尾始终下垂，从不上卷；尾毛蓬松，毛尖黑色显著。

形态特征　外形似大型家犬，但吻部略尖，鼻垫宽厚、全裸。耳中等长，直立；尾较短，尾毛蓬松而不弯卷。前足5指；第三、四指最长；拇指最小，位置偏高，指垫大，腕垫很小。后足4趾；爪粗钝，不能伸缩。毛色因栖息环境和季节变化而有差异。一般体色暗黄，呈灰棕色。头部浅灰色，背毛棕黑相杂，体侧和四肢外侧较背部毛色略淡，腹部和四肢内侧白色，腹部稍棕色。眼窝附近和鼻部上方棕色，额顶和上唇暗灰色。尾与背同色，尾尖黑色，尾背面毛长。齿式：3.1.4.2/3.1.4.3=42。

生　态　适应性强，分布范围广。在森林、山地、灌丛、丘陵甚至居民点附近都有其踪迹。喜欢人为干扰少、食物丰富、有一定隐蔽条件的环境，有固定的繁殖地、觅食地。成群或结对活动。嗅觉、视觉、听觉均较发达。白天隐蔽在丘陵和山区的偏僻地段，在夜间活动。善奔跑。性残忍，机警多疑。狼的食物成分复杂，以中小型兽类为主，如野兔、獾、旱獭、鹿等。在食物缺乏时，常偷食家畜。

地理分布　国内大部分地区均有分布。国外广泛分布于欧亚大陆北部及北美洲。

保护等级　国家二级保护野生动物。

食肉目 CARNIVORA

犬科 Canidae

英文名 Red Fox

别 名 狐狸、红狐、火狐、草狐

赤狐

Vulpes vulpes

鉴别特征 体形细长，四肢短小；耳直立，背面上部黑色；背毛变化大，由红褐色至深褐色；尾毛蓬松，尾端白色。

形态特征 毛色因季节和地区不同而变异很大。吻部两侧具黑褐色毛区；耳直立，高而尖；耳背面上半部黑色。背毛由红褐色至深褐色，从耳间自头顶至背中央有栗褐色带。喉、前胸及腹部毛色浅淡。四肢较短，外侧至足均趋黑色，后肢较暗红色，足掌有浓密短毛。尾毛长而蓬松，上面红褐色而带黑、黄或灰色细斑，下面棕白色，尾梢白色。具尾腺，能释放奇特臭味。齿式：3.1.4.2/3.1.4.3=42。

生 态 栖息环境多样，包括森林、高山、丘陵、平原及村庄附近，喜欢开阔地和植被交错的灌木环境。多在山坡活动，一般昼伏夜出，听觉、嗅觉发达，行动敏捷，喜欢单独活动。爪锐利，善于奔跑、游泳和爬树。主要以田鼠、松鼠等啮齿类为食，也吃鸟类、蛙、鱼、昆虫等，偶食各种野果和农作物。每年的 12 月至次年 2 月发情、交配，怀孕期 2~3 个月，3—4 月产仔，每胎多为 5~6 仔。初生的幼子皮毛短黑，出生后 14～18 天睁眼，哺乳期约为45 天。

地理分布 国内除台湾、海南外，各地均有分布。国外分布于欧洲、北非及亚洲大部分国家。

保护等级 国家二级保护野生动物。

貉

Nyctereutes procyonoides

犬科　Canidae

英文名　Raccoon Dog
别　名　貉子、椿尾巴、毛狗、狸、土狗

鉴别特征　体形矮粗；吻、耳均短；眼周黑色；颊具环状领的蓬松长毛，具倒"八"字形黑斑；尾短，毛蓬松。

形态特征　外形似狐，但体形短粗，四肢矮小。面纹明显，前额和鼻吻部白色；颊部覆有蓬松的灰白色毛，形成环状领。眼周及眼下方部分黑色，形成"八"字形黑纹。背毛基部淡黄色，毛尖黑色。体侧毛多棕黄色，腹部毛色淡。尾长小于头体长的1/3，毛蓬松，背面灰棕色，中央有黑纹，腹面色淡，尾尖黑色。齿式：3.1.4.2/3.1.4.3=42。

生　态　见于平原、丘陵、河谷和靠近水源附近的丛林中。穴居，常利用其他动物的废弃旧洞，或营巢于石隙、树洞里。食性较杂，主要取食小动物，包括啮齿类、小鸟、鸟卵、鱼、蛙、蛇、虾、蟹、昆虫等，也食浆果、真菌、根茎、种子、谷物等植物性食物。性较温驯，叫声低沉，能攀登树木及游水。在北方冬季常非持续性冬眠，在天气转暖或受惊时出来活动。2—3月为交配期，怀孕62~63天。5—6月产仔，每胎产仔多为6~8只。

地理分布　国内分布于东北、华北及陕西、甘肃、河南、安徽、江苏、浙江、江西、湖南、四川、贵州、云南、广东、广西、福建等地。国外见于日本、朝鲜、韩国、蒙古国、俄罗斯、越南，并引入北欧和东欧大部分国家。

保护等级　国家二级保护野生动物。

食肉目 CARNIVORA

鼬科 Mustelidae

英文名 Siberian Weasel
别　名 黄鼠狼、黄皮子、黄大仙

黄鼬

Mustela sibirica

鉴别特征　背毛棕黄色，腹毛淡黄褐色；面部和额部暗褐色；唇白色；尾长约为头体长的一半；尾尖色深。

形态特征　身体细长，颈较长，耳壳短而宽，稍露出于毛外；尾长约为头体长的一半；四肢较短，具5趾，爪尖锐。鼻基部、前额及眼周暗褐色，略似面纹。鼻垫基部及唇为白色。背毛棕黄色，腹毛淡黄褐色。喉部及颈下常有白斑，但变异较大，有的呈大形斑，有的延伸至胸部。肛门腺发达。齿式：3.1.3.1/3.1.3.2=34。

生　态　栖息于山地、平原，见于林缘、河谷、灌丛和草丘中，也常出没在村庄附近。居于石洞、树洞或倒木下。夜行性，尤其是清晨和黄昏活动频繁，有时也在白天活动。通常单独行动，善于奔走，能贴伏地面前进、钻越缝隙和洞穴，也能游泳、攀树和墙壁等。每年3—4月发情交配，妊娠期33~37天。通常5月产仔，每胎产2~8仔。初生的幼仔全身被白色胎毛，双眼紧闭，侧身躺卧；9~10月龄达到性成熟。

地理分布　国内大部分地区均匀分布。国外见于俄罗斯、朝鲜、蒙古国、日本、印度、缅甸、尼泊尔等国家。

保护等级　河北省重点保护陆生野生动物。

艾鼬

Mustela eversmanii

食肉目 CARNIVORA

鼬科 Mustelidae

英文名 Fitchew

别 名 地狗、黑脚鼬、艾虎

鉴别特征 身体细长；后背及腰部毛尖黑色，耳缘白色；喉、胸、四肢、鼠蹊部以及尾端约1/3为褐色或棕黑色。

形态特征 体型较大的鼬类。体呈圆柱形。吻部短而钝。颈部稍粗。四肢较短，跖行性，脚掌被毛，掌垫发达，爪粗壮而锐利。鼻周和下颌污白色；鼻中部、眼周及眼间为棕黑色；眼上前方具卵圆形白斑；颊部、耳基灰白色，耳背面及外缘白色；头顶棕黄色。身体背面为棕黄色，背脊向后黑尖毛较多；体侧为淡棕色，腹毛色浅。颏部棕褐色。喉部、胸部、鼠蹊部淡黑褐色。尾大部分与背毛一致，末端黑色。齿式：3.1.3.1/3.1.3.2=34。

生 态 栖息于山地阔叶林、草地、灌丛及村庄附近。夜行性，有时也在白天或晨昏活动，一般单独活动。性情凶猛，行动敏捷；善于游泳和攀缘；视觉和听觉都很发达。主要以鼠类等啮齿动物为食，也吃鸟类、鸟卵、小鱼、蛙类、甲壳动物，以及一些植物浆果、坚果等。每年2—3月发情交配。自己挖掘洞穴筑巢，或侵占鼠类的巢。怀孕期35～41天。通常在4—5月产仔，每胎产3～5仔。哺乳期为40～45天。初生的幼兽被有稀薄的绒毛，双眼紧闭；2月龄能独立生活，9月龄达到性成熟。

地理分布 国内分布于黑龙江、吉林、辽宁、河北、内蒙古、山西、山东、陕西、宁夏、甘肃、青海、新疆、江苏、四川、西藏等地。国外见于哈萨克斯坦、蒙古国、克什米尔地区等。

保护等级 河北省重点保护陆生野生动物。

食肉目 CARNIVORA

鼬科 Mustelidae

英文名 European Badger
别 名 獾子、沙獾、麻獾、山獾、猹

狗獾

Meles leucurus

鉴别特征 体矮胖；鼻垫与上唇间被毛；面部长锥形，耳尖白色；头面部大部分为白色，具两黑褐色纵纹位于两侧，纵向贯穿整个面部。

形态特征 吻鼻部较长，具软骨质鼻垫，鼻垫与上唇之间被毛。眼小，颈部粗短，四肢短小强健，趾具粗长的爪。跖部裸出，半跖行性。肛门附近具腺囊，能分泌臭液。耳壳短圆，背面及后缘黑褐色，耳尖白色。颜面部有 3 条白色纵纹，中间一条从吻部到额部、两侧从口角经耳基到头后；并有 2 条黑褐色纵纹与白色纵纹相间；从吻部两侧向后延伸，穿过眼到头后与颈背部深色区相连。体背针毛基部 3/4 为白色，中段黑褐色，毛尖白色或乳黄色；体侧针毛黑褐色减少，白色或乳黄色毛尖逐渐增多；腹面及四肢内侧黑棕色或淡棕色。绒毛白色或灰白色。齿式：3.1.3.1/3.1.3.2=34。

生 态 栖息于森林或山坡灌丛、田野、沙丘草丛及湖泊、河溪旁边等各种生境中。春、秋两季活动旺盛。有冬眠习性。性情凶猛，但不主动攻击家畜和人。杂食性，以植物的根、茎、果实和蛙、蚯蚓、小鱼、昆虫和小型哺乳类等为食，也食玉米、花生、马铃薯、白薯、豆类及瓜类等。每年繁殖 1 次，9—10 月雌雄互相追逐，进行交配。次年 4—5 月产仔，每胎 2～5 仔。幼兽除头部白色外，周身均被灰白色绒毛，背部及四肢稍黑。

地理分布 国内从东北、华北直至江苏、浙江、福建、广东、广西、云南、四川、湖北、陕西、贵州和甘肃等地均有分布。国外广布于欧亚大陆。

保护等级 河北省重点保护陆生野生动物。

猪獾

Arctonyx collaris

英文名 Hog Badger

别　名 沙獾、山獾

鉴别特征　与狗獾相似；鼻垫与上唇间裸露；鼻吻部狭长而圆；面部白色，从鼻延伸出两条黑色条纹，穿过眼和淡白色的耳直至颈部。

形态特征　鼻吻狭长而圆，鼻垫与上唇间裸露无毛。眼小，耳短圆，四肢短粗，掌垫裸露，爪长而弯曲。尾较长，基部粗壮，向末端逐渐变细。头部从吻鼻裸露区向后至颈后部有一条白色条纹，前部白色，至颈部渐有黑褐色毛，向两侧扩展至耳壳后的肩部。自吻鼻部两侧穿过眼至耳壳有一黑褐色纵带，向后渐宽，在眼下方有白色区，其后部黑褐色带渐浅。耳下方白色并向两侧伸展。下颌及颏部白色。口缘后方略有黑褐色与脸颊的黑褐色相连。背部毛以黑褐色为主，毛基白色，中段黑色，毛尖黄白色；背部后方黄白色毛尖部分加长，使背毛呈黑白色。身体侧面及胸、腹颜色同背部。四肢黑褐色，腹部浅褐色。齿式：3.1.4.1/3.1.4.2=38。

生　态　栖息于高、中、低山区阔叶林、针阔混交林、灌草丛、平原、丘陵等环境中。喜欢穴居，在荒丘、路旁、田埂等处挖掘洞穴，也侵占其他兽类的洞穴。夜行性，性情凶猛。有冬眠习性，通常10月下旬开始冬眠，冬眠之前大量进食，使体内脂肪增加。主要以青蛙、蜥蜴、泥鳅、昆虫、小鸟和鼠类等动物为食，也吃玉米、小麦、土豆、花生等农作物。发情交配期4—9月，次年4—5月产仔，妊娠期长达约10个月。

地理分布　国内广布于华北、西南、中部和东部区域。国外分布于不丹、柬埔寨、印度、印度尼西亚、老挝、蒙古国、缅甸、泰国、越南。

保护等级　河北省重点保护陆生野生动物。

食肉目 CARNIVORA

灵猫科　Viverridae

英文名　Masked Palm Civet
别　名　花面狸、猫猸、五面狸、白鼻狗

果子狸

Paguma larvata

鉴别特征　前额到鼻垫有一条中央纵纹；眼下和眼后具白斑，眼后白斑有时延伸到耳基部。

形态特征　体型中等。头部、颈部灰黑色，颈侧棕黄色。从鼻经颜面中央至额顶宽阔的白色纵纹，延伸至颈后部。眼下方有较小的白斑；眼后具较大的白斑，有时延伸到耳基部及肩部。背部灰棕色，毛基浅灰色，毛尖棕灰色。颏黑褐色，喉灰白色或灰褐色，胸部棕黄色或灰黄色，腹灰白色。四肢棕黑色，毛基黑色，毛尖棕黄色。足背乌黑色，尾端黑色。四肢较短，具5趾，爪略具伸缩性。香腺不发达。尾长而不具缠绕性。齿式：3.1.4.2/3.1.4.2=40。

生　态　栖息于中低山的针叶林、混交林、阔叶林、灌丛等环境中。夜行性，晨昏活动频繁。白天多隐秘于岩洞、土穴、树洞或浓密灌丛等场所。成对或营家族生活。主要在树上活动和觅食，极善攀缘。主要以各种浆果或坚果为食，也捕食小动物。发情交配期多在每年的3—4月，怀孕期约2个月，产仔期为5—6月，每胎2~4仔。

地理分布　国内分布于华北及以南的广大地区，北起河北北部、山西、陕西秦岭山地、川西一直到西藏南部的喜马拉雅，南到台湾、海南岛和云南南缘。国外分布于中南半岛、印度尼西亚、缅甸、印度、不丹、尼泊尔等地。

保护等级　河北省重点保护陆生野生动物。

豹猫

Prionailurus bengalensis

食肉目 CARNIVORA

猫科 Felidae

英文名 Leopard Cat

别　名 狸猫、铜钱猫、山狸、山猫、麻狸子

鉴别特征　似家猫，但腿更长、尾较粗；毛色图案独特，头到肩有 4 条的黑褐色纵纹，中间 2 条延至尾基部；眼内侧有白色纵纹伸向额顶部；全身布满黑斑点。

形态特征　中等体型，头部较圆，吻短，身体细长。全身大都棕灰色。头顶部至肩部有 4 条纵行的黑褐色纵纹，中间两条沿脊背延伸到尾的基部。眼内侧到额顶部有明显的白色纵纹；眼下有数条棕色纹沿颊部伸至颈侧。颊部有黑横斑；触须白色。耳大而尖，耳后黑色，具白斑点。肩部和体侧有数行不规则的黑斑，臀、腰部斑点较大，四肢上部斑纹略小。颌下、胸、腹及四肢内侧乳白色，具棕黑色斑点。尾部有棕黑色斑和半环纹，尾尖黑色。齿式：3.1.3.1/3.1.2.1=30。

生　态　主要栖息于山地林区、郊野灌丛和林缘、村寨附近。在半开阔的稀树灌丛生境中多见。主要为地栖，但攀爬能力强，在树上活动灵敏。夜行性，晨昏活动较多。独栖或成对活动。善游泳，喜在近水之处活动和觅食。食性主要以鼠类、兔类、蛙类、蜥蜴、蛇类、小型鸟类、昆虫等为食。一般春节发情交配，妊娠期 60～70 天，5—6 月产仔，每年 1 胎，每胎 2～4 仔。

地理分布　国内除新疆外，各地均有分布。国外见于从阿富汗经印度次大陆延伸至东南亚、东亚及俄罗斯等地。

保护等级　国家二级保护野生动物。

食肉目 CARNIVORA

猫科　Felidae

英文名　Leopard

别　名　金钱豹、华北豹、豹子、花豹、银钱豹、文豹

豹

Panthera pardus

鉴别特征　身体橙黄色或棕黄色，具黑色斑点和黑色环纹；腹部白色；耳短头圆；尾长超过体长一半；四肢短健。

形态特征　躯体细长，四肢粗短，强健有力。头圆，耳短圆，尾长超过体长之半。犬齿发达，舌表面具许多角质化的倒生小刺。嘴的侧上方有5排斜形的胡须。体毛橙黄色或棕黄色，全身布满铜钱状黑斑和黑色环斑。头部黑斑小而致密，背部及体侧布有较大的近圆形、椭圆形或多角形黑斑，有些黑斑成环状。耳背面黑色，耳尖黄色。颈下部、胸部、腹部及四肢内侧白色，黑斑较稀疏。四肢外侧棕黄色，具黑斑。尾上有大小不一的黑斑，尾尖黑色。前足5趾，后足4趾；趾（指）端具能伸缩的爪。齿式：3.1.3.1/3.1.2.1=30。

生　态　生活于山地森林、丘陵灌丛、荒漠草原等多种环境。适应力强，独居生活，白天潜伏，夜间活动。在食物丰富的地方，活动范围固定；食物缺乏时，则游荡觅食。雄性的领域比雌性大，通常与多只雌豹的领地相互重叠。性情异常凶猛，犬齿大而锋利，裂齿特别发达，多以其他哺乳动物为食，也吃鱼类、鸟类，偶尔袭击家禽、家畜。在北方，一般3—4月发情，怀孕期90～106天，每胎产1~4仔。

地理分布　国内分布于东北、华北及河南、陕西、云南、贵州、四川、西藏、江西、湖北、安徽、浙江、福建、广东、广西等地。国外见于非洲、中东、中亚、印度次大陆、东南亚和俄罗斯。

保护等级　国家一级保护野生动物。

野猪

Sus scrofa

偶蹄目 CETARTIODACTYLA

猪科 Suidae

英文名 Wild Boar

别 名 山猪、豕舒胖子

鉴别特征 外形似家猪，但头部较长，吻部突出，前端形成鼻盘，耳直立；犬齿发达，呈獠牙状；背上正脊有鬃毛。

形态特征 躯体健壮，头部和身体前端较大，后部较小。头较长，吻部突出呈圆锥形、末端形成裸露的鼻盘，耳长阔直立，眼较小，颈短，四肢粗短，脚4趾中仅中间2趾着地，尾细短。雄性犬齿发达呈獠牙状，露出嘴外；雌性犬齿较短，不露出嘴外。整体毛色为深褐色或黑色，顶层由较硬的刚毛组成，底层为柔软的细毛。背部披有刚硬而稀疏的针毛，毛粗而稀，脊背有显著的鬃毛。面颊和胸掺杂有灰白色毛。腹部毛色较淡，鼠蹊部沙黄色，四肢黑色，尾基部毛色与背部相似，尾尖黑色。幼体呈淡黄褐色，背部有6条淡色纵纹，纵纹后边夹有棕色纵纹，纵纹3~4个月后消失。

生 态 出没于山地、丘陵、荒漠、森林、草地和芦苇丛，经常进入农田。夜行性，晨昏最活跃。杂食性，主要以植物为食，包括嫩叶、坚果、浆果、草叶和草根等，也食鸟卵、鼠类、蜥蜴、蠕虫、腐肉等。怀孕期4个月，每胎产4~12仔，一年能生2胎。

地理分布 国内除干旱荒漠和高原地区外遍布各地。国外分布于欧洲、北非、亚洲。

雌

雄

偶蹄目 CETARTIODACTYLA

鹿科 Cervidae

英文名 Siberian Roe Deer
别 名 西伯利亚狍、东方狍、狍子、矮鹿、野鹿

狍

Capreolus pygargus

鉴别特征 中等体型；雄性具角，角细小，分3个叉，无眉叉；冬毛棕灰色，夏毛黄棕色到棕红色；尾短，隐于体毛内。

形态特征 体重30～40kg，体长约1000mm。仅雄性有角，分叉位置较高，分3叉，无眉叉。鼻吻裸出无毛，耳短宽而圆、直立；眼大，有眶下腺。颈和四肢较长，后肢略长于前肢；蹄狭长4趾，侧蹄短，一般不着地，有跖腺。尾短，隐于毛内。冬毛厚密棕灰色。背毛毛基淡紫色，毛尖棕黑色，中间棕黄色；体侧毛基极淡的紫色，毛尖淡棕黄色；鼻端近黑色，颊淡黄色，喉灰棕色，耳背面棕色，耳尖黑色。腹部淡黄色，四肢内侧较淡。臀斑白色。夏毛黄棕色到棕红色，鼻端黑色，下颌白色，腹毛灰白色。

生 态 多栖息在疏林带，常在河谷及缓坡上活动。性情胆小，日间多栖于密林中，晨昏在空旷的草场或灌木丛活动。喜食灌木的嫩枝、芽、树叶和各种青草、小浆果、蘑菇等。7—8月交配，妊娠期8个月，每胎1～2仔，幼狍3—6月出生。

地理分布 国内广布于中部、西南、西北、华北和东北。国外见于西伯利亚、蒙古国、朝鲜、缅甸。

保护等级 河北省重点保护陆生野生动物。

中华斑羚

Naemorhedus griseus

偶蹄目 CETARTIODACTYLA
牛科　Bovidae
英文名　Chinese Goral
别　名　斑羚、山羊、青羊、西伯利亚斑羚、
　　　　中华鬣羚

鉴别特征　外形似山羊，无胡须；四肢短，蹄狭窄；雌雄均具角，黑色近尖处稍下弯，基部一圈环纹；颈部有较短的鬃毛。

形态特征　头部狭而短；面部较宽；吻鼻部裸露区域较大，向后延伸到鼻孔以后，呈灰黑色。雌雄均具黑色短直的角，角尖尖锐光滑，近尖处稍下弯，基部一圈环纹。眼大无眶下腺；耳较长且直立。四肢短而匀称，蹄狭窄而强健，有蹄腺。尾较短。乳头2对。体毛厚密、松软且蓬松。冬毛色较浅，夏毛色较深。耳内侧白色，耳尖棕黑色。颊和耳背侧棕灰色。颈部有较短的鬃毛。背部灰棕褐色，毛尖黑褐色，无鬣毛，脊线黑色。喉部有白色或黄色的浅斑，腹部浅灰色。四肢的毛较长，自膝关节以下棕灰色。

生　态　栖息于山地针叶林、针阔混交林和阔叶林中，常在陡峭险峻的悬崖上出没。善于跳跃和攀登。性孤独，视觉和听觉敏锐，单独或小群生活，活动范围一般不超过林缘上限。以各种植物为食，如各种青草和灌木的嫩枝叶、果实以及苔藓等。秋末冬初发情交配，妊娠期约8个月，翌年5—6月产仔，每胎产1仔。哺乳期3~4个月，幼体在出生后的第二年性成熟。

地理分布　国内分布于北部、中部、南部和东部。国外分布区可延伸到印度东北部、缅甸西部、泰国东北部、孟加拉国东部。

保护等级　国家二级保护野生动物。

啮齿目 RODENTIA

松鼠科 Sciuridae

英文名 David's Rock Squirrel
别　名 扫毛子、石老鼠

岩松鼠

Sciurotamias davidianus

鉴别特征　体型中等；耳大明显；眼周呈白色；体毛基本为灰色；尾毛尖端白色，上卷时形成两道白边。

形态特征　体长185～250mm，尾长120～200mm，耳长23～28mm。尾长超过体长之半，耳大明显，眼周白色，四肢略短。全身由头至尾基及尾梢均为灰黑黄色。背部毛基灰色，毛尖浅黄色，中间混有一定数量的全黑色针毛。腹毛较背毛稀、软，毛基灰色，毛尖黄白色。吻端至眼并后达耳郭隐约有一条黄纹。尾毛较长且蓬松。

生　态　多见于华北地区，营半树栖或半地栖生活，一般栖息于较为开阔的生境。喜食富含油脂的植物种子或坚果，有贮食习性。不冬眠。每年繁殖一次，春季繁殖，每胎2～5仔。寿命3～12年。

地理分布　我国特有种，分布于河北、河南、陕西、山西、四川、甘肃等地。

松鼠

Sciurus vulgaris

鉴别特征　尾毛密、长而且蓬松，四肢及前后足均较长，耳壳发达，前折时可达眼。毛色还受季节的影响，冬毛灰色或灰褐色，夏毛红色。腹部多为白色。

形态特征　头体长 200～220mm，尾长约 180mm，体重为 280～350g。全身背部及体侧可呈淡红色、棕色、红色或黑色，红色较为常见。腹部多为白色。个体毛色差异较大，且随季节及分布地点不同，毛色也会不同。前后肢间无皮翼。

生　态　主要栖息在温带和寒温带森林中，能够用苔藓、树叶、草和树皮在树杈上做巢，也利用天然树洞或啄木鸟的洞巢。大部分时间独居，善于攀缘跳跃，行动敏捷。食物主要为各种树木的种子，也吃一些真菌、鸟蛋、浆果及幼枝。每年繁殖 2 次，妊娠期 38～39 天。幼仔由雌鼠单独哺育，哺乳期超过 10 周。

地理分布　国内主要分布于西北、东北、河北地区广泛分布于欧亚大陆，西至伊比利亚半岛、大不列颠岛，东至俄罗斯堪察加半岛、库页岛、日本北海道，南至地中海、黑海、古北部，北至欧洲北端、俄罗斯中北部。

保护等级　河北省重点保护陆生野生动物。

啮齿目 RODENTIA

松鼠科 Sciuridae

英文名 Asian Red-cheeked Squirrel
别　名 花鼠、五道眉、桦鼠子、花狸棒、花栗鼠

北花松鼠

Tamias sibiricus

鉴别特征　体背及四肢为淡褐色；背上有 5 条明显的黑色纵纹，其间隔有 4 条橘黄色条纹；腹面灰白色。

形态特征　个体较大，体长约 150mm，尾长可达体长的 4/5，体重 100g 以上。额、头顶部暗褐色，颊部有短的条纹，自吻部沿眼眶上缘至耳基有一条黄白色纹，眼后角至耳基前有一短的暗褐色纹，眼下缘至耳基有一略短的黄白色纹，自上唇至耳基部有暗褐色纹。有颊囊，耳壳显著，耳尖无簇毛。背毛黄褐色，背毛基部灰色，臀毛橘黄色或土黄色。背上具有 5 条黑色或黑褐色纵纹，正中纵纹自头顶起向后延伸至尾基部，其余各纵纹均起自肩部、止于臀部，各纵纹之间有橘黄色条纹。尾毛蓬松，尾端毛较长。

生　态　栖息于山地针叶林、针阔混交林、阔叶林以及灌丛、农田中。多白天活动，晨昏最活跃，行动敏捷，常在地面及倒木上奔跑。善爬树，行动敏捷，不时发出刺耳的叫声。以各种坚果、种子、浆果、花、嫩叶为食，也吃少量昆虫。有贮食和冬眠习性。早春开始繁殖，每年繁殖 1~2 次，每胎 4~6 仔。

地理分布　国内分布于东北、华北及青海、河南、陕西、宁夏、甘肃、四川。国外分布于俄罗斯、蒙古国、朝鲜及日本北部的一些岛屿。

隐纹花松鼠

Tamiops swinhoei

嚙齿目 RODENTIA

松鼠科 Sciuridae

英文名 Swinhoe's Striped Squirrel

别　名 豹鼠、花鼠、三道眉、花松鼠、金花鼠

鉴别特征　体背及尾部棕褐色，体背具3条明显的深色纵纹，耳背面具黑白色的短丛毛。

形态特征　体型略小，体长约115～158mm，尾长85～130mm。耳壳明显，背面有黑白色的短丛毛。眼圈黄色；颈部、头顶及肩前部为棕褐色，颊部自上唇基部至耳基下方有黄白色条纹。体背及体侧、后肢外侧均为深灰褐色。背部具3条黑色纵纹，两侧有两条褐黄色或浅黄色的纵纹，侧面的两条黑褐色纵纹外侧具浅黄色或淡黄白色纵纹。腹部灰白色。尾毛蓬松。前足4指，后足5趾，后足跖部裸露无毛丛，爪呈钩状。

生　态　栖息于林缘及灌丛地带。营树栖生活，窝常筑于树洞，偶尔也利用建筑物筑巢。食性杂，主要以各种种子、嫩芽、杉子、松子、板栗、地衣、树皮和昆虫为食。3—9月繁殖，每胎产3～5仔。

地理分布　国内分布于河北、陕西、四川、浙江、福建、海南、云南等地。国外分布于缅甸及印度。

保护等级　河北省重点保护陆生野生动物。

啮齿目 RODENTIA

松鼠科 Sciuridae

英文名 Daurian Ground Squirrels
别　名 蒙古黄鼠、黄鼠、草原黄鼠、
　　　　　豆鼠子、大眼贼

达乌尔黄鼠

Spermophilus dauricus

　　鉴别特征　体型中等，体粗壮；眼大，耳郭小；尾较短，长不超过体长之半；背毛黄褐色。腹部浅白色。

　　形态特征　体长 190～210mm，体重 154～264g。头大；眼大；耳郭小，为嵴状；有颊囊；尾短长不超过体长之半。眼圈细呈污白色。体背毛黄褐色，体侧为沙黄色，颈、腹部为浅黄白色。尾短且有不发达的毛束，末端毛有黑白色的环。前足掌部裸露，掌垫 2 枚，指垫 3 枚。后足跖部被毛，趾垫 4 枚，前爪较后爪发达，爪呈黑色。

　　生　　态　栖居于草原地带、半荒漠地区及农田。性多疑且机敏，嗅觉、听觉和视觉均很灵敏。喜单洞独居，以白天活动为主。以植物性食物为主，如幼苗、禾草、未成熟的果实和香瓜等，也取食鞘翅目等昆虫。有冬眠习性，9 月末至 10 月末入蛰，次年 3 月中旬至 4 月中旬出蛰。每年繁殖一次，出蛰后交配。5 月中旬产仔，每胎 5～8 仔。

　　地理分布　国内分布于北部的草原和半荒漠等干旱地区。国外见于蒙古国、俄罗斯。

黑线仓鼠

Cricetulus barabensis

仓鼠科 Cricetidae

英文名 Chinese Hamster
别　名 花背仓鼠、背纹仓鼠、腮鼠

鉴别特征　体小且肥壮；吻短而钝；头较圆；耳短圆，具白色毛边；背部具一条黑色纵纹；尾甚短。

形态特征　小型种类。体长 80～120mm，体重一般为 20～35g。体肥壮，头较圆，吻短而钝；耳短圆，耳壳内、外均被短毛，基部黑色，周边镶有白边；有发达的颊囊。尾短小，约为体长 1/4，略长于后足。身体背面从头到尾、颊部、体侧和四肢背面黄褐色或灰褐色，颌下、四肢内侧及腹面灰白色。背、腹部毛色分界明显。背部中央有一条黑色纵纹。尾背面黄褐色，腹面白色。

生　态　见于草原、荒漠草原、半荒漠、平原、耕地、山坡及河谷的林缘和灌木丛等各种环境中。洞穴复杂，有临时洞、贮粮洞、长居洞等不同类型；多建在干燥的农田、田埂、荒地等处。无冬眠现象，有贮存食物的习性。食性杂，在农业区以作物和植物种子为食，在草原食草籽。营夜间生活，白天很少到地面活动。繁殖能力强，3—10月为繁殖期，5月和9月为全年中的两个繁殖高峰，每窝产4～8仔。

地理分布　我国特有种，由原黑线仓鼠宣化亚种（*Cricetulus barabensis griseus*）提升为种，主要分布于辽宁、河北、河南、山东、山西、江苏、安徽等地。

啮齿目 RODENTIA

仓鼠科 Cricetidae

英文名 Greater Long-tailed Hamster
别　名 大腮鼠、灰仓鼠、搬仓鼠

大仓鼠

Tscherskia triton

鉴别特征　体型较大；背毛深灰色，无条纹；腹毛与四肢内侧为白色；耳短而圆，具灰白色窄缘。

形态特征　仓鼠中的大型种类，体长 140～200mm。头钝圆，具颊囊。耳圆露出于毛外，内外侧均被棕褐色短毛，边缘具灰白色窄边。背毛多呈深灰色，体侧较淡，背中央无黑色条纹。腹面与前后肢的内侧均白色。背腹毛色在体侧无明显界限。后足背面纯白色，趾部裸露。尾短小，长度不超过体长的 1/2；尾毛暗色，短而稀疏，尾尖白色。

生　态　栖息于干旱地区、林缘地带及农田。洞穴结构复杂，有洞、洞道、仓库和巢室。有贮存食物习性，冬季靠贮存的粮食过冬。食性杂，喜食植物种子、草籽等，同时也吃一些昆虫和植物的绿色部分。繁殖力强，一般 3 月初开始交尾繁殖，至 10 月底结束，一年产 3～5 胎，每胎 4～14 仔。

地理分布　国内分布于长江以北地区。国外分布于俄罗斯乌苏里、蒙古国和朝鲜等地。

棕背䶄

Myodes rufocanus

仓鼠科 Cricetidae

英文名　Grey Red-backed Vole
别　名　红毛耗子、山鼠

鉴别特征　背部红棕色；面部和胁腹部灰色；足掌上部具毛；尾短而细，约为体长的1/3。

形态特征　身体粗胖，体长100～130mm，体重30～45g。额、颈、背至臀部毛基灰黑色，毛尖红棕色。体侧灰黄色，背及体侧均杂有少数黑毛。吻端至眼前灰褐色。腹毛污白色。颈和四肢内侧毛色较灰，腹部中央略微发黄。背腹毛无明显分界，尾背面与背色相同，腹面灰白色。

生　态　典型的森林鼠类，栖息于针阔混交林、阔叶林、灌丛、林缘坡地。以青草等草本植物、亚灌木和浆果的叶子和嫩枝以及松子、榛子等为食。不冬眠，居住在林内的枯枝落叶层中。冬季可在雪层下进行活动，在雪面上有洞口，雪层中有纵横交错的洞道。一般4—5月开始繁殖，5—7月为繁殖高峰期。年产2～4胎，每胎4～13仔，平均6～8仔。

地理分布　国内分布于河北、山西、甘肃、湖北、四川等地。国外见于瑞典、挪威、俄罗斯、蒙古国和日本。

啮齿目 RODENTIA

鼹形鼠科 Spalacidae

英文名 Common Chinese Zokor
别 名 瞎老鼠、方氏鼢鼠

中华鼢鼠

Eospalax fontanieri

鉴别特征 第3上臼齿后方有一延伸的小突起；尾较长，具白色短毛；头顶中央有白斑。

形态特征 体型粗壮，体长170～240mm。吻钝；耳短隐于毛下；眼退化，几乎为毛所隐蔽。前足爪粗大，适于掘土；第2、3指爪的长度大致相同，后足爪较前足爪细弱。尾较短，约为体长的1/5。头顶、身体背面及侧面毛基灰褐色且发亮，毛尖带明显的锈红色。额部中央具有一个白色斑点，唇周围白色不甚明显，吻上方的淡色区域较小。腹毛灰黑色，毛尖稍带锈红色。足背与尾毛稀疏，为污白色短毛。

生 态 栖息于农田、草原、山坡、河谷、高山草甸、丘陵、灌丛等各种环境中，喜欢在湿润松软的土壤中栖息。营地下生活，洞穴复杂，分为洞道和巢窝。昼夜活动；白昼仅在地下挖掘食物，贮存洞内；夜晚也到地面活动。食性广，包括各种农作物、蔬菜、牧草、果树的根部，也吃植物的茎叶。每年繁殖1～3胎，每胎产1～8仔。

地理分布 我国特有物种，见于陕西、甘肃、内蒙古、河北、山西、山东、河南、湖北、四川等地。

黑线姬鼠

Apodemus agrarius

鉴别特征　背毛棕褐色或浅红棕色，背中央有黑褐色纵纹；体侧毛浅灰棕色，腹部毛浅灰白色；尾长短于头体长。

形态特征　中小型鼠类，头体长 70～115mm，尾长 65～100mm。耳较短，前折不达眼部。四肢细弱，掌部有 2 个较小的足垫。身体背面棕褐色或浅红棕色，背部中央具黑褐色纵纹，起于两耳间的头顶部，止于尾基部。耳背具棕褐色短毛。腹面和四肢内侧毛基灰色或灰黑色，毛尖白色。背腹面毛色界限明显。四足背面白色。尾背面暗棕色，腹面淡灰色；鳞片裸露，尾环明显。

生　态　栖息地范围很广，包括林地边缘、草原和沼泽、牧场和花园，以及城市地区。食性较杂，但以植物性食物为主食物选择常随季节而变化，秋、冬两季以种子为主，辅以植物根茎；春天种子和青苗；夏季取食植物的绿色部分及瓜果，并捕食昆虫。繁殖力较强，每年 3～5 胎，每胎 4～8 仔，以 5 仔居多，最多可达 10 仔。仔鼠 3 个月发育成熟，平均寿命 1 年半左右。

地理分布　国内除西藏、青海、新疆外，各地均有分布。国外见于俄罗斯到欧洲西部以及朝鲜、蒙古国。

啮齿目 RODENTIA

鼠科 Muridae

英文名　Korean Field Mouse
别　名　林姬鼠、山耗子、朝鲜林姬鼠

大林姬鼠

Apodemus peninsulae

鉴别特征　背部无黑色纵纹；腹毛较被毛浅淡，但二者间无明显的纹线；尾稍短于体长。

形态特征　体型细长，头体长 75～120mm，尾长 65～110mm。耳较长，前折可达眼部。尾长略短于体长。前后足均有 6 个足垫。背毛颜色随季节变化：夏毛身体背部毛基深灰色，毛尖黄棕色或带黑色，杂有黑色毛；冬毛褐棕色。腹部及四肢内侧毛基淡灰色，毛尖灰白色。尾毛短稀，背面褐棕色，腹面白色；鳞片裸露尾环明显。四足背面污白色。

生　态　栖息环境广泛，潮湿的地埂、土堤、草甸、林缘和田间空地以及居民区均能见到。食性复杂，主要吃粮食、植物种子，也食昆虫。每年繁殖 3～5 胎，每胎产 4～7 仔。无冬眠习性，以夜间活动为主。

地理分布　国内分布于东北、华北及山东、青海、新疆、宁夏、云南、四川、西藏等地。国外见于日本、朝鲜、蒙古国、俄罗斯。

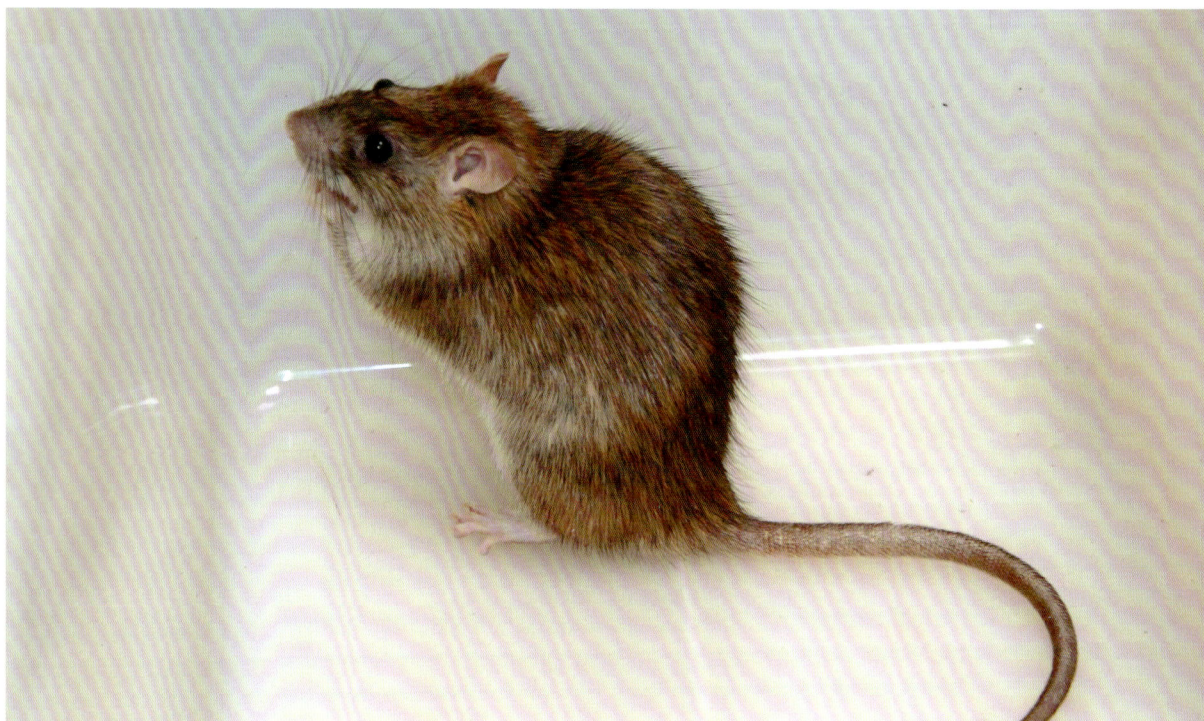

褐家鼠

Rattus norvegicus

鼠科　Muridae

英文名　Brown Rat

别　名　褐鼠、大家鼠、灰家鼠、耗子、粪鼠、沟鼠

鉴别特征　背毛棕褐色至灰褐色，体侧稍淡，腹毛浅灰色；耳短而圆，前折不达眼；尾长短于头体长。

形态特征　中型鼠类，头体长 130~238mm，尾长 95~170mm。体粗壮；耳壳较短圆，前折不达眼部；尾较粗短，短于体长。背毛棕褐色或灰褐色，随年龄增长而变深；中央毛色较深，夹杂有黑色针毛，具光泽；体侧面毛色略浅；腹毛毛基灰色，毛尖浅灰白色；背腹间毛色在体侧无明显界限。前后足背面毛白色。尾毛背面黑褐色，腹面灰白色；尾部鳞环明显，鳞片基部具白色和褐色的细毛。

生　态　栖息环境广泛，可见于草地、灌丛、农田、荒草地及林缘等，但大都与人类伴生，主要栖居于房屋和各类建筑物中。洞系复杂，分支多。无冬眠现象，昼夜活动，以夜间活动为主。行动敏捷，嗅觉与触觉都很灵敏，但视力差，记忆力强，警惕性高。杂食性动物，食谱广而杂，包括几乎所有的食物，嗜食肉类物品及含水分较多的果品、粮食等。繁殖力强，一年四季均可繁殖，春秋季为繁殖高峰期。每胎 4~10 仔。幼鼠 3~4 个月即可性成熟，参与繁殖。

地理分布　国内除新疆、西藏外，各地均有分布。国外除极地和严酷的大陆性荒漠地带外，几乎遍布全球。

啮齿目 RODENTIA

鼠科 Muridae

英文名 Chinese White-bellied Rat
别　名 社鼠、硫黄腹鼠、山耗子、刺毛灰鼠

北社鼠

Niviventer confucianus

鉴别特征　背毛浅红棕色到棕褐色，腹毛淡黄白色，在侧面分界明显；尾近基部背腹异色，尾稍全白；尾略长于头体长。

形态特征　中型鼠类，头体长 108~160mm，尾长 114~175mm。耳大而薄，前折可达眼部。背毛柔软或呈刺状毛，颜色从浅红棕色到棕褐色，中央颜色较深，沿体侧有一赭色区；腹毛淡黄白色，胸部中央有一米黄色斑；背腹毛在侧面分界明显。尾略长于头体长，背面深棕色，腹面浅白色，尾末梢白色。前足背面棕褐色，后足背面白色，趾部为白色。

生　态　主要栖息于山区、丘陵树林、茅草丛、荆棘丛生的灌木丛或近田园、杂草间、山洞石隙、岩石缝和溪流水沟茅草中。善于攀爬，行动敏捷，多夜间活动。食性杂，喜食各种坚果、粮食、嫩叶或少量昆虫。每年可繁殖 3~4 胎，每胎产 4~5 仔。

地理分布　国内除海南和台湾外，各地均有分布。国外见于印度、尼泊尔、缅甸、泰国、越南、老挝、柬埔寨、马来西亚以及印度尼西亚等地。

第六章　哺乳纲

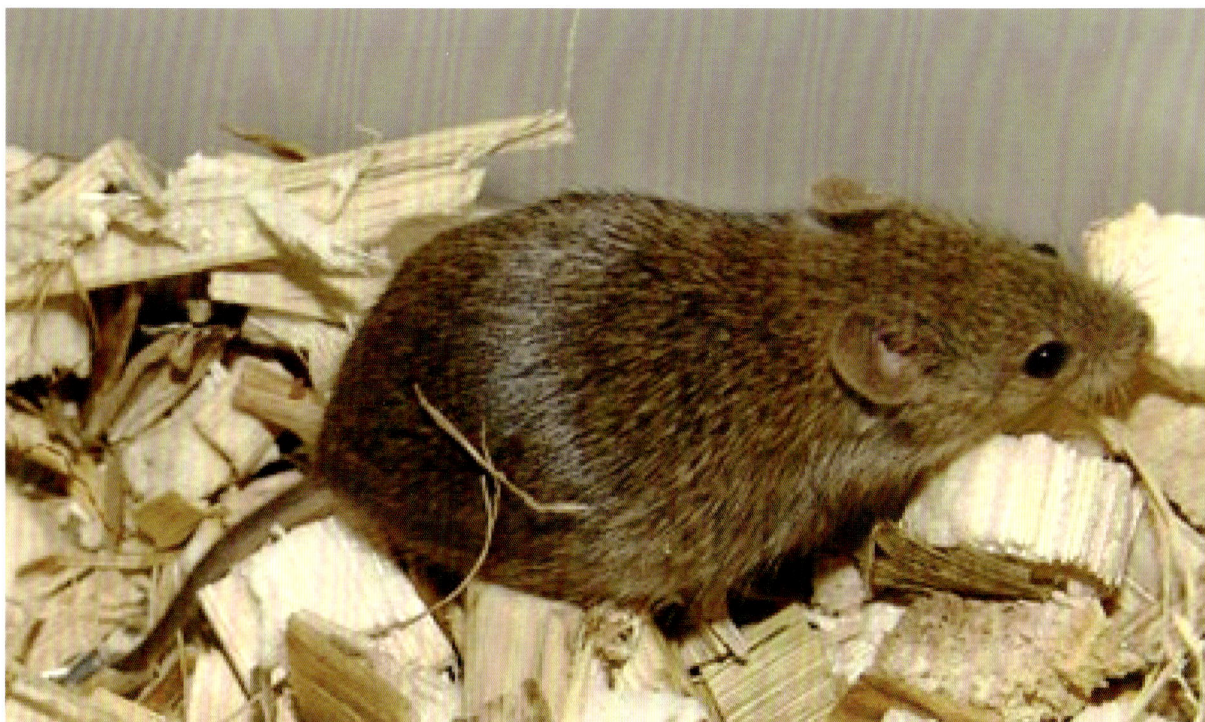

小家鼠

Mus musculus

鉴别特征　体型小，吻短而尖，尾长短于体长；耳短前折不达眼部；上门齿后方有一明显缺刻。

形态特征　小型鼠类，头体长50~90mm，尾长35~60mm。耳短圆，前折不达到眼部。毛色差异较大，因季节和环境而异。背毛灰棕色、灰褐色、黑灰色以及黑褐色；腹毛白色、灰白色、灰黄色；背毛和腹毛在侧面没有明显分界。前后足的背面为暗褐色或灰白色。尾长短于体长，背面黑褐色或棕褐色，腹面白色或沙黄色。四足的背面呈暗褐色或污白色。上门齿前端咬合面有显著的缺刻。

生　态　人类伴生种，栖息环境广泛，凡有人居住的地方，都有其的踪迹。常见于住房、仓库等各种建筑物、打谷场、荒地、草原等处。洞穴比较简单。昼夜活动，以夜间活动为主。性胆怯，警觉性高，有季节性迁移现象，春季由建筑物迁至野外，晚秋迁回越冬。食性杂，以植物性食物为主，盗食粮食及经济作物；在野外以谷物和种子为食；也食肉类、昆虫。繁殖能力强，全年生殖，每年繁殖6~8胎，每胎产5~7仔。

地理分布　国内广泛分布于各地。遍布全球。

兔形目 LAGOMORPHA

兔科　Leporidae

英文名　Tolai Hare
别　名　野兔、草兔、中亚兔、草原兔

蒙古兔

Lepus tolai

　　鉴别特征　耳长，耳尖黑色；背部皮毛沙黄色，腹毛棕白色，臀部沙灰色；尾背中央有一条黑褐色斑。

　　形态特征　体型中等。鼻部与额部的毛黑尖较长，鼻两侧、眼周毛色浅。耳长，耳壳外侧棕色，内侧棕灰色，尖端背面黑色。颈背浅棕色。背部毛基浅棕灰色，中部黑色，毛尖沙黄色，并混杂有全黑色的毛；腹面棕白色。臀部沙灰色。尾背面中央黑褐色，边缘及腹面棕白色。前肢稍短，后肢略长，善于跳跃，后肢前侧棕白色。

　　生　态　适应性强，栖息于平原、丘陵、山地或河谷滩等环境，农田、草甸、田野、树林、草丛、灌丛及林缘地等地均能见其踪迹。黄昏活动较多，听觉、视觉发达。除繁殖外，无固定巢穴。主要以农作物、种子、蔬菜、杂草、树皮、嫩枝及树苗等植物为食。繁殖力强，每年2~3胎，每胎4~6仔。幼兔出生1个月左右既可独立生活。

　　地理分布　国内广泛分布于北方地区，包括东北、华北、西北以及河南、山东、四川、贵州、江苏、安徽、福建、湖北、云南等地。国外见于欧洲、非洲、亚洲等大部地区。

参考文献

蔡其侃，1987. 北京鸟类志 [M]. 北京：科学出版社 .

陈服官，罗时有，1998. 中国动物志·鸟纲：第九卷 [M]. 北京：科学出版社 .

陈卫，高武，傅必谦，2002. 北京兽类志 [M]. 北京：北京出版社 .

丁平，张正旺，梁伟，等，2019. 中国森林鸟类 [M]. 长沙：湖南科学技术出版社 .

董聿茂，1991. 浙江动物志 [M]. 杭州：浙江科学技术出版社 .

樊龙锁，刘焕金，1996. 山西兽类 [M]. 北京：中国林业出版社 .

费梁，叶昌媛，江建平，2012. 中国两栖动物及其分布彩色图鉴 [M]. 成都：四川科学技术出版社 .

傅桐生，宋榆钧，高玮，1998. 中国动物志 . 鸟纲：第十四卷 雀形目 文鸟科 雀科 [M]. 北京：科学出版社 .

高武，2014. 北京地区常见野鸟图鉴 [M]. 北京：机械工业出版社 .

高耀亭，1987. 中国动物志·哺乳纲：第八卷 [M]. 北京：科学出版社 .

黄文几，陈延熹，温业新，1995. 中国啮齿类 [M]. 上海：复旦大学出版社 .

蒋志刚，2015. 中国哺乳动物多样性及地理分布 [M]. 北京：科学出版社 .

李桂垣，郑宝赉，刘光佐，1982. 中国动物志·鸟纲：第十三卷 [M]. 北京：科学出版社 .

李兰，王龙飞，刘寅喆，2013. 小五台山褐马鸡的生存现状及人类活动对其的影响 [J]. 河北林业科技 (02)：58-60.

刘承剑，胡淑琴，1961. 中国无尾两栖类 [M]. 北京：科学出版社 .

刘明玉，2000. 中国脊椎动物大全 [M]. 辽宁：辽宁大学出版社 .

刘迺发，黄族豪，2007. 中国石鸡生物学 [M]. 北京：中国科学技术出版社 .

马学军，卜标，2017. 中国常见野鸟 700 种 [M]. 广州：新世纪出版社 .

马迎清，1986. 黑龙江省兽类志 [M]. 哈尔滨：黑龙江科学技术出版社 .

潘清华，王应祥，岩崑，2007. 中国哺乳动物彩色图鉴 [M]. 北京：中国林业出版社 .

曲利明，2013. 中国鸟类图鉴下 [M]. 福州：海峡书局 .

寿振黄，1962. 中国经济动物志兽类 [M]. 北京：科学出版社 .

四川生物研究所，1977. 中国两栖动物系统检索 [M]. 北京：科学出版社 .

宋晔，闻丞，2016. 中国鸟类图鉴：猛禽版 [M]. 福州：海峡书局 .

王岐山，1990. 安徽兽类志 [M]. 合肥：安徽科学技术出版社．

汪青雄，杨超，肖红，2017. 黑鹳研究概况及保护对策 [J]. 陕西林业科技 (06)：74-77.

王绍卿，刘学洪，和绍禹，2007. 环颈雉研究概述 [J]. 经济动物学报 (03)：171-174.

王拴柱，2012. 金翅雀繁殖习性调查研究 [J]. 现代农业科技 (02)：312-313.

王思博，杨赣源，1983. 新疆啮齿动物志 [M]. 乌鲁木齐：新疆人民出版社．

王香亭，1991. 甘肃脊椎动物志 [M]. 兰州：甘肃科学技术出版社．

吴跃峰，武明录，曹玉萍，2009. 河北动物志两栖爬行哺乳类 [M]. 石家庄：河北科学技术出版社．

吴跃峰，徐成立，孔昭普，2013. 河北滦河上游国家级自然保护区脊椎动物志 [M]. 北京：科学出版社．

叶昌媛，费梁，胡淑琴，1993. 中国珍稀及经济两栖动物 [M]. 成都：四川科学技术出版社．

约翰·马竞能，卡伦·菲利普斯，2000. 中国鸟类野外手册 [M]. 何芬奇，译．长沙：湖南教育出版社．

张正旺，段文科，2017. 中国鸟类图志·上卷：非雀形目 [M]. 北京：中国林业出版社．

张正旺，段文科，2017. 中国鸟类图志·下卷：雀形目 [M]. 北京：中国林业出版社．

赵肯堂，1999. 中国动物志：爬行纲 第二卷 有鳞目 蜥蜴亚目 [M]. 北京：科学出版社．

赵欣如，2018. 中国鸟类图鉴 [M]. 北京：商务印书馆．

赵正阶，2001. 中国鸟类志·上卷：非雀形目 [M]. 长春：吉林科学技术出版社．

赵正阶，2001. 中国鸟类志·下卷：雀形目 [M]. 长春：吉林科学技术出版社．

郑宝赉，1985. 中国动物志·鸟纲：第八卷 [M]. 北京：科学出版社．

郑斌，赵欣如，宋大昭，2016. 小五台山陆生脊椎动物资源调查 [M]. 石家庄：河北科学技术出版社．

郑光美，2018. 中国鸟类分类与分布名录 [M]. 3 版北京：科学出版社．

郑智民，姜志宽，陈安国，2008. 啮齿动物学 [M]. 上海：上海交通大学出版社．

郑作新，1979. 中国动物志·鸟纲：第二卷 雁形目 [M]. 北京：科学出版社．

郑作新，冼耀华，关贯勋，1991. 中国动物志·鸟纲：第六卷 [M]. 北京：科学出版社．

郑作新，龙泽虞，卢汰春，1995. 中国动物志·鸟纲：第十卷 [M]. 北京：科学出版社．

郑作新，2002. 中国鸟类系统检索 [M]. 北京：科学出版社．

中国科学院中国动物志委员会，2016. 中国动物志·鸟纲：第二卷 雁形目 [M]. 北京：科学出版社．

参考文献

附　录

中文名	学名	保护级别	区系类型	红色名录	特有种
两栖纲	AMPHIBIA				
无尾目	ANURA				
蟾蜍科	Bufonidae				
中华蟾蜍	*Bufo gargarizans*		E	LC	
花背蟾蜍	*Strauchbufo raddei*		X	LC	
蛙科	Ranidae				
黑斑侧褶蛙	*Pelophylax nigromaculatus*		E	NT	
中国林蛙	*Rana chensinensis*		X	LC	√
姬蛙科	Microhylidae				
北方狭口蛙	*Kaloula borealis*	省级	X	LC	
爬行纲	REPTILES				
有鳞目	SQUAMATA				
壁虎科	Gekkonidae				
无蹼壁虎	*Gekko swinhonis*		B	VU	√
石龙子科	Scincidae				
黄纹石龙子	*Plestiodon capito*		B	LC	√
蓝尾石龙子	*Plestiodon elegans*	省级	S	LC	
蜥蜴科	Lacertidae				
丽斑麻蜥	*Eremias argus*		X	LC	
山地麻蜥	*Eremias brenchleyi*		X	LC	
游蛇科	Colubridae				
黄脊游蛇	*Coluber spinalis*		U	LC	
赤链蛇	*Lycodon rufozonatum*		E	LC	
白条锦蛇	*Elaphe dione*		U	LC	
黑眉锦蛇	*Elaphe taeniurus*	省级	W	LC	
赤峰锦蛇	*Elaphe anomala*	省级	B	VU	√
团花锦蛇	*Elaphe davidi*		M	VU	
玉斑锦蛇	*Elaphe mandarina*	省级	S	LC	
虎斑颈槽蛇	*Rhabdophis tigrinus*		E	LC	

中文名	学名	保护级别	区系类型	红色名录	特有种
蝰科	Viperidae				
中介蝮	*Gloydius intermedius*	省级	D	NT	
鸟纲	AVES				
鸡形目	GALLIFORMES				
雉科	Phasianidae				
石鸡	*Alectoris chukar*	省级	D	LC	
斑翅山鹑	*Perdix dauuricae*	省级	D	LC	
日本鹌鹑	*Coturnix japonica*		O	LC	
勺鸡	*Pucrasia macrolopha*	二级	S	LC	
褐马鸡	*Crossoptilon mantchuricum*	一级	B	VU	√
环颈雉	*Phasianus colchicus*		O	LC	
雁形目	ANSERIFORMES				
鸭科	Anatidae				
小天鹅	*Cygnus columbianus*	二级	C	NT	
赤麻鸭	*Tadorna ferruginea*		U	LC	
鸳鸯	*Aix galericulata*	二级	E	NT	
绿头鸭	*Anas platynchos*		C	LC	
斑嘴鸭	*Anas zonorhyncha*		W	LC	
针尾鸭	*Anas acuta*	省级	C	LC	
琵嘴鸭	*Spatula clypeata*	省级	C	LC	
凤头潜鸭	*Aythya fuligula*		U	LC	
䴙䴘目	PODICIPEDIFORMES				
䴙䴘科	Podicipedidae				
小䴙䴘	*Tachybaptus ruficollis*		W	LC	
凤头䴙䴘	*Podiceps cristatus*	省级	U	LC	
鸽形目	COLUMBIFORMES				
鸠鸽科	Columbidae				
岩鸽	*Columba rupestris*		O	LC	

附录

中文名	学名	保护级别	区系类型	红色名录	特有种
山斑鸠	*Streptopelia orientalis*		E	LC	
灰斑鸠	*Streptopelia decaocto*		W	LC	
火斑鸠	*Streptopelia tranquebarica*		W	LC	
珠颈斑鸠	*Streptopelia chinensis*		W	LC	
夜鹰目	CAPRIMULGIFORMES				
夜鹰科	Caprimulgidae				
普通夜鹰	*Caprimulgus indicus*	省级	W	LC	
雨燕科	Apodidae				
普通雨燕	*Apus apus*	省级	W	LC	
鹃形目	CUCULIFORMES				
杜鹃科	Cuculidae				
噪鹃	*Eudynamys scolopacea*	省级	W	LC	
大鹰鹃	*Hierococcyx sparverioides*	省级	W	LC	
四声杜鹃	*Cuculus micropterus*	省级	W	LC	
大杜鹃	*Cuculus canorus*	省级	O	LC	
鸨形目	OTIDIFORMES				
鸨科	Otididae				
大鸨	*Otis tarda*	一级	O	EN	
鹤形目	GRUIFORMES				
秧鸡科	Rallidae				
董鸡	*Gallicrex cinerea*	省级	W		
黑水鸡	*Gallinula chloropus*		O	LC	
白骨顶	*Fulica atra*		O	LC	
鸻形目	CHARADRIIFORMES				
鸻科	Charadriidae				
凤头麦鸡	*Vanellus vanellus*		U	LC	
灰头麦鸡	*Vanellus cinereus*		M	LC	
金眶鸻	*Charadrius dubius*		O	LC	
环颈鸻	*Charadrius alexandrinus*		O	LC	
鹬科	Scolopacidae				
扇尾沙锥	*Gallinago gallinago*	省级	U	LC	

河北小五台山 国家级自然保护区陆生脊椎动物

中文名	学名	保护级别	区系类型	红色名录	特有种
红脚鹬	*Tringa totanus*		U	LC	
泽鹬	*Tringa stagnatilis*		U	LC	
青脚鹬	*Tringa nebularia*		U	LC	
白腰草鹬	*Tringa ochropus*		U	LC	
林鹬	*Tringa glareola*		U	LC	
矶鹬	*Actitis hypoleucos*	省级	C	LC	
鹳形目	CICONIIFORMES				
鹳科	Ciconiidae				
黑鹳	*Ciconia nigra*	一级	U	VU	
鲣鸟目	SULIFORMES				
鸬鹚科	Phalacrocoracidae				
普通鸬鹚	*Phalacrocorax carbo*	省级	O	LC	
鹈形目	PELECANIFORMES				
鹭科	Ardeidae				
紫背苇鳽	*Lxobrychus eurhythmus*	省级		LC	
夜鹭	*Nycticorax nycticorax*	省级	O	LC	
池鹭	*Ardeola bacchus*	省级		LC	
苍鹭	*Ardea cinerea*	省级	U	LC	
白鹭	*Egretta garzetta*	省级	W	LC	
鹰形目	ACCIPITRIFORMES				
鹰科	Accipitridae				
秃鹫	*Aegypius monachus*	一级	O	NT	
白肩雕	*Aquila heliaca*	一级	O	EN	
金雕	*Aquila chrysaetos*	一级	C	VU	
日本松雀鹰	*Accipiter gularis*	二级	W	LC	
雀鹰	*Accipiter nisus*	二级	U	LC	
苍鹰	*Accipiter gentilis*	二级	C	NT	
白尾鹞	*Circus cyaneus*	二级	C	NT	
鹊鹞	*Circus melanoleucos*	二级	M	NT	
黑鸢	*Milvus migrans*	二级	C	LC	
毛脚鵟	*Buteo lagopus*	二级	C		

附录

中文名	学名	保护级别	区系类型	红色名录	特有种
大鵟	*Buteo hemilasius*	二级	D	VU	
普通鵟	*Buteo japonicus*	二级	U		
鸮形目	STRIGIFORMES				
鸱鸮科	Strigidae				
红角鸮	*Otus sunia*	二级	O	LC	
雕鸮	*Bubo bubo*	二级	U	NT	
纵纹腹小鸮	*Athene noctua*	二级	U	LC	
日本鹰鸮	*Ninox japonica*	二级	W	DD	
长耳鸮	*Asio otus*	二级	C	LC	
短耳鸮	*Asio flammeus*	二级	C	NT	
犀鸟目	BUCEROTIFORMES				
戴胜科	Upupidae				
戴胜	*Upupa epops*		O	LC	
佛法僧目	CORACIIFORMES				
翠鸟科	Alcedinidae				
蓝翡翠	*Halcyon pileata*	省级	W	LC	
普通翠鸟	*Alcedo atthis*		O	LC	
冠鱼狗	*Megaceryla lugubris*		O	LC	
佛法僧科	Coraciidae				
三宝鸟	*Eurystomus orientalis*	省级	W	LC	
啄木鸟目	PICIFORMES				
啄木鸟科	Picidae				
蚁䴕	*Jynx torquilla*	省级	U		
棕腹啄木鸟	*Dendrocopos hyperythrus*	省级	H	LC	
星头啄木鸟	*Dendrocopos canicapillus*	省级	W	LC	
白背啄木鸟	*Dendrocopos leucotos*	省级	U	LC	
大斑啄木鸟	*Dendrocopos major*	省级	U	LC	
灰头绿啄木鸟	*Picus canus*	省级	U	LC	
隼形目	FALCONIFORMES				
隼科	Falconidae				
燕隼	*Falco Subbuteo*	二级	U	LC	

中文名	学名	保护级别	区系类型	红色名录	特有种
红隼	*Falco tinnunculus*	二级	O	LC	
红脚隼	*Falco amurensis*	二级	U	NT	
游隼	*Falco peregrinus*	二级	C	NT	
雀形目	PASSERIFORMES				
黄鹂科	*Oriolidae*				
黑枕黄鹂	*Oriolus chinensis*	省级	W	LC	
山椒鸟科	Campephagidae				
灰山椒鸟	*Pericrocotus divaricatus*	省级	M	LC	
长尾山椒鸟	*Pericrocotus ethologus*	省级	H	LC	
卷尾科	Dicruridae				
黑卷尾	*Dicrurus macrocercus*	省级	W	LC	
发冠卷尾	*Dicrurus hottentottus*	省级	W	LC	
伯劳科	Laniidae				
虎纹伯劳	*Lanius tigrinus*	省级	X	LC	
牛头伯劳	*Lanius bucephalus*	省级	X	LC	
红尾伯劳	*Lanius cristatus*	省级	X	LC	
棕背伯劳	*Lanius schach*		W	LC	
灰伯劳	*Lanius excubitor*	省级		LC	
楔尾伯劳	*Lanius sphenocercus*	省级	M	LC	
鸦科	Corvidae				
灰喜鹊	*Cyanopica cyanus*	省级	U	LC	
松鸦	*Garrulus glandarius*		U	LC	
红嘴蓝鹊	*Urocissa erythrorhyncha*	省级	W	LC	
喜鹊	*Pica pica*	省级	C	LC	
星鸦	*Nucifraga caryocatactes*		U	LC	
红嘴山鸦	*Pyrrhocorax pyrrhocorax*		O	LC	
达乌里寒鸦	*Corvus dauuricus*		U	LC	
秃鼻乌鸦	*Corvus frugilegus*		U	LC	
小嘴乌鸦	*Corvus corone*		C	LC	
大嘴乌鸦	*Corvus macrorhynchos*		E	LC	
山雀科	Paridae				

附录

中文名	学名	保护级别	区系类型	红色名录	特有种
煤山雀	*Periparus ater*		U	LC	
黄腹山雀	*Pardaliparus venustulus*	省级	S	LC	√
沼泽山雀	*Poecile palustris*		U	LC	
褐头山雀	*Poecile montanus*		C	LC	
大山雀	*Parus cinereus*		O	LC	
百灵科	Alaudidae				
短趾百灵	*Alaudala cheleensis*		O	LC	
凤头百灵	*Galerida cristata*	省级	C	LC	
云雀	*Alauda arvensis*	二级	U	LC	
角百灵	*Eremophila alpestris*	省级	C		
苇莺科	Acrocephalidae				
东方大苇莺	*Acrocephalus orientalis*		O	LC	
燕科	Hirundinidae				
家燕	*Hirundo rustica*		C	LC	
岩燕	*Ptyonoprogne rupestris*		O	LC	
毛脚燕	*Delichon urbicum*		C	LC	
金腰燕	*Cecropis daurica*		O	LC	
鹎科	Pycnonotidae				
白头鹎	*Pycnonotus sinensis*	省级	S	LC	
柳莺科	Phylloscopidae				
褐柳莺	*Phylloscopus fuscatus*		M	LC	
棕眉柳莺	*Phylloscopus armandii*		H	LC	
巨嘴柳莺	*Phylloscopus schwarzi*		M	LC	
云南柳莺	*Phylloscopus yunnanensis*		U	LC	
黄腰柳莺	*Phylloscopus proregulus*		U	LC	
黄眉柳莺	*Phylloscopus inornatus*		U	LC	
极北柳莺	*Phylloscopus borealis*		U	LC	
冠纹柳莺	*Phylloscopus claudiae*		W	LC	
树莺科	Cettiidae				
远东树莺	*Horornis canturians*			LC	
长尾山雀科	Aegithalidae				

中文名	学名	保护级别	区系类型	红色名录	特有种
银喉长尾山雀	*Aegithalos glaucogularis*		U	LC	
莺鹛科	Sylviidae				
山鹛	*Rhopophilus pekinensis*	省级	M	LC	
棕头鸦雀	*Sinosuthora webbians*		S	LC	
绣眼鸟科	Zosteropidae				
红胁绣眼鸟	*Zosterops erythropleurus*	二级	M	LC	
暗绿绣眼鸟	*Zosterops japonicus*	省级	S	LC	
噪鹛科	Leiothrichidae				
山噪鹛	*Garrulax davidi*	省级	B	LC	√
旋木雀科	Certhiidae				
欧亚旋木雀	*Certhia familiaris*		C		
䴓科	Sittidae				
普通䴓	*Sitta europaea*		U		
黑头䴓	*Sitta villosa*	省级	C		
红翅旋壁雀	*Tichodroma muraria*		C	LC	
鹪鹩科	Troglodytidae				
鹪鹩	*Troglodytes troglodytes*		C	LC	
河乌科	Cinclidae				
褐河乌	*Cinclus pallasii*		W	LC	
椋鸟科	Sturnidae				
灰椋鸟	*Spodiopsar cineraceus*		X	LC	
北椋鸟	*Agropsar sturninus*	省级	X	LC	
紫翅椋鸟	*Sturnus vulgaris*		O	LC	
鸫科	Turdidae				
白眉地鸫	*Geokichla sibirica*		M	LC	
虎斑地鸫	*Zoothera aurea*		U	LC	
乌鸫	*Turdus mandarinus*		O	LC	
白眉鸫	*Turdus obscurus*		M	LC	
白腹鸫	*Turdus pallidus*		M	LC	
红尾斑鸫	*Turdus naumanni*		M		
斑鸫	*Turdus eunomus*		M	LC	

附录

中文名	学名	保护级别	区系类型	红色名录	特有种
鹟科	Muscicapidae				
蓝歌鸲	*Larvivora cyane*		M	LC	
红喉歌鸲	*Calliope calliope*	二级	U	LC	
白腹短翅鸲	*Luscinia phoenicuroides*		U	LC	
蓝喉歌鸲	*Luscinia svecica*	二级	U	LC	
红胁蓝尾鸲	*Tarsiger cyanurus*		M	LC	
北红尾鸲	*Phoenicurus auroreus*		M	LC	
红尾水鸲	*Rhyacornis fuliginosa*		W	LC	
紫啸鸫	*Myophonus caeruleus*		W	LC	
黑喉石䳭	*Saxicola maurus*		O		
穗䳭	*Oenanthe oenanthe*		C		
白顶䳭	*Oenanthe pleschanka*		D		
蓝矶鸫	*Monticola solitarius*		O	LC	
灰纹鹟	*Muscicapa griseisticta*		M	LC	
乌鹟	*Muscicapa sibirica*		M	LC	
北灰鹟	*Muscicapa dauurica*		M	LC	
白眉姬鹟	*Ficedula zanthopygia*		M	LC	
绿背姬鹟	*Ficedula elisae*			NT	
鸲姬鹟	*Ficedula mugimaki*		M	LC	
红喉姬鹟	*Ficedula albicilla*		U	LC	
太平鸟科	Bombycillidae				
太平鸟	*Bombycilla garrulus*	省级	C	LC	
小太平鸟	*Bombycilla japonica*	省级	M	LC	
岩鹨科	Prunellidae				
棕眉山岩鹨	*Prunella montanella*		M	LC	
雀科	Ploceidae				
山麻雀	*Passer cinnamomeus*		S	LC	
麻雀	*Passer montanus*		U	LC	
鹡鸰科	Motacillidae				
山鹡鸰	*Dendronanthus indicus*		M	LC	
黄鹡鸰	*Motacilla tschutschensis*		U	LC	

中文名	学名	保护级别	区系类型	红色名录	特有种
黄头鹡鸰	*Motacilla citreola*		U	LC	
灰鹡鸰	*Motacilla cinerea*		O	LC	
白鹡鸰	*Motacilla alba*		O	LC	
田鹨	*Anthus richardi*		M	LC	
树鹨	*Anthus hodgsoni*		M	LC	
粉红胸鹨	*Anthus roseatus*		Pa	LC	
燕雀科	**Fringillidae**				
燕雀	*Fringilla montifringilla*		U	LC	
锡嘴雀	*Coccothraustes coccothraustes*	省级	U		
黑尾蜡嘴雀	*Eophona migratoria*	省级	K	LC	
黑头蜡嘴雀	*Eophona personata*	省级	K	NT	
普通朱雀	*Carpodacus erythrinus*		U	LC	
红眉朱雀	*Carpodacus pulcherrimus*			LC	
长尾雀	*Carpodacus sibiricus*		M	LC	
北朱雀	*Carpodacus roseus*	二级	M	LC	
金翅雀	*Chloris sinica*		M	LC	
白腰朱顶雀	*Acanthis flammea*		C	LC	
红交嘴雀	*Loxia curvirostra*	二级	C	LC	
黄雀	*spinus spinus*	省级	U	LC	
鹀科	**Emberizidae**				
白头鹀	*Emberiza leucocephalos*		U	LC	
灰眉岩鹀	*Emberiza godlewskii*		O	LC	
三道眉草鹀	*Emberiza cioides*		M	LC	
栗耳鹀	*Emberiza fucata*		M	LC	
小鹀	*Emberiza pusilla*		U	LC	
黄眉鹀	*Emberiza chrysophrys*		M	LC	
田鹀	*Emberiza rustica*		U	LC	
黄喉鹀	*Emberiza elegans*		M	LC	
黄胸鹀	*Emberiza aureola*	一级	U	EN	
栗鹀	*Emberiza rutila*		M	LC	
灰头鹀	*Emberiza spodocephala*		M	LC	

中文名	学名	保护级别	区系类型	红色名录	特有种
苇鹀	*Emberiza pallasi*		M	LC	
哺乳纲	MAMMALIA				
食虫目	INSECTIVORA				
猬科	Erinaceidae				
东北刺猬	*Erinaceus amurensis*	省级	O	LC	
鼹科	Talpidae				
麝鼹	*Scaptochirus moschatus*		B	NT	√
鼩鼱科	Soricidae				
北小麝鼩	*Crocidura suaveolens*		U	LC	
翼手目	CHIROPTERA				
菊头蝠科	Rhinolophidae				
马铁菊头蝠	*Rhinolophus ferrumequinum*		O	LC	
蝙蝠科	Vespertilionidae				
大足鼠耳蝠	*Myotis pilosus*		E	NT	
东亚伏翼	*Pipistrellus abramus*		E	LC	
食肉目	CARNIVORA				
犬科	Canidae				
狼	*Canis lupus*	二级	C	NT	
赤狐	*Vulpes vulpes*	二级	C	NT	
貉	*Nyctereutes procyonoides*	二级	E	NT	
鼬科	Mustelidae				
艾鼬	*Mustela eversmanii*	省级	U	VU	
黄鼬	*Mustela sibirica*	省级	U	LC	
狗獾	*Meles meles*	省级	U	NT	
猪獾	*Arctonyx collaris*	省级	W	NT	
灵猫科	Viverridae				
果子狸	*Paguma larvata*	省级	W	NT	
猫科	Felidae				
豹猫	*Prionailurus bengalensis*	二级	W	VU	
金钱豹	*Panthera pardus*	一级	O	EN	
偶蹄目	ARTIODACTYLA				

河北小五台山 国家级自然保护区陆生脊椎动物

中文名	学名	保护级别	区系类型	红色名录	特有种
猪科	Suidae				
野猪	*Sus scrofa*		U	LC	
鹿科	Cervidae				
狍	*Capreolus pygargus*	省级	U	NT	
牛科	Bovidae				
中华斑羚	*Naemorhedus griseus*	二级	E	VU	
啮齿目	RODENTIA				
松鼠科	Sciuridae				
松鼠	*Sciurus vulgaris*	省级	U	NT	
隐纹花松鼠	*Tamiops swinhoei*	省级	W	LC	
岩松鼠	*Sciurotamias davidianus*		E	LC	√
北花松鼠	*Tamias sibiricus*		E	LC	
达乌尔黄鼠	*Spermophilus dauricus*		D	LC	
鼠科	Muridae				
黑线姬鼠	*Apodemus agrarius*		U	LC	
大林姬鼠	*Apodemus peninsulae*		X	LC	
褐家鼠	*Rattus norvegicus*		U	LC	
小家鼠	*Mus musculus*		U	LC	
北社鼠	*Niviventer confucianus*		W	LC	
仓鼠科	Cricetidae				
黑线仓鼠	*Cricetulus barabensis*		X	LC	
大仓鼠	*Tscherskia triton*		X	LC	
棕背䶄	*Myodes rufocanus*		U	LC	
鼹型鼠科	Spalacidae				
中华鼢鼠	*Eospalax fontanierii*		B	LC	√
兔形目	LAGOMORPHA				
兔科	Leporidae				
蒙古兔	*Lepus tolai*		O	LC	

附录

中文名索引

中文名索引

河北小五台山 国家级自然保护区陆生脊椎动物

中文名索引

学名索引

学名索引

学名索引

河北小五台山 国家级自然保护区陆生脊椎动物

学名索引

英文名索引

英文名索引

河北小五台山 国家级自然保护区陆生脊椎动物

英文名索引